极简开发者书库

极简ChatGPT

如何利用AI实现Python自动编程

关东升 编著

清华大学出版社
北京

内容简介

本书是一本关于如何利用ChatGPT进行自动化办公的指南。通过深入讲解ChatGPT的注册和使用方法，以及与Python编程的结合，可使读者学会如何与ChatGPT交谈并利用其辅助编写高质量的代码。此外，本书还介绍了ChatGPT在Python数据采集、数据清洗、数据存储、数据分析和数据可视化方面的应用，并详细介绍了如何利用ChatGPT辅助Excel、Word、PPT、PDF和图片的自动化处理。

本书适合Python初学者和对ChatGPT感兴趣的人、数据分析和办公自动化爱好者阅读，也可供相关领域的软件工程师、程序员、教师、企业培训师参考。

图书在版编目(CIP)数据

极简ChatGPT：如何利用AI实现Python自动编程/关东升编著. —北京：清华大学出版社，2024.5(2025.1重印)

(极简开发者书库)

ISBN 978-7-302-66310-2

Ⅰ. ①极… Ⅱ. ①关… Ⅲ. ①人工智能 Ⅳ. ①TP18

中国国家版本馆CIP数据核字(2024)第098049号

责任编辑：盛东亮　古　雪
封面设计：赵大羽
责任校对：申晓焕
责任印制：刘海龙

出版发行：清华大学出版社
网　　址：https://www.tup.com.cn，https://www.wqxuetang.com
地　　址：北京清华大学学研大厦A座　　**邮　　编**：100084
社 总 机：010-83470000　　**邮　　购**：010-62786544
投稿与读者服务：010-62776969，c-service@tup.tsinghua.edu.cn
质量反馈：010-62772015，zhiliang@tup.tsinghua.edu.cn
课件下载：https://www.tup.com.cn，010-83470236
印 装 者：三河市龙大印装有限公司
经　　销：全国新华书店
开　　本：186mm×240mm　　**印　　张**：16　　**字　　数**：362千字
版　　次：2024年6月第1版　　**印　　次**：2025年1月第2次印刷
印　　数：1501～2500
定　　价：69.00元

产品编号：104268-01

前言

PREFACE

本书致力于介绍如何利用 ChatGPT 辅助实现办公自动化。ChatGPT 是一个由 OpenAI 开发的人工智能助手，它可以理解自然语言并生成自然语言回答。借助 ChatGPT 的能力，我们可以实现各种办公自动化任务，大大提高工作效率。

作为一名自动化办公人员，掌握辅助工具的使用方法是非常必要的。ChatGPT 可以帮助我们更快地编写代码、清洗数据、可视化数据，还可以辅助我们实现对 Excel、Word、PPT、PDF 等办公软件的自动化操作。通过本书，可以系统地学习到利用 ChatGPT 实现上述功能的各种技能。

全书共 12 章。

第 1 章简要介绍了 ChatGPT 的使用方法，以及 Python 解释器和 PyCharm 开发工具。

第 2 章详细讲解了如何使用 ChatGPT 辅助编写高质量的代码，包括描述代码需求、补全代码细节、代码语法检查、调试代码和评审 ChatGPT 生成的代码等。

第 3 章介绍了 ChatGPT 在数据采集过程中的作用，以及数据采集的基本技术和工具。具体内容包括网页数据爬取、解析数据、使用 Selenium 爬取动态网页数据等，并提供了多个示例说明 ChatGPT 如何辅助数据采集。

第 4 章介绍了 ChatGPT 在数据清洗过程中的作用，以及数据清洗和预处理的方法和工具。具体内容包括数据质量评估、使用 NumPy 和 Pandas 等库进行数据清洗，以及通过多个示例说明 ChatGPT 如何辅助数据清洗。

第 5 章介绍了在办公自动化中使用 MySQL 数据库和 JSON 格式存储数据。具体内容包括 MySQL 的安装和使用，以及使用 PyMySQL 和 Pandas 访问 MySQL 数据库等。

第 6 章介绍了在办公自动化中对数据进行统计分析的方法。具体内容包括使用 Pandas 描述统计方法和 ChatGPT 辅助进行数据分析等。

第 7 章介绍了在办公自动化中使用 Matplotlib 库进行数据可视化。具体内容包括绘制各种图表如折线图、柱状图、饼状图、散点图等，以及利用 ChatGPT 进行数据可视化的示例。

第 8～11 章分别介绍了如何利用 ChatGPT 辅助 Excel、Word、PPT 和 PDF 的自动化操作。每章会介绍相应的库，并提供大量示例说明 ChatGPT 如何辅助这些软件的自动化。

第 12 章介绍了如何使用 Pillow 库进行图片的自动化处理，以及 ChatGPT 如何辅助图片自动化的示例。

为帮助读者更好地学习和实践，本书提供了丰富的配套资源：

（1）示例代码和数据集；

（2）配套软件；

（3）学习帮助。

以上资源可最大限度地帮助读者学习和应用本书内容。希望这些资源与本书内容配合，能够成为掌握 ChatGPT 与办公自动化技能的最佳指南。

本书适合以下读者：

（1）Python 初学者和对 ChatGPT 感兴趣的人：本书可以作为学习 ChatGPT 和 Python 办公自动化技能的入门教程。书中提供了大量详细的示例代码和说明，易于理解和上手实践。通过学习本书，可以快速掌握 ChatGPT 的使用方法和 Python 实现办公自动化的基本技能。

（2）数据分析和办公自动化爱好者：本书介绍了各种数据采集、清洗、分析和可视化方法，以及辅助 Excel、Word、PPT 和 PDF 等办公软件自动化的技巧与工具。这些内容可以提高工作效率和数据分析能力，帮助您进一步发掘数据价值。

（3）软件工程师和程序员：本书提供的代码示例展示了编写高质量代码和调试代码的技巧。通过学习可以提高代码水平和软件开发效率。对代码质量和开发效率感兴趣的工程师和程序员，本书内容较为贴合需求。

（4）教师和企业培训师：本书系统且细致地介绍了 ChatGPT 与 Python 办公自动化技能，内容较为全面和实用。教师和培训师可以参考本书相关内容进行课程设计，或作为教材推荐给学员。

希望本书能够帮助更多人发现 ChatGPT 这个强大的工具，并学会运用它来解决各种办公自动化任务。如果本书能给您带来帮助，我将感到非常欣慰。在学习和使用的过程中，如果您有任何疑问或宝贵意见，也请随时反馈给我。我将不断更新和改进本书的内容，以更好地服务读者。

最后，我想感谢开源社区和各位作者，使本书中的案例和库得以实现。也希望本书的内容能够回馈开源社区。

关东升

2024 年 2 月于鹤城

本书知识图谱

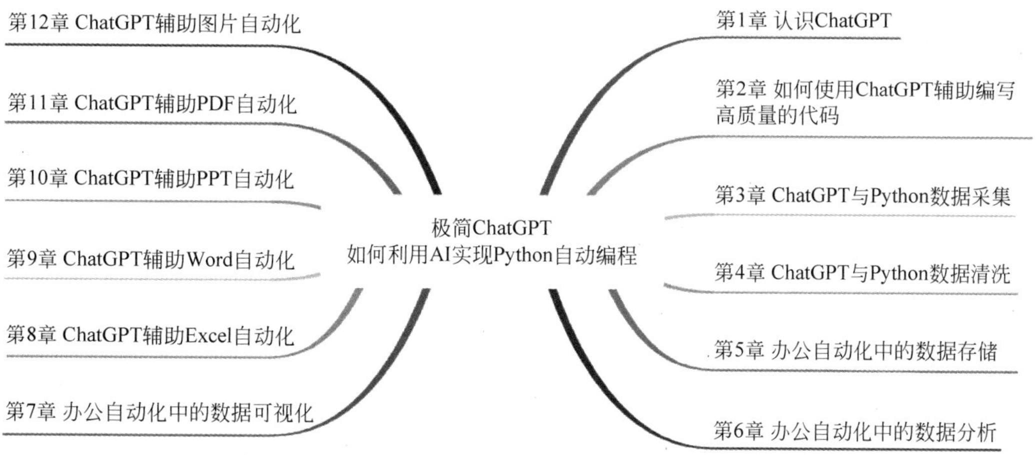

极简ChatGPT
如何利用AI实现Python自动编程

第1章 认识ChatGPT

第2章 如何使用ChatGPT辅助编写高质量的代码

第3章 ChatGPT与Python数据采集

第4章 ChatGPT与Python数据清洗

第5章 办公自动化中的数据存储

第6章 办公自动化中的数据分析

第7章 办公自动化中的数据可视化

第8章 ChatGPT辅助Excel自动化

第9章 ChatGPT辅助Word自动化

第10章 ChatGPT辅助PPT自动化

第11章 ChatGPT辅助PDF自动化

第12章 ChatGPT辅助图片自动化

目录

CONTENTS

第1章 认识 ChatGPT

本章将全面、系统地介绍 ChatGPT，包括其背景来源、注册方法、具体使用步骤、主要功能与应用场景，以使读者对这个强大的 AIGC 人工智能写作工具有清晰的认知，理解如何实现高效协作成果。

1.1 ChatGPT 简介

ChatGPT 是一款人工智能写作工具，由 OpenAI 开发。它基于 GPT① 模型，可以自动生成与人工输入相匹配的文本，包括回答问题、进行对话、改进文稿或者提供文章草案建议等。ChatGPT 让人工智能技术得以服务于广大用户与企业，实现自动化与高效的内容创作。

1.1.1 注册 ChatGPT

要使用 ChatGPT，首先需要在 OpenAI 官网 https://openai.com/进行注册，如图 1-1 所示是 OpenAI 官网页面，读者需要找到"Try ChatGPT"链接，并单击该链接，则打开如图 1-2 所示的注册和登录页面。当然读者也可以直接通过 https://chat.openai.com/auth/login 网址打开如图 1-2 所示的页面。

在图 1-2 页面单击 Sign up 按钮进入如图 1-3 所示的输入邮箱页面，在此页面读者需要输入一个有效的邮箱，输入邮箱后单击 Continue 按钮，读者会收到一个验证邮件，然后进行验证。

如果读者已经有微软账号或谷歌账号，笔者建议使用微软账号或谷歌账号。

邮箱验证通过之后，还需要输入用户的一些更详细的信息，如图 1-4 所示。

在图 1-4 的页面输入完成之后，单击 Continue 按钮继续，进入电话验证，验证通过之后则注册成功。

---

① GPT(Generative Pretrained Transformer)是一种利用 Transformer 结构进行预训练的语言生成模型。ChatGPT 的核心能力来源于 OpenAI 公司研发的 GPT-2 语言模型，这是一个包含超过 10 亿个参数的大规模神经网络，专为生成文本内容而设计。

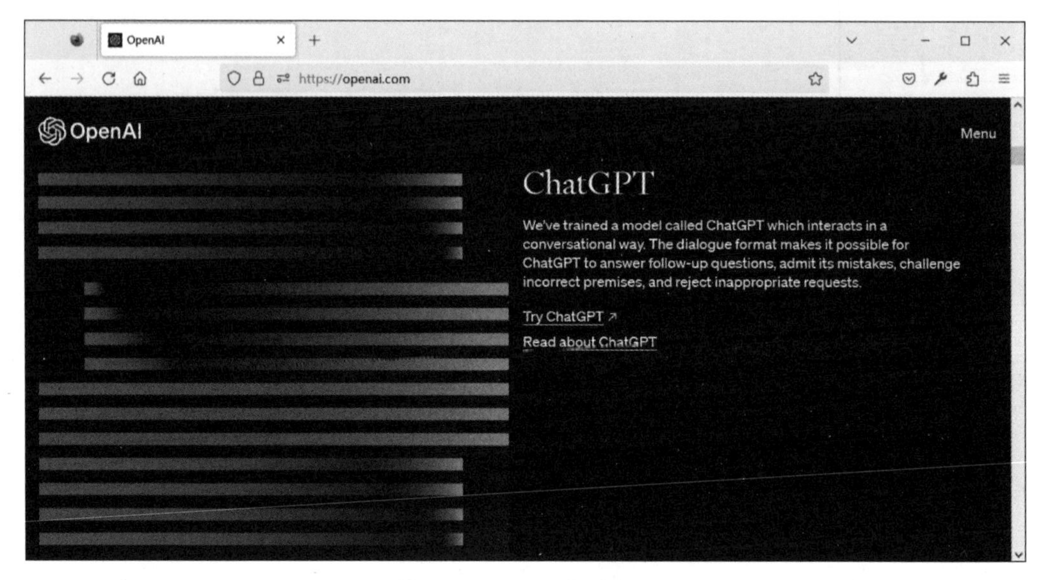

图 1-1　OpenAI 官网页面

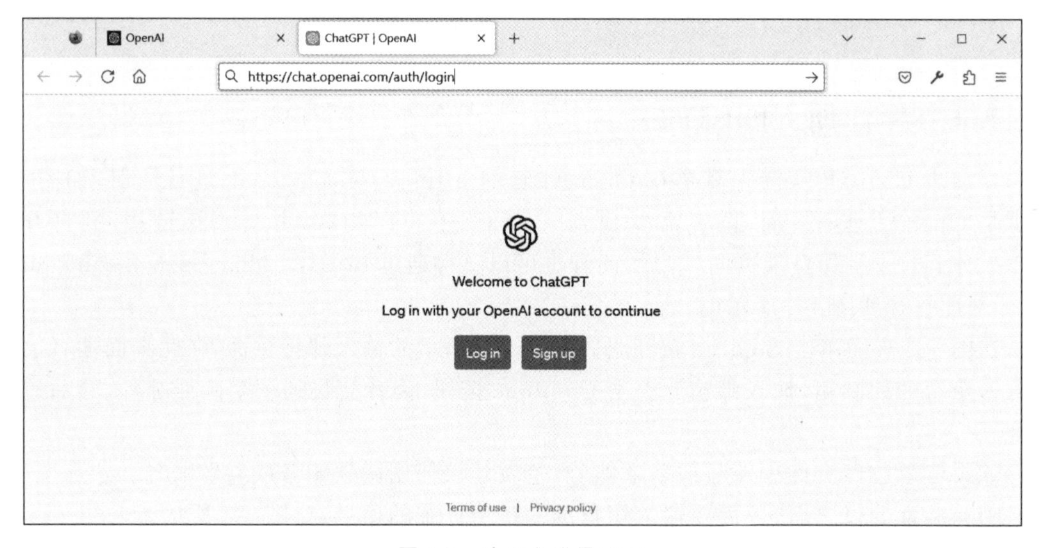

图 1-2　注册和登录页面

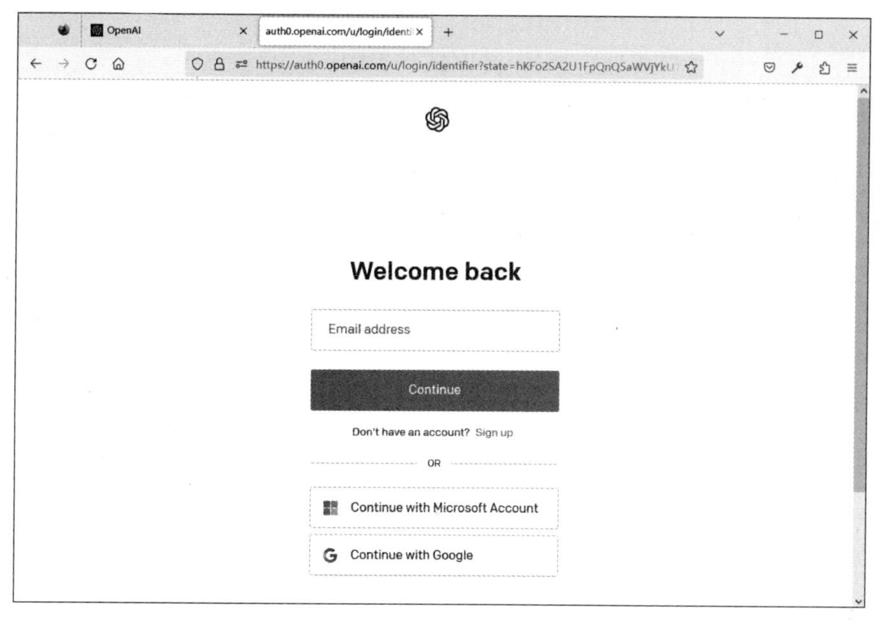

图 1-3　输入邮箱页面

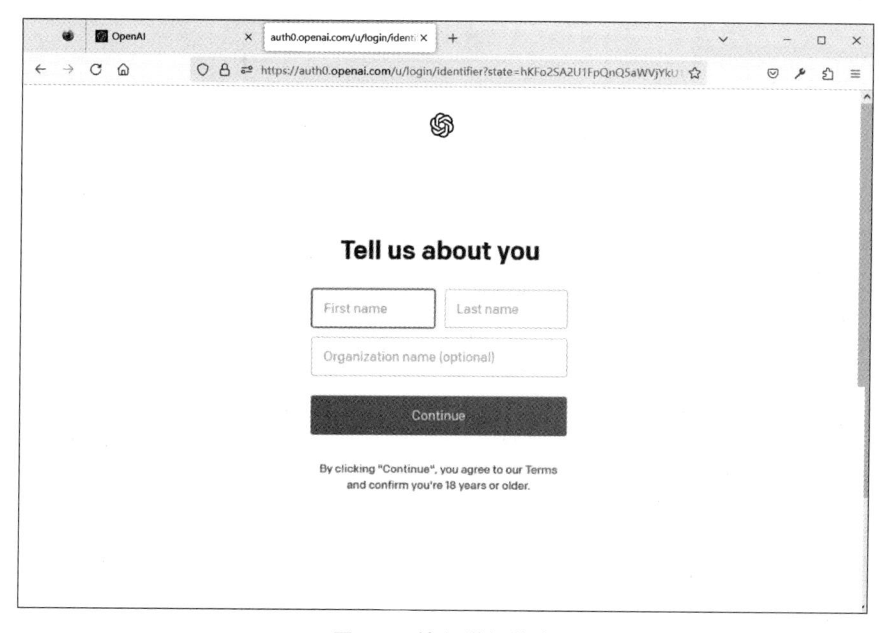

图 1-4　输入详细信息

1.1.2　使用 ChatGPT

ChatGPT 注册成功之后就可以使用了，使用 ChatGPT 需要登录，读者可以通过 https://chat.openai.com/auth/login 网址打开如图 1-2 所示登录页面进行登录，登录过程不再赘述。

登录成功进入如图 1-5 所示的 ChatGPT 操作页面。

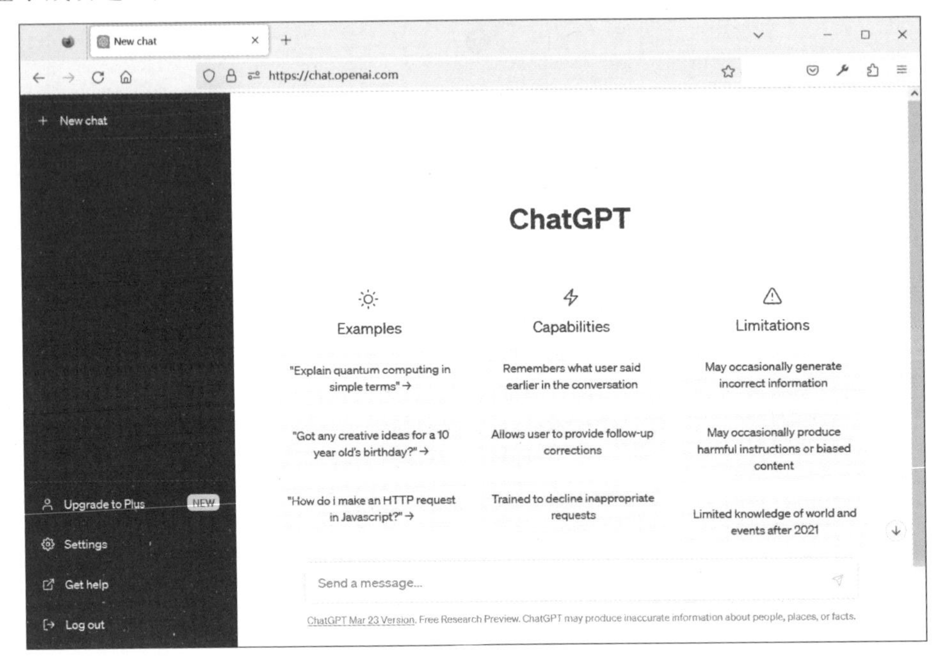

图 1-5　ChatGPT 操作页面

读者在“Send a message...”输入框中输入要提出的问题，然后单击后面的 按钮，发送消息，然后等待 ChatGPT 返回结果。

图 1-6 展示的是读者发送一个测试消息“您好”的结果。

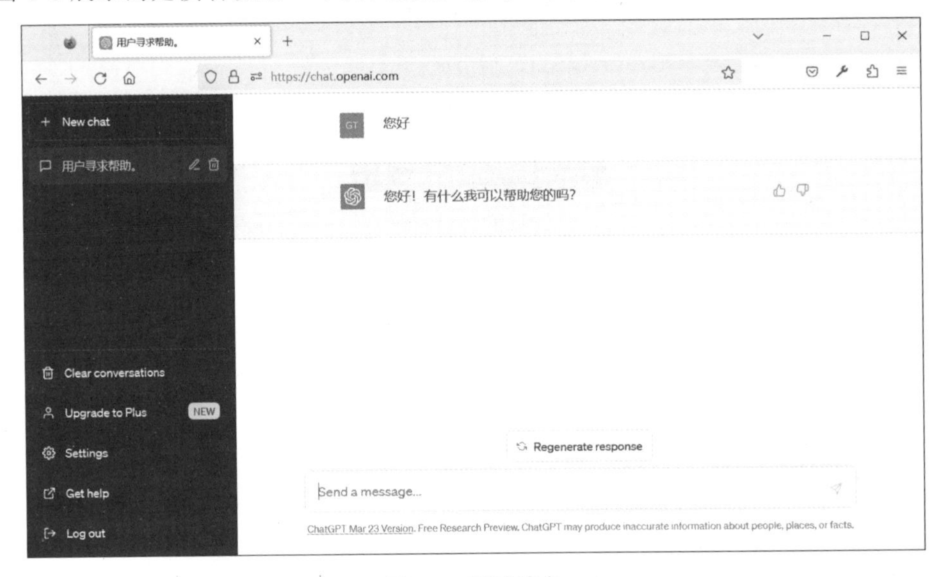

图 1-6　测试消息

1.2 如何与 ChatGPT 交谈

ChatGPT 作为一种人工智能语言生成工具，虽然可以大大提高内容创作的效率，但要充分发挥其效用，我们必须掌握正确的交互技巧与注意事项。

1.2.1 提问的技巧与注意事项

问题的技巧与注意事项，读者需要从以下几点认识：

(1) 提供详细和清晰的问题。过于简略或模糊的问题会使 ChatGPT 无法准确理解我们的要求与意图，难以作出满意的回答。我们应尽可能详细和清晰地描述问题的各个要素。

(2) 避免主观或有偏见的提问。ChatGPT 是基于海量数据训练出来的，无法作出主观判断或表现出人类偏好。所以我们应避免提出过于主观或带有明显偏见的问题，这会导致 ChatGPT 无法准确回答。

(3) 考虑问题的上下文与前提。ChatGPT 回答问题时会考虑所有的相关信息，如果我们没有提供足够的上下文或前提，它无法完全理解问题的细节，回答的准确性会大打折扣。所以在提问前，我们需要构思清楚上下文与各种可能的前提。

(4) 使用具体和准确的关键词。在提问中采用具体的关键词或短语可以让 ChatGPT 高效准确地理解问题的要点与 focal point。这有利于 ChatGPT 作出清晰的回答。过于笼统的表达会使其难以抓住要元素。

(5) 简单明了的问题结构。复杂的问题结构意味着信息量过大，各要素之间的逻辑关系不清晰，ChatGPT 会难以完整理解问题的全部细节，回答的准确性和相关性会打折扣。我们应采用简短流畅的表达来提高问题的清晰度。

(6) 人工监督与评估。ChatGPT 生成的回答仅供参考，需要我们对其回答进行评估与修正，才能真正满足我们的需求。所以在获得 ChatGPT 回答后，我们仍需判断其准确性与合理性，必要时进行再提问或修正，这是发挥 ChatGPT 最大价值的关键。

综上，我理解正确使用 ChatGPT 的关键在于为其提供详尽和清晰的信息，使其得到深入和准确的理解，而后人工监督与修正同样关键，ChatGPT 才能真正达到理想的交互效果与内容生成效果。

1.2.2 示例：向 ChatGPT 提问的技巧与注意事项

这里给出几个使用 ChatGPT 时的具体问题示例，帮助读者更好理解上文总结的提问技巧与注意事项：

例1：太空探索最新进展是什么？

这是一个过于宽泛的问题，ChatGPT 可能会提供一些最新的航天事件或发现，但难以准确锁定读者最感兴趣的信息。

修正：最近 NASA 的火星探测器发现了什么新发现？

这是一个详细的问题，明确了上下文（NASA 火星探测器）和目标（最近的新发现），ChatGPT 可以提供准确相关的回答。

例2：你觉得哪个国家的人民最快乐？

这是一个主观的问题，ChatGPT 无法作出人类主观判断或有偏见的回答。

修正：根据最新发布的世界幸福报告，排名最高的几个国家是？

这是一个客观的问题，要求提供事实数据，ChatGPT 可以准确回答。

例3：人工智能会取代人类吗？

这是一个复杂的问题，涉及人工智能发展前景与人类未来命运，ChatGPT 难以在短暂回答中准确论述清楚。

修正：你对人工智能在未来10～20年内的发展趋势如何看待？它们有可能在某些领域超过人类的智能吗？

这两个问题简单明了，考虑了时间范围，明确了要探讨的两点，ChatGPT 可以就人工智能未来发展提供比较清晰可信的预判与观点。

例4：气候变化的主要原因是什么？政府和公众现在采取了哪些应对举措？

这两个问题涉及气候变化的成因与应对，之间的逻辑关系不十分清晰，ChatGPT 在回答完第一个问题后，可能会在回答第二个问题时遗漏某些重要的应对措施或进展。

修正：科学家现已确认的气候变化主要原因有哪些？各国政府现正采取哪些应对气候变化的具体举措？

这两个问题的结构简明清晰，重点突出，ChatGPT 可以就气候变化的科学认知与各国采取的应对行动提供比较全面而不遗漏的回答。修正后的两个问题，重点分别集中在科学界对气候变化成因的认知与各国政府正在实施的应对气候变化的具体行动上，避免了原例中的逻辑关联不清晰的情况。

综上，通过这几个具体的问题示例，我们可以更清楚地理解提出简明清晰、考虑上下文与避免主观等要素的重要性。提问的技巧与逻辑对 ChatGPT 提供高质量回答至关重要。我希望此示例能真正帮助读者掌握与 ChatGPT 高效交互的要领，让 ChatGPT 发挥最大的应用价值。

1.3 Python 解释器

为了运行 Python 程序，首先应该安装 Python 解释器。由于历史的原因，能够提供 Python 解释器产品有多个，介绍如下。

(1) CPython

CPython 是 Python 官方提供的。一般情况下提到的 Python 就是指 CPython，CPython 是基于 C 语言编写的，它实现的 Python 解释器能够将源代码编译为字节码

(Bytecode),类似于 Java 语言,然后再由虚拟机执行,这样当再次执行相同源代码文件时,如果源代码文件没有被修改过,那么它会直接解释执行字节码文件,这样会提高程序的运行速度。

(2) PyPy

PyPy 是基于 Python 实现的 Python 解释器,其速度要比 CPython 快,但兼容性不如 CPython。

(3) Jython

Jython 是基于 Java 实现的 Python 解释器,其可以将 Python 代码编译为 Java 字节码,并且能够在 Java 虚拟机下运行。

(4) IronPython

IronPython 是基于. NET 平台实现的 Python 解释器,可以使用. NET Frame work 链接库。

考虑到兼容性和其他一些性能,本书使用 Python 官方提供的 CPython 作为 Python 开发环境。Python 官方提供的 CPython 有多个不同平台版本(Windows、Linux/UNIX 和 macOS),大部分 Linux、UNIX 和 macOS 操作系统都已经安装了 Python,只是版本有所不同。

下载 Python 解释器可以到如图 1-7 所示的 Python 官网下载,读者可以单击 Download Python 3. xx. x 按钮下载 Python3 解释器。

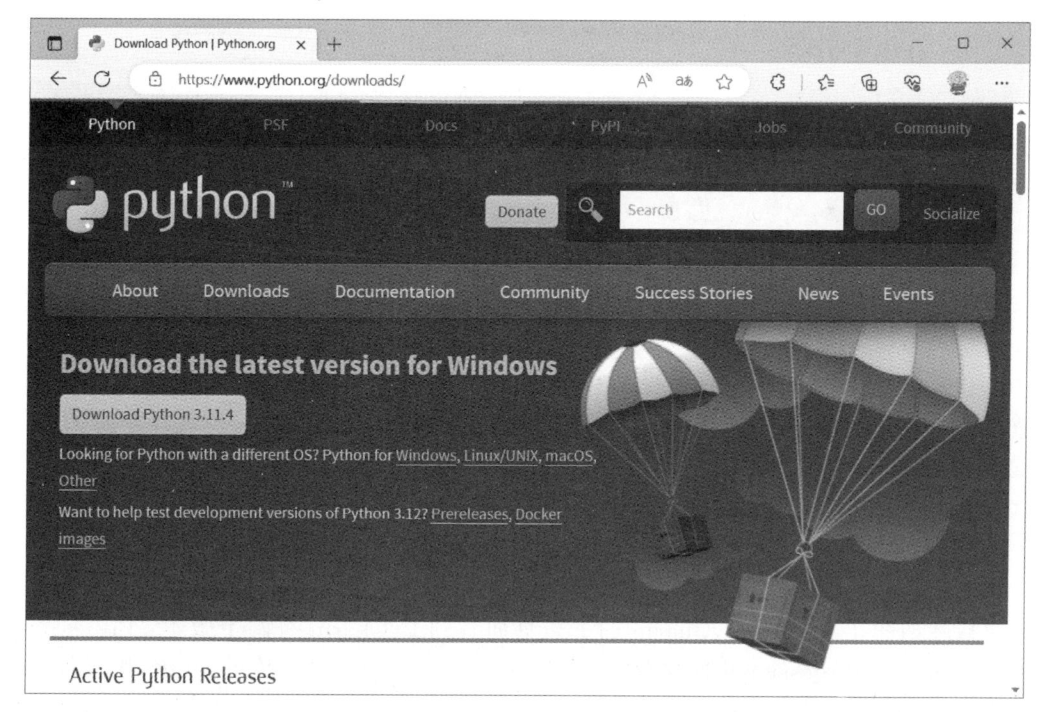

图 1-7　下载 Python

Python 安装文件下载完成后就可以安装了，双击该文件开始安装，安装过程中会弹出如图 1-8 所示的内容选择对话框，选中复选框 Add python.exe to PATH 可以将 Python 的安装路径添加到环境变量 PATH 中，这样就可以在任何文件夹下使用 Python 命令了。选择 Customize installation 可以自定义安装，本例选择 Install Now 进行默认安装，单击 Install Now 开始安装，直到安装结束关闭对话框，即安装成功。

图 1-8 安装内容选择对话框

1.4 PyCharm 开发工具

PyCharm 是 JetBrains 公司研发的开发 Python 的 IDE 开发工具。JetBrains 公司是一家捷克公司，它开发的很多工具都好评如潮，如图 1-9 所示为 JetBrains 公司开发的工具，这些工具可以编写 C/C++、C #、DSL、Go、Groovy、Java、JavaScript、Kotlin、Objective-C、PHP、Python、Ruby、Scala、SQL 和 Swift 语言。

1.4.1 下载和安装

可以在如图 1-10 所示 PyCharm 的下载页面看到 PyCharm 有两个版本：Professional 和 Community。Professional 是收费的，可以免费试用 30 天，如果超过 30 天，则需要购买软件许可(Licensekey)。Community 为社区版，它是完全免费的，对于学习 Python 语言社区版的读者已经足够了。

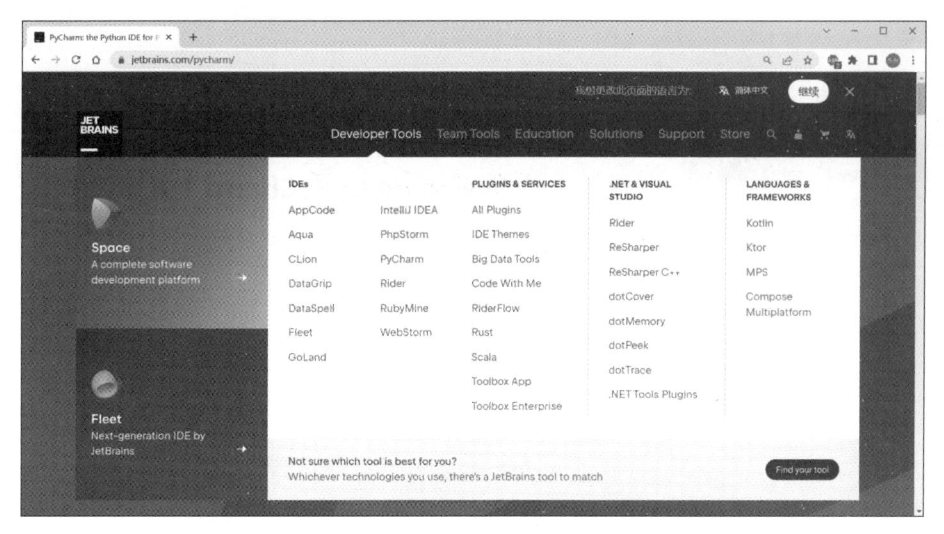

图 1-9 Jetbrains 公司开发的工具

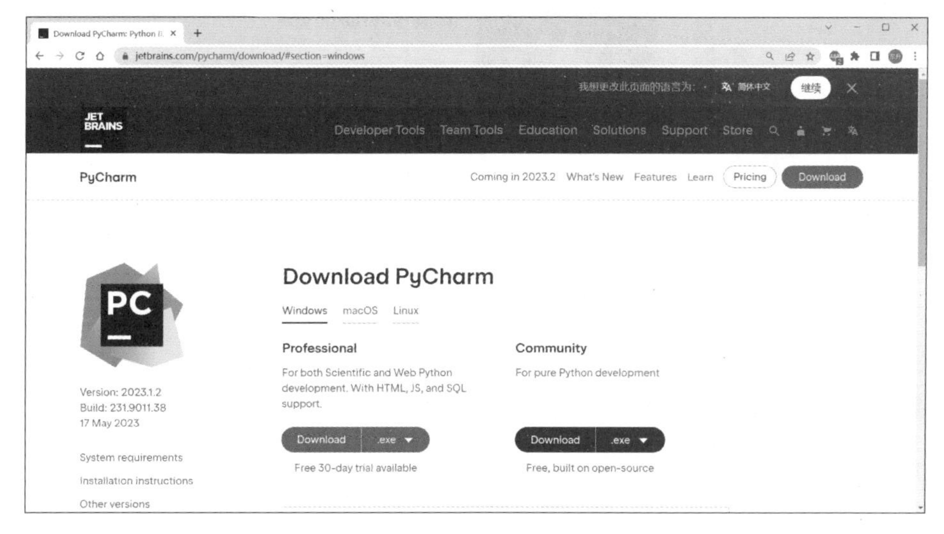

图 1-10 下载 PyCharm

下载安装文件成功后即可安装,安装过程非常简单,这里不再赘述。

1.4.2 设置 PyCharm 工具

首次启动安装成功的 PyCharm,需要根据个人喜好进行一些基本的设置,这些设置过程非常简单,这里不再赘述。基本设置完成后进入 PyCharm 欢迎界面,如图 1-11 所示。单击欢迎界面左边的 Customize 按钮,打开如图 1-12 所示的使用偏好设置对话框。在设置对话框中单击 All settings 按钮,打开 PyCharm 设置对话框,如图 1-13 所示。选择左边 Python Interpreter(解释器)打开解释器配置对话框,在 Interpreter 下拉列表中选择 Python 解释器,如果下拉列表中没有合适的 Python 解释器,则添加或选择其他的解释器。

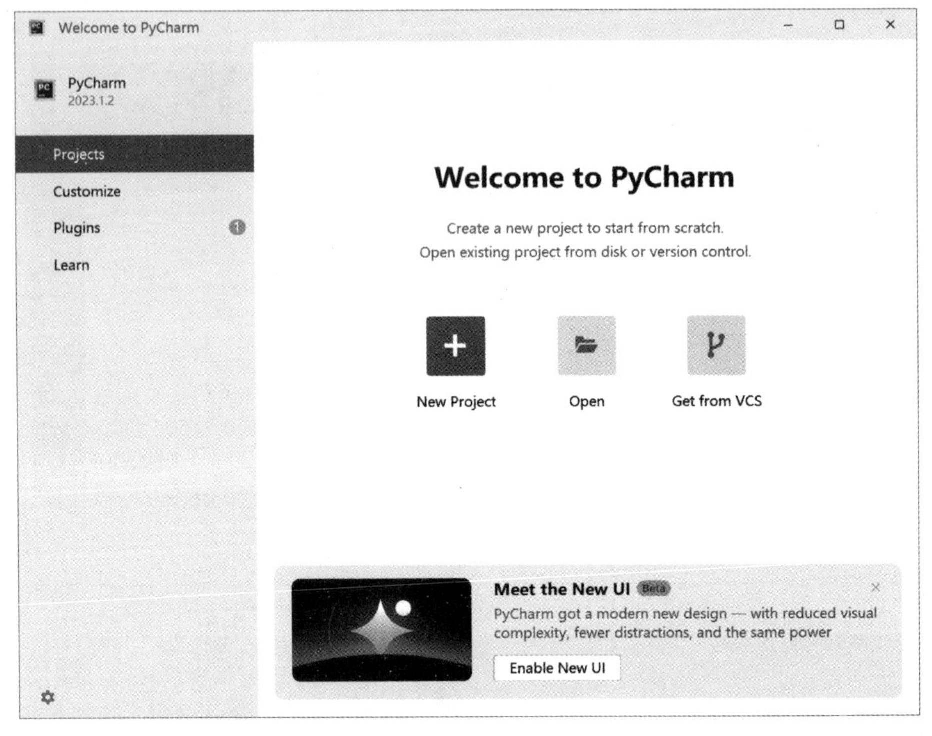

图 1-11　PyCharm 欢迎界面

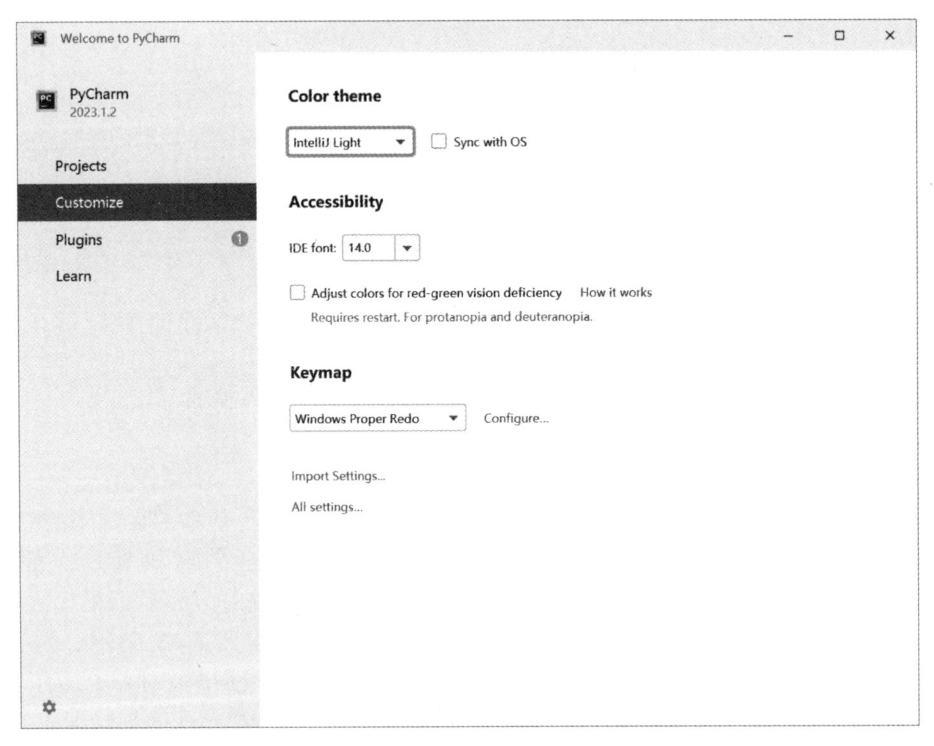

图 1-12　PyCharm 使用偏好设置对话框

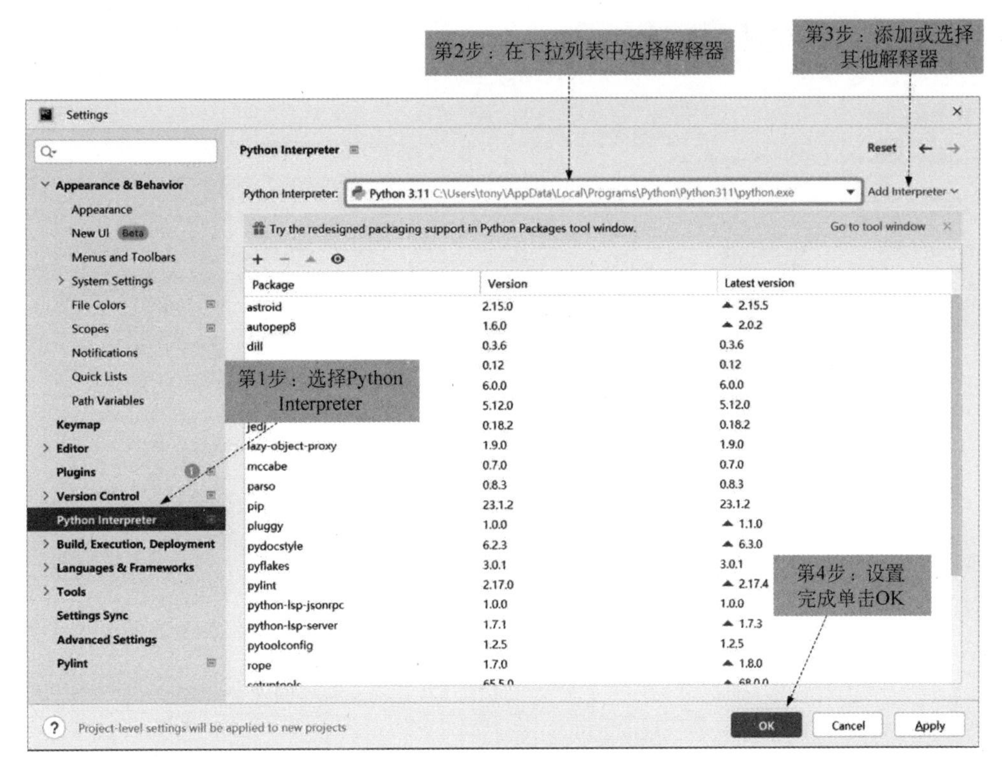

图 1-13　配置 Python 解释器

1.5　第一个 Python 程序

本节以 Hello World 作为切入点，介绍如何使用 PyCharm 创建 Python 项目、编写 Python 文件，以及运行 Python 文件。

1.5.1　创建项目

首先在 PyCharm 中通过项目(Project)管理 Python 源代码文件，因此需要先创建一个 Python 项目，然后在项目中创建一个 Python 源代码文件。

PyCharm 创建项目步骤是：在如图 1-11 所示的 PyCharm 欢迎界面中，单击 New Project 按钮，或通过选择菜单 File→New Project 打开如图 1-14 所示的对话框，在 Location 文本框中输入项目名称 HelloProj。如果没有设置 Python 解释器或想更换解释器，则可以单击图 1-15 所示的三角按钮展开 Python 解释器设置界面，对于只安装一个版本的 Python 环境的用户，笔者推荐选择 Previously configured interpreter。

如果选择 Create a main. py welcome script 会创建 main. py 文件，因为笔者个人不喜欢创建 main. py 文件，所以没有选中 Create a main. py welcome script 选项。最后，单击 Create 按钮创建项目，如图 1-15 所示。

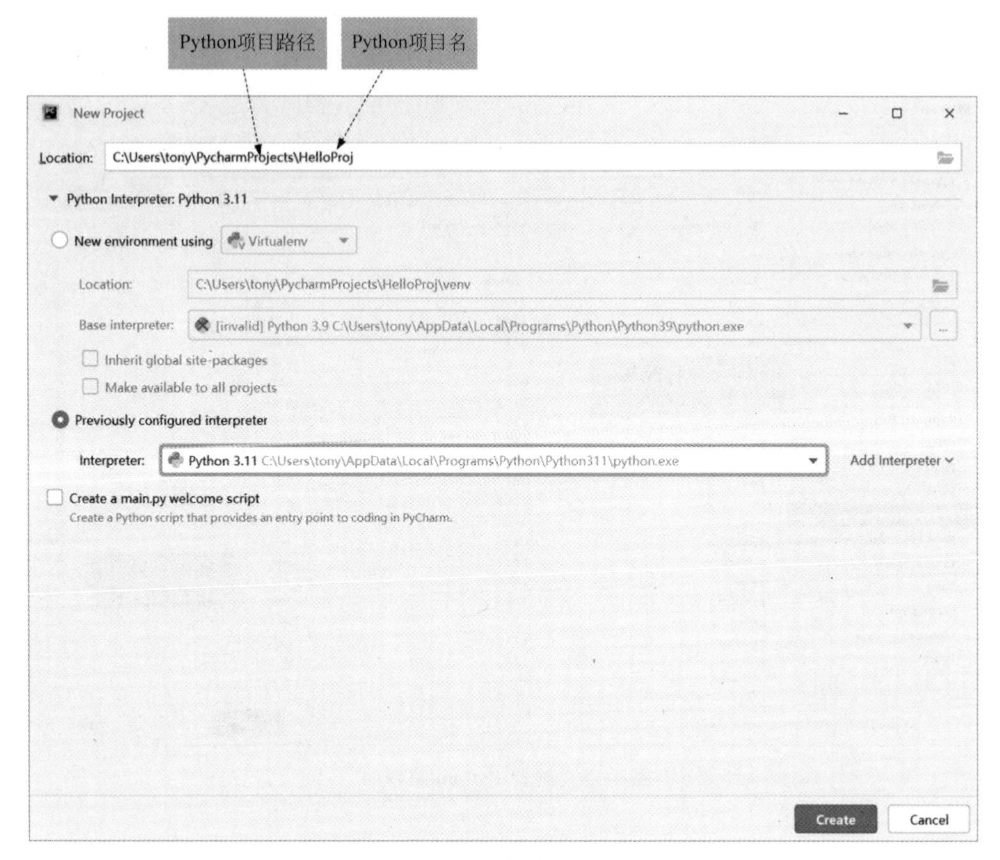

图 1-14　创建项目

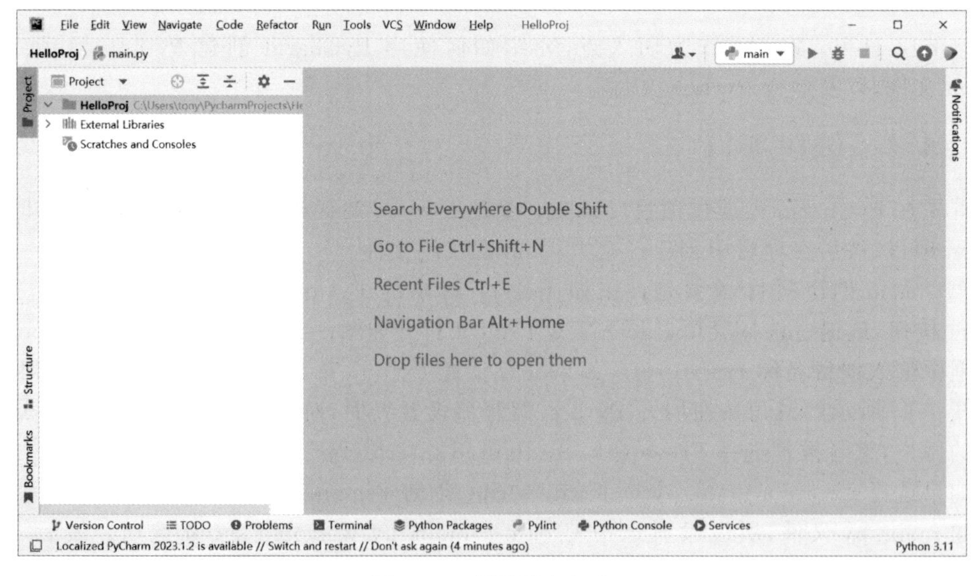

图 1-15　项目创建完成

1.5.2 创建 Python 代码文件

项目创建完成后，需要创建一个 Python 代码文件执行控制台输出操作。选择之前创建项目中的 HelloProj 文件夹，然后右键选择 New→Python File 菜单，打开 New Python file 对话框，如图 1-16 所示。在对话框中的 Name 文本框中输入 hello，然后按下 Enter 键创建文件，如图 1-17 所示，在左边的项目文件管理窗口中可以看到刚刚创建的 hello. py 源代码文件。

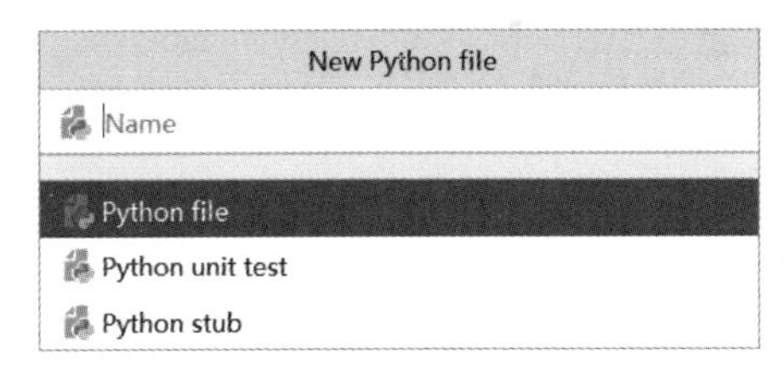

图 1-16 新建 Python 文件对话框

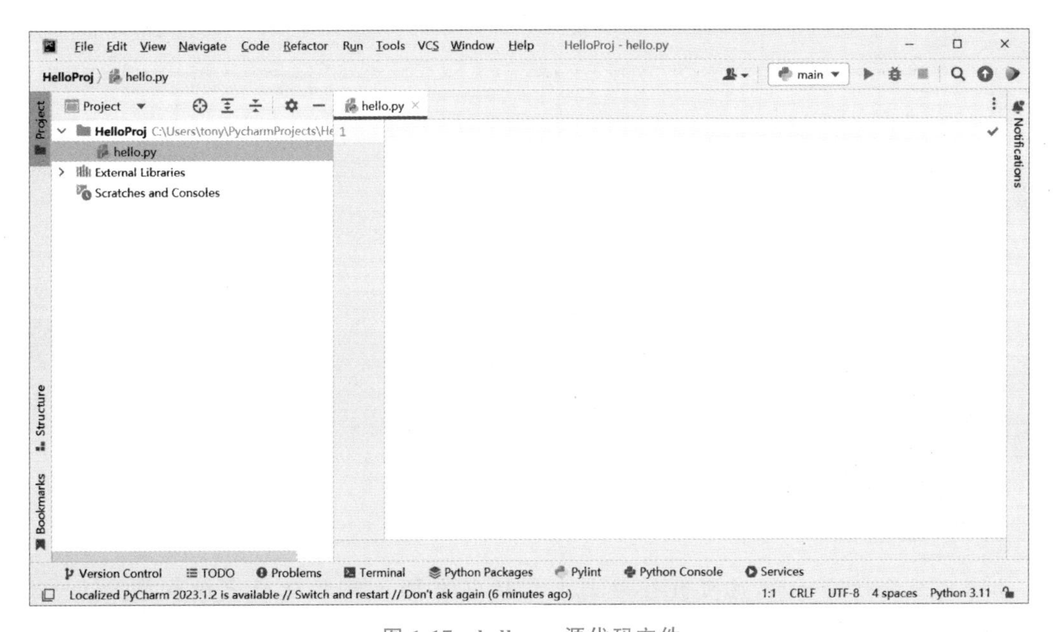

图 1-17 hello. py 源代码文件

1.5.3 编写代码

Python 代码不需要 Java 或 C 的 main 主函数，Python 解释器从上到下解释运行代码文件。

编写代码如下：

```
string = "Hello, World."
print(string)
```

1.5.4 运行程序

程序编写完成，就可以运行了。如果是第一次运行，则需要在左边的项目文件管理窗口中选择 hello. py 文件，右击菜单中选择 Run 'hello'运行，在左下方的控制台窗口输出"Hello, World."字符串，如图 1-18 所示。

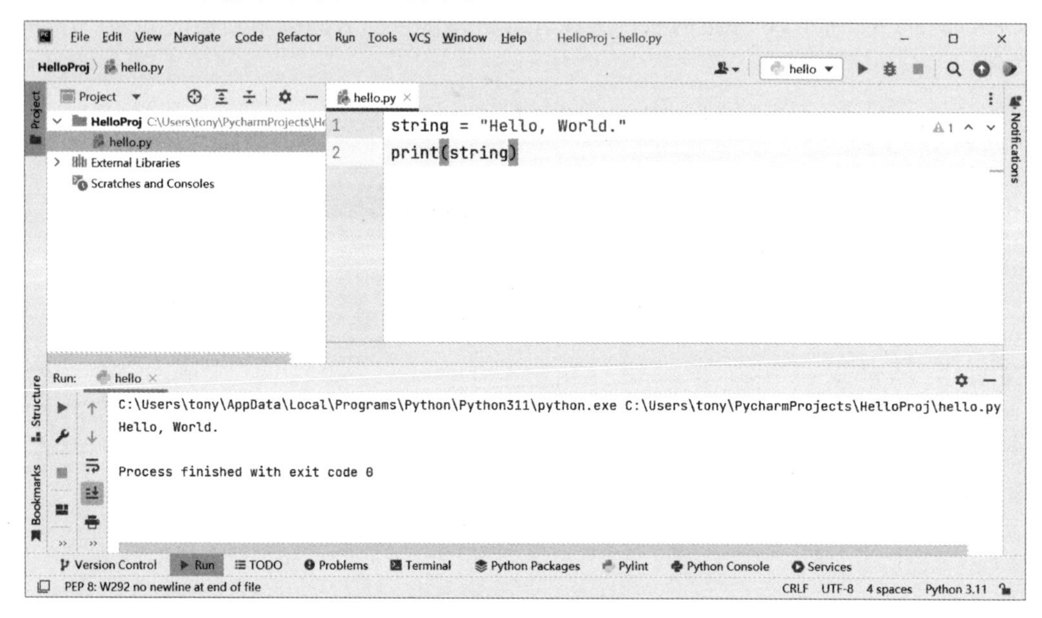

图 1-18 运行结果

如果已经运行过一次，也可直接单击工具栏中的 Run ▶ 按钮或选择菜单 Run→Run 'hello'或使用快捷键 Shift+F10 运行上次的程序。

1.6 本章总结

本章主要介绍了 ChatGPT 的使用、Python 解释器、PyCharm 开发工具以及第一个 Python 程序。

首先，我们学习了如何注册和使用 ChatGPT，包括提问的技巧和注意事项。ChatGPT 是一个强大的对话式 AI 系统，可以回答各种问题，但也有其局限性，需要我们合理利用。

然后，我们了解了几种常见的 Python 解释器，如 CPython、PyPy、Jython 和

IronPython。选择合适的解释器可以提高 Python 程序的运行效率。

接着，我们下载并安装了 PyCharm 开发工具，并进行了必要的设置，为后续的 Python 开发做好了准备。PyCharm 提供了代码自动补全、调试、版本控制等功能，是 Python 开发的首选工具。

最后，我们编写并运行了第一个 Python 程序“Hello，World！”，完成了从安装到编程的全过程，为后续的 Python 学习奠定了基础。

通过本章的学习，我们对 Python 开发环境有了初步的了解，也试水了 ChatGPT 的强大功能，为后续的 Python 语言学习打下了基础。接下来我们将继续学习 Python 的基础语法和操作，建立编程思维，逐步掌握 Python 开发的技能。

第2章 如何使用ChatGPT辅助编写高质量的代码

ChatGPT 是一种语言模型，可用于生成文本，包括程序代码。如何使用 ChatGPT 创建高质量的程序代码，可以参考以下几点：

(1) 提供详细且准确的需求说明。要想生成高质量的代码，ChatGPT 需要清晰地理解代码要实现的功能和业务逻辑。所以提供详细的需求说明和示例是非常必要的。

(2) 遵循代码规范和最佳实践。在说明中要表述清楚代码需要遵循的语言标准、设计模式以及工程化要求，这样 ChatGPT 生成的代码质量会更高。

(3) 采取迭代协作的方式。因为很难通过一次交互就获得完全满意的代码，所以最好采取迭代的方式，ChatGPT 生成第一版代码后，开发人员评审并提出修改意见，然后 ChatGPT 再生成修订后的代码，如此循环往复，逐渐提高代码质量。

(4) 人工验收和测试。虽然 ChatGPT 可以生成代码，但开发人员还是需要对代码进行审阅、测试以及必要的调整优化。人工的参与可以最大限度地保证最终的代码质量。

(5) 不断优化和改进。为 ChatGPT 提供的说明和条件越详细越好，这需要不断优化和改进。同时，读者也需要不断总结在协作中的体会，优化和改进与 ChatGPT 的交互方式，这样可以更高效和深入地协作，生成更高质量的代码。

(6) 结合其他工具。除了 ChatGPT，还可以结合其他工具，如静态代码分析工具、单元测试工具以及性能测试工具等。这些工具可以提供更加客观和详尽的代码评估，有利于开发人员提高与 ChatGPT 的协作效率，生成更高质量的代码。

综上，要使用 ChatGPT 高效并生成高质量的程序代码，需要开发人员与其保持高度协作。通过提供详细的需求说明、遵循代码规范、采取迭代方式、人工验收与测试、不断优化与改进、结合其他工具等方式，可以最大限度地发挥 ChatGPT 的作用，生成高质量的代码。

2.1 编写代码

如果使用 ChatGPT 得当，那么无论是简单的代码段还是复杂的程序，ChatGPT 都可以提供有力的辅助。

2.1.1　描述代码需求

为了编写出高质量的代码，首先读者应该准确描述出自己的代码需求是什么。

在利用 ChatGPT 编写代码时，这里有一些技巧可以提高效率和质量：

(1) 清晰明确地描述代码需求：提供详细的自然语言描述，清晰地表达所要实现的功能或逻辑。这可以帮助 ChatGPT 生成更加准确和完整的代码框架。

(2) 从大体架构开始描述：先描述代码的总体框架结构或函数原型，在 ChatGPT 返回框架代码后，再逐步填充详细逻辑。这比直接描述很详细的逻辑更容易被 ChatGPT 理解和实现。

(3) 通过示例解释复杂逻辑：如果需表达较复杂的算法或业务逻辑，可以通过具体的示例来说明。举例可帮助 ChatGPT 更好地理解这些逻辑，从而生成对应代码。

(4) 循环交互：很少一次描述可以完整实现复杂代码。需要通过多轮交互，持续描述更为详细的需求，ChatGPT 会逐步完善代码，实现最终目标。循环反馈也有利于纠正 ChatGPT 的误解，产生更准确的代码。

(5) 请求解释或修复：如果 ChatGPT 生成的代码有不合理或错误的地方，读者可以复制这段代码，并请求 ChatGPT 提供解释或修复建议。它可以重新审视代码，找到问题所在并提出修订方案。这有助于避免错误累积，产生高质量代码。

(6) 结合人工干预：对于更加复杂的逻辑，ChatGPT 的代码能力仍有限。这时，最好的方式是人工设计整体框架，ChatGPT 负责填充详细代码；或人工选择 ChatGPT 的候选方案，再进行优化。结合使用可以发挥两者的优势，提高工作效率。

这些技巧可以很好地配合 ChatGPT 的能力，帮助读者开发高质量和高效率的代码。随着交互的深入，读者也会日益熟练，进一步提高编程效率。而我们也会不断提高 ChatGPT 的语言理解和代码生成能力，为读者提供更加全面和准确的编程体验。

下面给出一些示例，每个示例由需求描述与 ChatGPT 返回的代码框架两部分组成。

示例 1. 编写 Python 代码

我们向 ChatGPT 发送请求消息：

我想要一段能够打印"Hello World"的 Python 代码

ChatGPT 的回答：

以下是一个简单的 Python 代码，可以打印"Hello World"：

```
def hello_world():
```

```
    print("Hello World!")

if __name__ == '__main__':
    hello_world()
```

示例 2. 编写 C++代码

我们向 ChatGPT 发送请求消息：

我要一段能够计算两个数之和的 C++函数。

指令执行后，ChatGPT 的回答：

以下是一个简单的 C++函数，可以计算两个数之和：

```
int sum(int a, int b) {
    return a + b;
}

int main() {
    int result = sum(1, 2);
    return 0;
}
```

示例 3. 编写 JavaScript 代码

我们向 ChatGPT 发送请求消息：

我需要一个下载网络图片并存储到本地的 JavaScript 函数。

指令执行后，ChatGPT 的回答：

以下是一个简单的 JavaScript 函数，可以从 URL 下载网络图片并将其保存到本地文件系统：

```
function downloadImage(url, callback) {
  var request = new XMLHttpRequest();
  request.open('GET', url);
  request.responseType = 'blob';

  request.onload = function() {
    if (request.status === 200) {
      callback(request.response);
    }
  };
  request.send();
}

downloadImage('http://example.com/image.png', function(response) {
  var blob = new Blob([response]);
  var link = document.createElement('a');
  link.href = window.URL.createObjectURL(blob);
  link.download = 'image.png';
  link.click();
});
```

如读者所见，ChatGPT 可以根据简明的自然语言描述，返回对应的代码框架或函数。然后，读者可以在此基础上，继续描述更为具体的逻辑或参数，ChatGPT 会继续扩充和完善这些代码，最终实现较为完整的程序。

这显示了 ChatGPT 强大的语言理解和代码生成能力。它可以自动映射描述和代码之间的对应关系，快速返回满足需求的框架结构。借助与 ChatGPT 的循环交互，可以轻松实现不同难度和语言的代码编写。

但 ChatGPT 的能力也有限，更加复杂的算法或逻辑仍需要人工来设计与实现。人工智能只能作为一个编程助手，需要与人密切协作，才能发挥最大效能。

希望这个例子可以进一步帮助读者理解如何利用 ChatGPT 来编写代码。

2.1.2 补全代码细节

在已有的代码框架基础上，读者可以使用 ChatGPT 提供更加详细的代码来实现相应的功能。读者可以继续描述自己所需的具体逻辑或参数，ChatGPT 会补充相应的代码细节。

示例 4. 编写关联代码

如果读者想对打印“Hello World!”的 Python 代码的示例 1 继续细化，我们向 ChatGPT 发送请求消息：

我想修改如下代码，打印“Hi there!”。

```
def hello_world():
    print("Hello World!")

if __name__ == '__main__':
    hello_world()
```

ChatGPT 的回答：

你可以修改 hello_world()函数内的字符串参数来打印“Hi there!”，如下所示：

```
def hello_world():
  print("Hi there!")

if __name__ == '__main__':
  hello_world()
```

示例 5. 编写关联代码

如果我们想在示例 4 基础上添加功能，例如读者想输入姓名并打印出“Hello+姓名!”。

读者可以发送请求消息：

我想修改如下代码，打印出“Hello+姓名！”。

```
def hello_world():
    print("Hi there!")

if __name__ == '__main__':
    hello_world()
```

ChatGPT 的回答：

你可以修改 hello_world()函数并传入一个字符串参数来打印出"Hello+姓名!"的消息，如下所示：

```
def hello_world(name):
  print(f"Hello {name}!")

if __name__ == '__main__':
  name = "John" # 将此行替换为任何你想要的名字
  hello_world(name)
```

示例 6. 编写条件逻辑

如果想编写条件逻辑，读者可以发送请求消息：

我想修改如下代码，如果 name 是“John”或“Mary”，则打印“Hello dear!”，否则打印“Hello name!”。

```
def hello_world(name):
    print(f"Hello {name}!")

if __name__ == '__main__':
    name = "John"
    hello_world(name)
```

ChatGPT 的回答：

你可以在 hello_world()函数中添加一些条件语句来检查 name 是否为"John"或"Mary"，从而打印不同的消息。以下是修改后的代码：

```
def hello_world(name):
   if name == "John" or name == "Mary":
      print("Hello dear!")
   else:
      print(f"Hello {name}!")
```

示例 7. 编写函数

如果想编写函数，读者可以发送请求消息：

我想修改如下代码，定义一个函数，参数为姓名，打印问候语，调用函数传入不同姓名。

```
def hello_world(name):
    print(f"Hello {name}!")
```

```
if __name__ == '__main__':
    name = "John"
    hello_world(name)
```

ChatGPT 的回答：

你可以使用 def 关键字来定义一个函数，以接受参数并打印出问候语。以下是你可以尝试的代码：

```
def greet(name):
   print(f"Hello {name}!")

if __name__ == '__main__':
   greet("John")
   greet("Mary")
   greet("Bob")
```

通过这些示例，读者可以看到 ChatGPT 会根据读者的具体描述，提供相应的代码逻辑或细节来补全并完善我们的程序。我们可以一步步添加更丰富的逻辑与参数，最终实现一个功能齐全的代码段。

读者需要注意的是代码补全需要通过多轮交互，不断描述需要实现的逻辑，ChatGPT 会逐步帮助补全更加完整的代码，直到最终实现您的需求。

2.1.3　代码语法检查

ChatGPT 代码语法检查可以帮助开发人员找出代码中的语法错误，并及时进行修复，从而提高代码质量和稳定性。此外，代码语法检查也可以帮助开发人员遵循编码规范，提高代码可读性和可维护性。

对于代码语法检查，有以下几点操作技巧与建议。

(1) 书写完成后再检查。在编写代码初稿后立即检查，可以最大限度地发现问题，避免多次修复同一错误。这需要控制自己的急躁心理，先将代码逻辑实现完整再进行检查。

(2) 按模块检查。不要将整个程序的代码一次性提交以检查，这会使问题难以定位与修复。可以将代码按函数或类等逻辑模块分段提交，逐个检查、修复。

(3) 重点检查关键部分。比如函数定义、条件判断、循环语句等容易出错的地方。这些部分的语法错误可能导致程序无法正常工作。

(4) 理清逻辑再检查。在提交代码检查前，应当再自行查看一遍代码，厘清程序逻辑和每个部分的作用。这可以避免由于自己的疏忽而提交含有逻辑错误的代码。目前ChatGPT主要检查语法问题，并不深刻理解代码逻辑。

(5) 验证并测试。在根据ChatGPT的建议修改完代码后，应当自行验证修改是否正确，并进行测试，保证程序如预期工作。不要完全依赖ChatGPT的检查，因为ChatGPT的理解还不及人工专家。

(6) 持续反馈。在我们的交互过程中，检查结果与建议，ChatGPT都希望获得使用者的持续反馈。这有助于ChatGPT发现自身理解的不足与提高的方向，使ChatGPT的代码分析服务更加准确和高质量。

这里以代码语法检查为例，给出一些提问的示例，供读者参考。

示例8. 聚焦在一个具体的提问

为了让ChatGPT的回答能提供有针对性的答案方向，我们需要在提问时聚焦于一个具体的问题。例如如下提问方式：

我在定义函数时常常忘记添加"："，导致语法错误。如何记住并养成正确的习惯？

这是一个很好的提问示例。它聚焦在一个具体的问题上(如"："的遗漏)，说明了提问者当前的困难与信息需求。

示例9. 提供具体代码

如果读者这样提出问题：

下面的代码有什么语法错误？如何修复？

```
def sum(a, b)
c = a + b
print(c)
```

这是一个结合实例的提问，通过提供具体代码，ChatGPT可以清晰理解问题所在与提问者的信息需求。但与示例8相比，这个提问的目的未做明确说明，这会使ChatGPT回答在回答前做一定猜测，可能偏离要点。

ChatGPT的回答：

这段代码缺少了冒号"："，会导致语法错误。正确的代码如下：

```
def sum(a, b):
   c = a + b
   print(c)
```

在函数定义时,需要在参数列表后面加上冒号来表示代码块的开始。另外,代码块中的语句要缩进,通常是使用四个空格来表示一个缩进层级。在这个例子中,函数体内的代码需要缩进以表示它属于该函数的一部分。

2.2 调试代码

调试代码是修复错误、理解程序逻辑的关键技能。作为开发人员,掌握一定的调试技巧是必不可少的。

使用 ChatGPT 辅助调试代码,主要采取以下几种方式:

(1) 描述代码逻辑与预期结果给 ChatGPT,检验自己的理解并发现潜在问题。如果 ChatGPT 无法完全理解,也提示我们改进说明的清晰度。

(2) 提出推理过程中的疑问,让 ChatGPT 解释说明。我们对比其解释判断自己是否有误,这也检验 ChatGPT 的理解。这是一种"相互调试"的过程。

(3) 提供代码片段让 ChatGPT 分析,然后对比我们自己的理解是否一致。如果 ChatGPT 有误,也让我们梳理清楚概念与加强理解。

(4) 在解决棘手 Bug 时,描述问题给 ChatGPT,让其分析并给出思路。这可以带来新视角,产生灵感。如果我们不同意 ChatGPT 的分析,则可以对问题进行更深入地推敲。

(5) 在 ChatGPT 的回复中找其漏洞或不足,提出提问加以探讨。这也检验 ChatGPT 的理解与推理,判断其回复的准确性,提高我们的洞察力。

综上,掌握必要的调试技巧,加强分析与推理能力,这是成为高效程序员的基石。不惧怕错误,理解之深,方能臻于至善!

代码既是工具,也是学习的对象。在调试的过程中,我们不断推敲,加深对程序的洞察,这是实现高质量代码的必经之路。

示例 10. 调试代码

这里给出一个具体的例子来说明如何使用 ChatGPT 辅助调试代码。假设我们写了一段提取文本中词频最高的 10 个词的代码，如下：

```
text = "Hello from ChatGPT! ChatGPT is an AI assistant created by Anthropic to be helpful,
harmless, and honest."

words = text.lower().split()
word_counts = dict()

for word in words:
    if word in word_counts:
        word_counts[word] += 1
    else:
        word_counts[word] = 1

top_10 = sorted(word_counts.items(), key=lambda x: x[1], reverse=True)[:10]
print(top_10)
```

运行结果为：

```
[('hello', 1), ('from', 1), ('chatgpt!', 1), ('chatgpt', 1), ('is', 1), ('an', 1), ('ai', 1),
('assistant', 1), ('created', 1), ('by', 1)]
```

而我们期待结果是：

```
[('chatgpt', 2), ('hello', 1), ('from', 1), ('is', 1), ('an', 1), ('ai', 1), ('assistant', 1),
('created', 1), ('by', 1), ('anthropic', 1)]
```

显然，这并不符合我们的预期结果，我们可以采取以下方式与 ChatGPT 进行交互调试。

我们向 ChatGPT 发送如下请求消息：

如下代码实际运行结果不符合我的期望，请指出哪里有逻辑错误：

```
[('hello', 1), ('from', 1), ('chatgpt!', 1), ('chatgpt', 1), ('is', 1), ('an', 1), ('ai', 1),
('assistant', 1), ('created', 1), ('by', 1)]

text = "Hello from ChatGPT! ChatGPT is an AI assistant created by Anthropic to be helpful,
harmless, and honest."

words = text.lower().split()
word_counts = dict()

for word in words:
    if word in word_counts:
        word_counts[word] += 1
    else:
        word_counts[word] = 1

top_10 = sorted(word_counts.items(), key=lambda x: x[1], reverse=True)[:10]
```

```
print(top_10)
```

ChatGPT 的回答：

代码中没有考虑到单词的大小写问题。可以在统计时将单词转换为小写，以便识别出所有大小写变化的相同单词。

注意，如果 ChatGPT 给出的答案并不符合我们的预期，那也很正常。我们可以再进行追问如下问题：

但是为何在结果中会出现“！”？

ChatGPT 的回答：

在代码中，单词被通过 split() 方法分割时，并没有考虑到标点符号的情况。因此，在这个例子中，字符串 "ChatGPT!" 被当作一个单词来处理。

为了避免这种情况发生，可以使用正则表达式来将文本分割成单词列表。修改后的代码如下：

```
import re

text = "Hello from ChatGPT! ChatGPT is an AI assistant created by Anthropic to be helpful,
harmless, and honest."

words = re.findall(r'\b\w+\b', text.lower())
word_counts = dict()

for word in words:
    if word in word_counts:
        word_counts[word] += 1
    else:
        word_counts[word] = 1

top_10 = sorted(word_counts.items(), key=lambda x: x[1], reverse=True)[:10]
print(top_10)
```

使用正则表达式 \b\w+\b 来匹配单词，其中 \b 表示单词边界，\w+ 表示匹配一个或多个字母、数字或下画线字符。这样就能正确地将文本分割成单词列表了，输出结果也不再包含标点符号。

修改之后的代码运行结果如下：

```
[('chatgpt', 2), ('hello', 1), ('from', 1), ('is', 1), ('an', 1), ('ai', 1), ('assistant', 1),
('created', 1), ('by', 1), ('anthropic', 1)]
```

从结果可见符合我们的预期了。

2.3 评审 ChatGPT 生成的代码

由于 ChatGPT 是一种自然语言模型，它可以生成文本，包括程序代码。因此，在使用 ChatGPT 生成程序代码时，最好进行代码评审(Code Review)以确保代码的质量和正确性。

代码评审涉及对代码进行系统化的审查，以确保其符合编码标准、最佳实践和安全要求。在ChatGPT生成的程序代码中，可能存在语法错误、逻辑错误或安全漏洞等问题，因此需要通过代码评审来识别和纠正这些问题。

评审人员应该具备充足的程序设计和开发经验，能够识别常见的编码错误和潜在的安全隐患，并提出改进意见。此外，评审人员还应该关注代码的可读性、可维护性和效率等方面，以确保代码的长期可靠性和可持续性。

总之，对ChatGPT生成的程序代码进行代码评审是非常重要的，这将有助于确保代码的质量和正确性，并降低代码维护和更新的成本。

为了评审ChatGPT生成的代码，可以使用一些工具，这些工具有：静态代码分析、逻辑验证(如单元测试)和性能测试等。

代码静态检查工具主要用于自动扫描代码，检查代码是否符合指定的代码规范和最佳实践，发现代码存在的潜在问题。主流的工具有：

(1) Checkstyle：主要检查Java代码是否符合规范，如函数长度、变量命名、空格使用等。它定义了许多可配置的规则，可以检查ChatGPT生成的Java代码是否满足我们指定的Java代码规范。

(2) PMD：是Java静态代码分析工具，可以检测不规范的代码，如未使用的变量、未捕获的异常等。可以用来评估ChatGPT Java代码的规范性和鲁棒性。

(3) FindBugs：用于检测Java Bytecode中的bug和不规范之处。它包含许多预定义的规则，可以发现ChatGPT Java代码中的潜在问题，如空检查、同步问题等。

(4) Cppcheck：用于检查C/C++代码的静态代码分析工具，可以检测出未初始化的变量、内存泄漏等问题。可以用来评估ChatGPT生成的C/C++代码质量。

(5) PyLint：用于检查Python代码的静态代码分析工具，可以根据PEP 8 Python规范来检查代码，发现不规范之处。可以自动评估ChatGPT生成的Python代码是否符合PEP 8规范。

使用这些工具，可以自动化评估ChatGPT生成的代码在规范、鲁棒性和质量方面的水平。评估结果可以形成报告，开发人员检查后将需要改进的地方反馈给ChatGPT，要求其生成修订后的代码。如此循环，可以较高效地提高ChatGPT的代码生成能力。

这需要开发人员对这些工具较为熟悉，理解如何根据语言标准和项目要求配置和运行工具，并准确理解评估报告中的问题，才能向ChatGPT提供有针对性的改进建议。静态分析工具与ChatGPT的结合，可以显著减轻开发人员的代码评审工作，更高效地提高ChatGPT的代码生成质量。这对于生成较为复杂和高质量要求的代码尤为重要。

综上，代码静态检查工具为开发人员提供另一个维度客观地评估ChatGPT生成代码的能力。理解这类工具并将其与ChatGPT结合应用，可以提升ChatGPT的工作效率，使ChatGPT成为开发人员强大的合作伙伴。

下面我们重点介绍Python的PyLint工具的使用。

2.4　使用 Python 代码检查工具 PyLint

首先需要安装 PyLint 工具，在命令提示符中使用 pip 指令安装，如图 2-1 所示。

```
命令提示符
Microsoft Windows [版本 10.0.19044.2846]
(c) Microsoft Corporation。保留所有权利。

C:\Users\tony>pip install PyLint
Collecting PyLint
  Downloading pylint-2.17.2-py3-none-any.whl (536 kB)
     |████████████████████████████████| 536 kB 819 kB/s
Requirement already satisfied: tomli>=1.1.0 in c:\users\tony\appdata\local\programs\python\pyt
hon39\lib\site-packages (from PyLint) (2.0.1)
Requirement already satisfied: typing-extensions>=3.10.0 in c:\users\tony\appdata\local\progra
ms\python\python39\lib\site-packages (from PyLint) (4.5.0)
Requirement already satisfied: platformdirs>=2.2.0 in c:\users\tony\appdata\local\programs\pyt
hon\python39\lib\site-packages (from PyLint) (3.2.0)
Collecting astroid<=2.17.0-dev0,>=2.15.2
  Downloading astroid-2.15.3-py3-none-any.whl (277 kB)
     |████████████████████████████████| 277 kB 3.3 MB/s
Requirement already satisfied: colorama>=0.4.5 in c:\users\tony\appdata\local\programs\python\
python39\lib\site-packages (from PyLint) (0.4.6)
```

图 2-1　安装 PyLint 工具

为了在 PyCharm(Python IDE 工具)中使用 PyLint 工具，需要在 PyCharm 中安装插件 PyLint。由于 PyCharm 和 IntelliJ IDEA 都是 jetbrains 公司开发的 IDE 工具，它们的操作界面和安装插件的过程非常类似。如图 2-2 所示，在插件对话框中搜索 PyLint 插件，找到之后单击 Install 按钮安装插件。

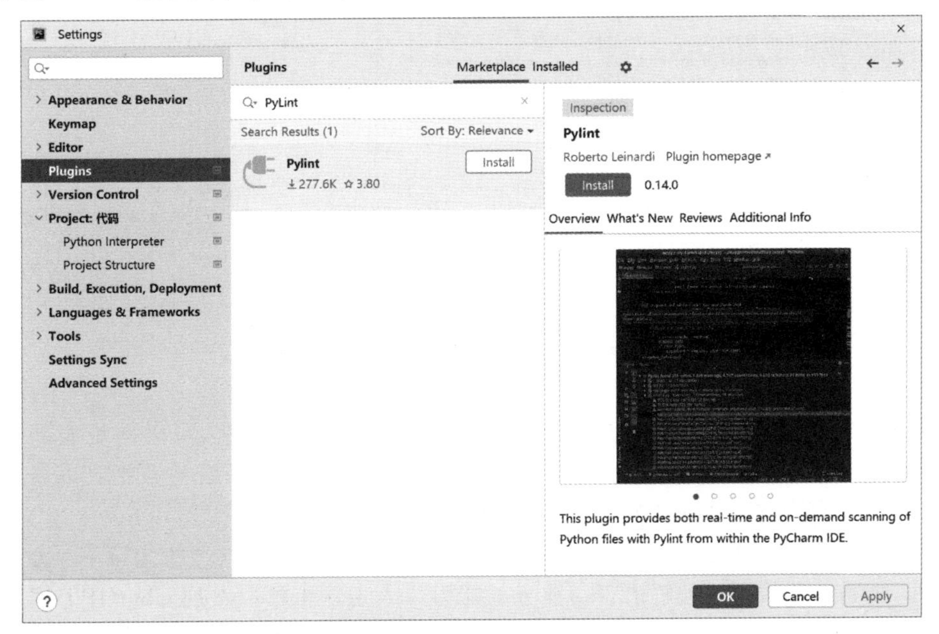

图 2-2　安装 PyLint 插件

安装完成重启 PyCharm 就可以使用了。

为测试 PyLint 工具我们先准备一个糟糕的 Python 代码文件(BadCodeExample. py)，代码的代码如下。

```
def do_something():
    name = "John" # 少了类型提示
    age = 30 # 变量命名不规范

    if age > 20:
        print(f"{name} is older than 20.")
```

为了在 PyCharm 检查代码，读者还需要创建项目，把要检查的代码放到项目，然后打开 BadCodeExample. py 文件，然后在代码窗口中右键菜单中选中 Check Current File，开始检查当前的代码文件，检查结果如图 2-3 所示，在检查结果的输出窗口中单击检查的结果项目则会定位到指定的代码，读者可以根据这个提示修改相应代码。

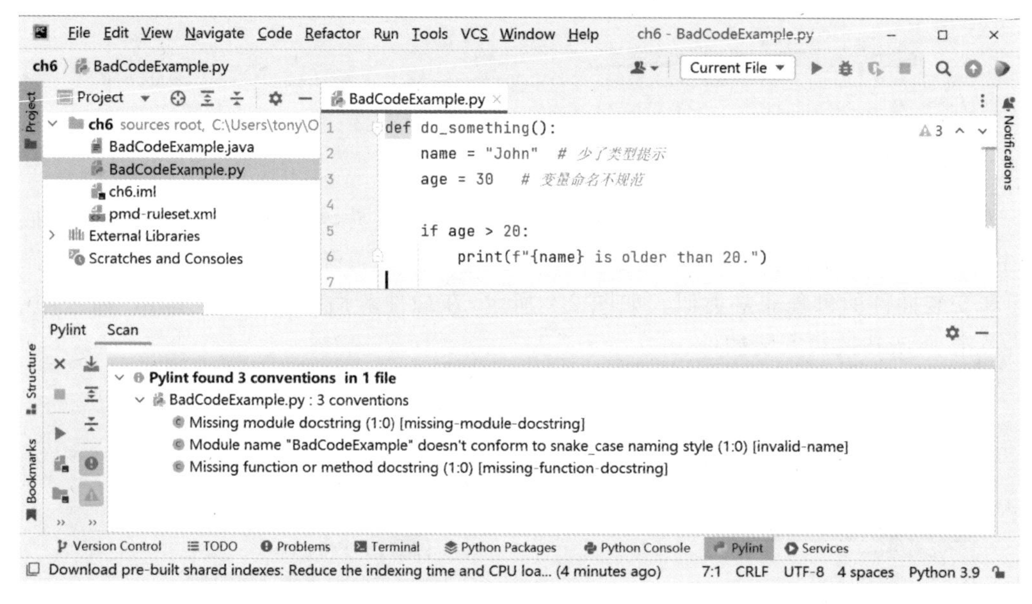

图 2-3 检查文件

2.5 人工评审 ChatGPT 生成的代码

一般情况下，ChatGPT 生成的代码已经经过了多次训练和优化，可以满足大部分用户需求。然而，在某些特殊场景下，例如需要高度精确、高质量的代码或者需要对机器输出进行深入的定制和调整时，人工评审仍然是必要的。

人工评审 ChatGPT 生成的代码，是确保代码质量的重要手段。作为读者，我们具有 ChatGPT 所不具备的深入理解语言与业务的能力。人工评审可以发现 ChatGPT 因知识与经验限制而未能发现的问题，将人工智能与人相结合，可以真正发挥高质量代码的生成效果。

人工评审需要关注的点包括：

（1）业务逻辑：ChatGPT是否正确理解并实现了业务需求与逻辑？如果存在疑问或不符合预期的地方，需要提出修改建议。

（2）算法与效率：ChatGPT使用的算法与数据结构是否最优？是否存在影响效率的地方？需要分析并提出优化建议。

（3）可读性：生成的代码是否具有较高的可读性？需要检查命名、注释、格式等，提高代码的易理解性。

（4）规范性：代码是否符合行业标准与约定？需要检验生成的代码是否符合相应语言与框架的编码规范，并要求进行修正。

（5）扩展性：代码是否具备较好的扩展性？需要评估生成的代码架构与设计是否易于未来的扩展与维护，提供重构建议。

（6）安全性：是否存在安全隐患？需要审查代码是否存在SQL注入、XSS跨站等安全问题，以及是否遵循Secure SDLC安全开发流程等。

（7）漏洞与Bug：需要仔细阅读并测试生成的代码，查找是否存在任何ChatGPT未发现的Bug或漏洞。提供修复方案。

综上，人工评审是人工智能开发中不可或缺的一环。

假设ChatGPT生成了一段SQL查询代码，如下：

```
SELECT * FROM users WHERE name = '$name' AND age > $age;
```

在人工评审中，我们可能会发现以下几点需要提出改进建议：

（1）业务逻辑：如果name变量来自用户输入，这个SQL存在SQL注入漏洞。需要要求ChatGPT修改为：

```
SELECT * FROM users WHERE name = ? AND age > ?;
```

使用参数化查询修复漏洞。

（2）可读性：变量名$name与$age可读性太差，应改为更有意义的名字。建议修改为：

```
SELECT * FROM users WHERE user_name = ? AND user_age > ?;
```

（3）规范性：SQL关键字与表名等应大写。建议修改为：

```
SELECT * FROM USERS WHERE USER_NAME = ? AND USER_AGE > ?;
```

（4）算法与效率：如果只需要 name 与 age 两列，应指定列而非 SELECT *。建议修改为：

```
SELECT USER_NAME, USER_AGE FROM USERS WHERE USER_NAME = ? AND USER_AGE > ?;
```

（5）漏洞与 Bug：如果 user_age 字段类型为字符串，＞比较将报错。需要验证字段类型，如果是字符串应使用＞ ''字符串比较。

综上，通过对简单的 SQL 查询的人工评审，我们发现并要求 ChatGPT 修复了 SQL 注入漏洞，提高了可读性与规范性，优化了查询效率，并避免了未来的 Bug。如果 ChatGPT 能够吸收这些评审意见与经验，在生成下一个 SQL 查询代码时就可以避开这些问题，真正写出高质量的代码。

2.6 本章总结

本章详细介绍了如何使用 ChatGPT 编写高质量的程序代码，包括代码编写的一般步骤和规范、代码需求的描述、代码细节的补全、函数的编写等方面。此外，本章还介绍了如何使用常见的 Python 代码语法检查工具和注释机制来维护代码。这些内容能够帮助读者更好地了解如何编写高质量的程序代码，提高代码的可读性和可维护性。

第3章 ChatGPT与Python数据采集

数据采集与办公自动化有着密切的关系，两者的关系如下：

(1) 数据源获取：办公自动化一般需要从不同的数据源中获取数据，如数据库、API、文件等。数据采集负责从这些数据源中收集数据，以供后续的自动化处理和分析使用。

(2) 实时数据更新：办公自动化可能需要基于实时数据进行操作和决策。数据采集可以定期或实时地从数据源中获取最新的数据，确保自动化过程始终基于最新的数据进行操作。

(3) 数据预处理：数据采集包括对采集到的数据进行预处理和清洗的过程。办公自动化可能需要处理缺失值、去除异常值和标准化数据等。数据采集可以在采集数据的同时进行必要的数据预处理，以提供高质量的数据供办公自动化使用。

(4) 数据整合和转换：在办公自动化过程中，可能需要整合来自不同数据源的数据，或将数据转换为所需的格式。数据采集负责从不同数据源中收集数据，并进行整合和转换，以满足办公自动化的需求。

(5) 决策支持和报告生成：办公自动化一般需要基于数据进行决策支持和报告生成。数据采集可以通过收集和整理相关数据，为自动化过程提供必要的数据基础，从而帮助生成决策支持材料和报告。

综上所述，数据采集在办公自动化中起着重要的作用，它为自动化过程提供了数据的基础和支持。通过数据采集，办公自动化可以更准确、高效地处理和分析数据，帮助提高工作效率和决策质量。

3.1 ChatGPT在数据采集过程中的作用

ChatGPT在数据采集过程中的作用如下：

(1) 解析和处理数据采集的结果：ChatGPT可以用于解析和处理数据采集的结果。用户可以与ChatGPT交互，让它帮助解释和处理数据采集得到的结果，例如提取特定字段、过滤数据、转换格式等。

(2) 提供数据采集过程中的帮助和指导：ChatGPT可以作为一个智能助手，在数据采集过程中提供帮助、建议和指导。用户可以向 ChatGPT 提出问题，寻求关于数据采集的最佳实践、技巧或解决方案。

然而，实际上，ChatGPT 作为一个语言模型，它无法直接进行网络请求、数据抓取或处理。为了实现自动化的数据采集和处理，需要结合 ChatGPT 与其他适当的 Python 库和工具，例如 Web Scraping 库、API(应用程序编程接口)调用库、数据库访问库等。

这种结合可以帮助实现自动化的数据采集过程，通过编写 Python 代码和与 ChatGPT 的集成，实现数据的获取、处理和存储。

总结来说，ChatGPT 在数据采集过程中可以作为辅助工具和智能助手，但其本身并不直接处理和执行数据采集任务。它可以提供对话交互和文本生成的能力，帮助用户在数据采集过程中做出决策、提供反馈和解决方案。具体的自动化数据采集任务的实现还需要结合其他的数据采集工具和技术。

3.2 数据采集概述

数据采集是指通过各种技术手段和方法，从不同的数据源中获取数据的过程。数据采集在许多领域中都非常重要，包括科学研究、市场调查和业务决策等。随着互联网的普及和大数据时代的到来，数据采集变得更加广泛和重要。

3.2.1 数据采集的重要性和挑战

数据采集的重要性在于它提供了信息和洞察力，可以用于支持决策、分析和创新。通过采集各种类型的数据，我们可以发现模式、趋势和关联，从而得出有用的结论。数据采集还可以帮助建立和改进模型、算法和预测，从而提高工作效率和结果准确性。

然而，数据采集也面临以下挑战。

(1) 数据来源的多样性：数据可以来自各种不同的来源，如网页、数据库、传感器等。不同的数据源可能使用不同的格式和协议，需要采集和整合这些数据变得更加复杂。

(2) 数据量的庞大：随着数据产生速度的加快和存储成本的降低，我们能够处理的数据量越来越大。采集和处理大规模数据集需要具备高效的算法和技术。

(3) 数据质量的保证：采集到的数据可能存在噪声、缺失或错误。确保数据的质量对于后续的分析和应用非常重要，需要进行数据清洗和验证的工作。

3.2.2 数据采集的基本步骤

数据采集的基本步骤可以概括为以下几个阶段：

(1) 定义采集目标：明确你想要采集的数据类型、范围和目标。这有助于确定采集的重点和方向。

(2) 确定数据源：确定你需要采集的数据来源，如网页、API、数据库等。了解数据源的结构、格式和访问方式。

(3) 设计采集方案：根据数据源的特点和要求，设计采集方案。这包括选择合适的采集工具、编写采集代码和设置采集参数等。

(4) 执行数据采集：根据采集方案，执行数据采集操作。这可能涉及网络爬虫、API调用、数据库查询等技术手段。

(5) 数据清洗和整合：采集到的数据可能需要进行清洗和整合，以确保数据的质量和一致性。这包括处理缺失值、去除噪声、统一格式等操作。

(6) 存储和管理数据：将采集到的数据进行存储和管理，以便后续的分析和应用。可以使用数据库、数据湖、云存储等工具和技术来管理数据。

3.2.3 数据采集技术和工具

在数据采集过程中，可以使用一些常见的技术和工具。

(1) 网络爬虫：通过自动化程序从网页中提取数据。

(2) API调用：使用API与远程服务器进行通信，获取数据。

(3) 数据库查询：通过执行SQL查询语句从数据库中检索数据。

(4) 传感器和设备：使用传感器和设备采集实时数据，如温度、湿度、位置等。

(5) 数据处理框架和库：使用Python中的数据处理框架和库(如Pandas、NumPy、BeautifulSoup等)处理和分析采集到的数据。

这些技术和工具可以根据具体的需求和情况进行选择和应用。

3.3 网页数据爬取

从网页中爬取数据是数据采集的一种常见形式。在网页爬取数据时，可以使用Python编程语言结合相应的库和工具来自动化地从网页中提取数据。下面介绍一些常用的网页爬取数据技术和方法。

3.3.1 网页中的静态和动态数据

裹挟在HTML代码中的数据并非唾手可得。大多数情况下，Web前端与后台服务器进行通信时采用同步请求，即一次请求返回整个页面所有的HTML代码，这些裹挟在HTML中的数据就是所谓的“静态数据”。为了改善用户体验，Web前端与后台服务器通信也可以采用异步请求技术AJAX[1]，异步请求返回的数据就是所谓的“动态数据”，异步请求返回的数据一般是JSON或XML等结构化数据，Web前端获得这些数据后，再通过JavaScript脚本程序动态地添加到HTML标签中。

---

① AJAX(Asynchronous JavaScript and XML)可以异步发送请求获取数据，请求过程中不用刷新页面，用户体验好，而且异步请求过程中，不是返回整个页面的HTML代码，只是返回少量的数据，这可以减少网络资源的占用，提高通信效率。

同步请求也可以有动态数据。就是一次请求返回所有 HTML 代码和数据，数据并不是 HTML 放到标签中的，而是被隐藏起来，例如放到 hide 等隐藏字段中，或放到 JavaScript 脚本程序的变量中。然后通过 JavaScript 脚本程序动态地添加到 HTML 标签中。

图 3-1 所示的搜狐证券网页显示了某只股票的历史数据，其中图 3-1(a)所示的 HTML 内容都是静态数据，而动态数据则由 JavaScript 脚本程序动态地添加到 HTML 标签中，如图 3-1(b)所示。

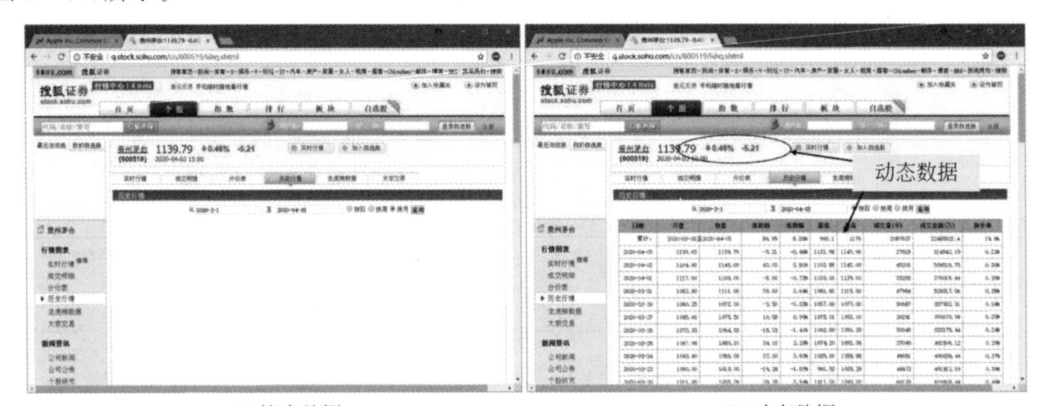

(a) 静态数据　　(b) 动态数据

图 3-1　网页中的历史数据

3.3.2　使用 urllib 爬取静态数据

urllib 是 Python 标准库中的一个模块，提供了用于进行 HTTP 请求的基本功能。它包含了多个子模块，用于不同的请求任务和操作。

下面是 urllib 库中主要的子模块及其功能：

(1) urllib.request：用于发送 HTTP 请求和获取响应。它提供了一些函数，如 urlopen()用于打开 URL 并返回响应对象，urlretrieve()用于下载文件等。

(2) urllib.parse：用于解析 URL、拼接 URL 和处理 URL 编码。它包含了一些函数，如 urlparse()用于解析 URL 字符串，urljoin()用于拼接 URL，urlencode()用于将参数编码为 URL 查询字符串等。

(3) urllib.error：定义了与 URL 请求相关的异常类。当在请求过程中发生错误时，可以捕获这些异常来进行适当的处理。

(4) urllib.robotparser：用于解析和分析 robots.txt 文件，该文件用于指示爬虫哪些页面可以访问。

使用 urllib 库，你可以发送 HTTP 请求（GET、POST 等）、设置请求头、处理响应数据和错误等。它是 Python 标准库的一部分，因此不需要安装额外的依赖库。

然而，需要注意的是，urllib 库相对较低级，对于一些高级的功能，如处理异步请求、处理复杂的请求参数和响应处理，可能需要借助其他库，如 requests 或 aiohttp。

下面是一个简单的示例，演示了使用 urllib.request 发送 GET 请求并获取响应的过程：

```
import urllib.request

url = 'https://example.com'

# 发送 GET 请求并获取响应
response = urllib.request.urlopen(url)

# 读取响应内容
data = response.read()

# 关闭响应
response.close()

# 处理数据
# ...
```

3.3.3 示例 1：爬取纳斯达克苹果股票数据

下面通过一个案例介绍如何使用 urllib 爬取静态网页数据，如图 3-2 所示是纳斯达克苹果公司股票历史数据网页。

示例实现代码如下：

```
# 代码文件:chapter3/3.2.2.py
import os
import urllib.request

# url = 'https://www.nasdaq.com/symbol/aapl/historical#.UWdnJBDMhHk'         ①
# 本地文件访问
url = "file:///" + os.path.abspath("./nasdaq-Apple1.html").replace("\\", "/")   ②

req = urllib.request.Request(url)
with urllib.request.urlopen(req) as response:
    data = response.read()
    html_data = data.decode()
    print(html_data)
```

示例运行后，输出结果如下：

```
<!doctype html>
<html lang="en">
<head>
```

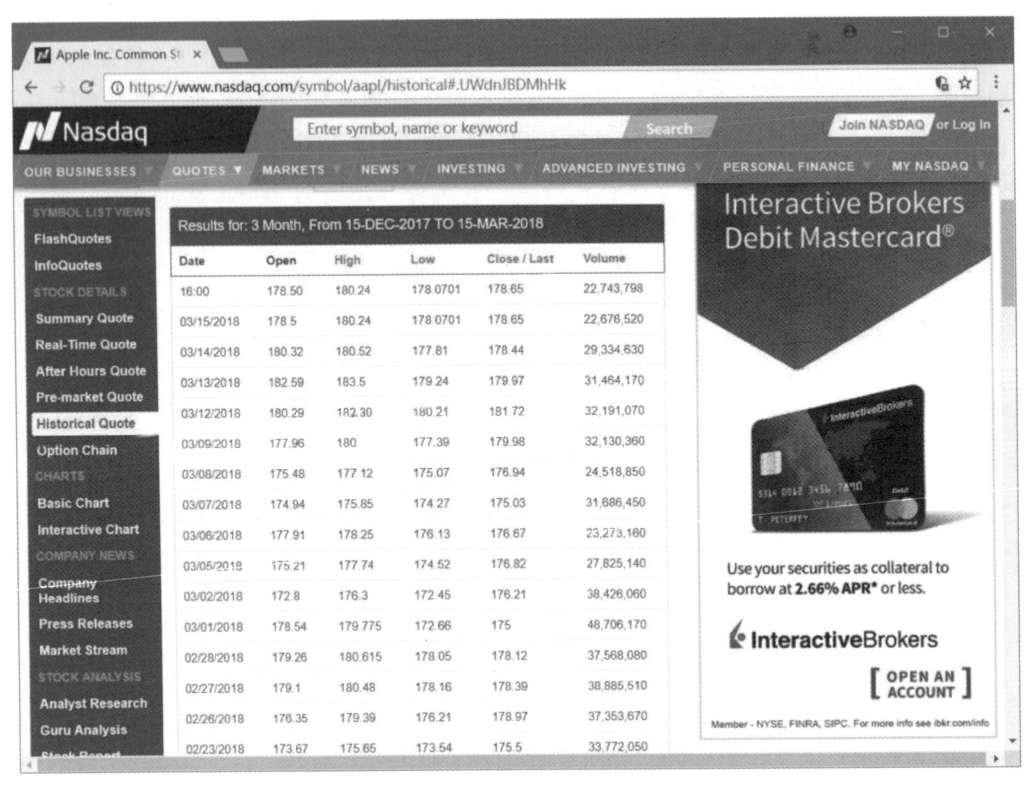

图 3-2　纳斯达克苹果公司股票历史数据网页

```
    <meta charset="UTF-8">
    <meta name="Generator" content="EditPlus">
    <meta name="Author" content="">
    <meta name="Keywords" content="">
    <meta name="Description" content="">
    <title>Document</title>
</head>
<body>
<div id="quotes_content_left_pnlAJAX">
    <table class="historical-data__table">
        <thead class="historical-data__table-headings">
        <tr class="historical-data__row historical-data__row--headings">
            <th class="historical-data__table-heading" scope="col">Date</th>
            <th class="historical-data__table-heading" scope="col">Open</th>
            <th class="historical-data__table-heading" scope="col">High</th>
            <th class="historical-data__table-heading" scope="col">Low</th>
            <th class="historical-data__table-heading" scope="col">Close/Last</th>
            <th class="historical-data__table-heading" scope="col">Volume</th>
        </tr>
        </thead>
        <tbody class="historical-data__table-body">
```

```
        <tr class = "historical - data__row">
            <th> 10/04/2019 </th>
            <td> 225.64 </td>
            <td> 227.49 </td>
            <td> 223.89 </td>
            <td> 227.01 </td>
            <td> 34,755,550 </td>
        </tr>
        <tr class = "historical - data__row">
            <th> 10/03/2019 </th>
            <td> 218.43 </td>
            <td> 220.96 </td>
            <td> 215.132 </td>
            <td> 220.82 </td>
            <td> 30,352,690 </td>
        </tr>
        ...
        </tbody>
    </table>
</div>
</body>
</html>
```

代码解释如下：

- 代码第①行指定 URL 网址。
- 代码第②行中指定本地文件地址 nasdaq-Apple1.html。

为什么要采用本地文件呢？这是因为我们爬取的网址经常容易改版，出于学习方便，笔者提供了本地文件，读者需要注意根据自己的实际情况将代码第②行改成自己的文件地址。

3.4 解析数据

数据爬取回来后，需要从 HTML 代码中分析出需要的数据，这个过程可以使用适当的数据解析技术实现，例如使用正则表达式、BeautifulSoup 和 XPath 等进行 HTML 或 XML 解析，或使用 JSON 解析库处理 JSON 数据。笔者推荐使用 BeautifulSoup 库。当然也可以利用 ChatGPT 辅助解析数据。

3.4.1 使用 BeautifulSoup 库

BeautifulSoup 是一套帮助程序设计师解析网页结构项目，BeautifulSoup 官网是 https://www.crummy.com/software/BeautifulSoup/。

要使用 BeautifulSoup 库首先需要安装 BeautifulSoup，可以通过如下 pip 指令进行安装：

```
pip install beautifulsoup4
```

安装过程如图 3-3 所示。

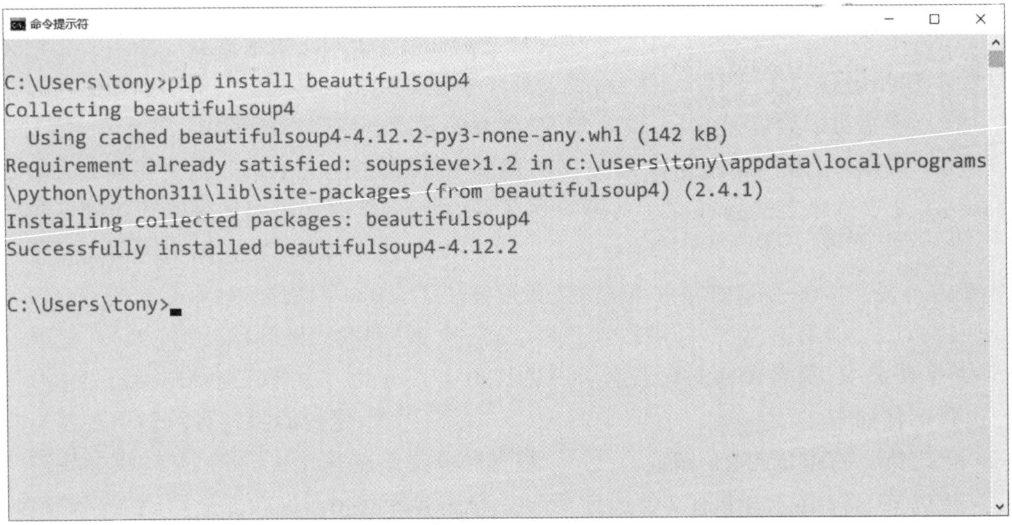

```
命令提示符

C:\Users\tony>pip install beautifulsoup4
Collecting beautifulsoup4
  Using cached beautifulsoup4-4.12.2-py3-none-any.whl (142 kB)
Requirement already satisfied: soupsieve>1.2 in c:\users\tony\appdata\local\programs
\python\python311\lib\site-packages (from beautifulsoup4) (2.4.1)
Installing collected packages: beautifulsoup4
Successfully installed beautifulsoup4-4.12.2

C:\Users\tony>
```

图 3-3 BeautifulSoup 安装过程

下面我们介绍 BeautifulSoup 常用 API。

BeautifulSoup 中主要使用的对象是 BeautifulSoup 实例，BeautifulSoup 常用函数如下：

- find_all(tagname)：根据标签名返回所有符合条件的元素列表。
- find(tagname)：根据标签名返回符合条件的第一个元素。
- select(selector)：通过 CSS 中选择器查找符合条件所有元素。
- get(key, default=None)：获取标签属性值，key 是标签属性名。

BeautifulSoup 常用属性如下：

- title：获得当前 HTML 页面的 title 属性值。
- text：返回标签中的文本内容。

在网络爬虫抓取 HTML 代码时，开发人员需要知道数据裹挟在哪些 HTML 标签中，要想找到这些数据，可以使用一些浏览器中的 Web 开发工具。笔者推荐使用 Chrome 或 Firefox 浏览器，因为它们都自带了 Web 开发工具箱。Chrome 浏览器可以通过菜单“更多工具”→“开发者工具”打开，如图 3-4 所示。Firefox 浏览器可以通过菜单“Web 开发者”→

“切换工具箱”打开，如图 3-5 所示。还可通过快捷键打开它们，在 Windows 平台下两个浏览器打开 Web 工具箱的快捷键都是 F12。

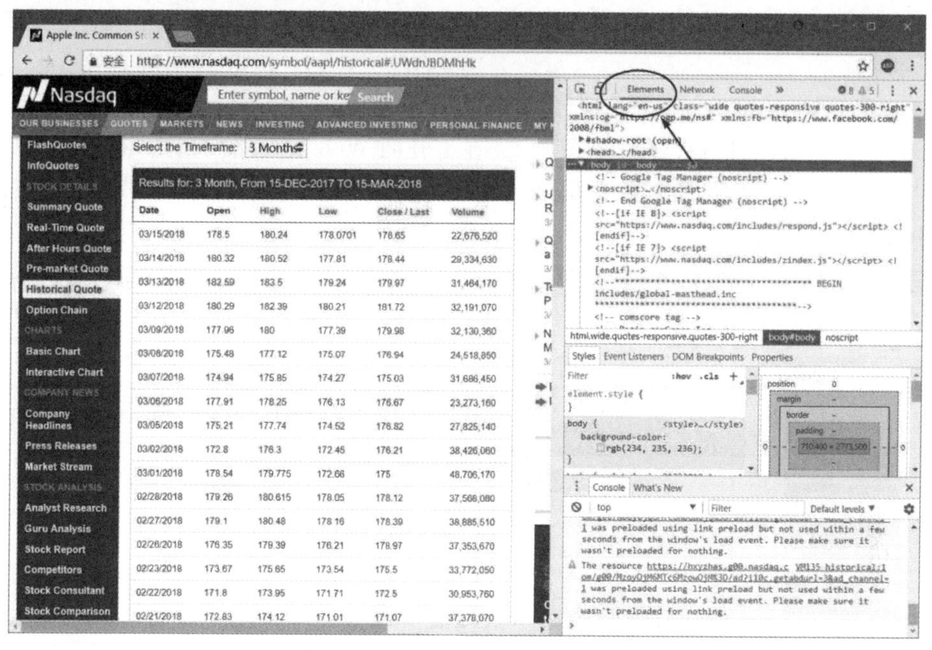

图 3-4 Chrome 浏览器 Web 开发工具箱

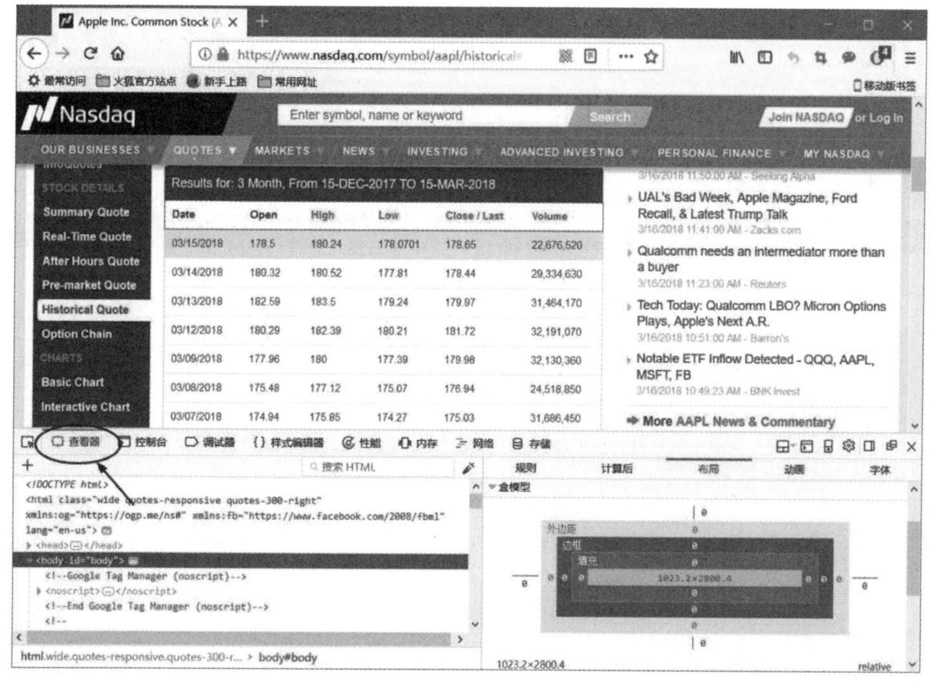

图 3-5 Firefox 浏览器 Web 开发工具箱

3.4.2 示例2：解析纳斯达克苹果股票数据

下面通过解析纳斯达克苹果公司股票数据熟悉一下如何使用BeautifulSoup库解析HTML数据。

在编写代码之前先分析一下纳斯达克股票网页数据，首先需要在浏览器中打开网页，单击F12键打开Web工具箱，如图3-6所示。在打开的Web工具箱中单击“查看器”标签，查看HTML代码，从中可见所需的数据是包裹在< table >元素的< tbody >中的，且每行数据都放到一个< tr >元素中。

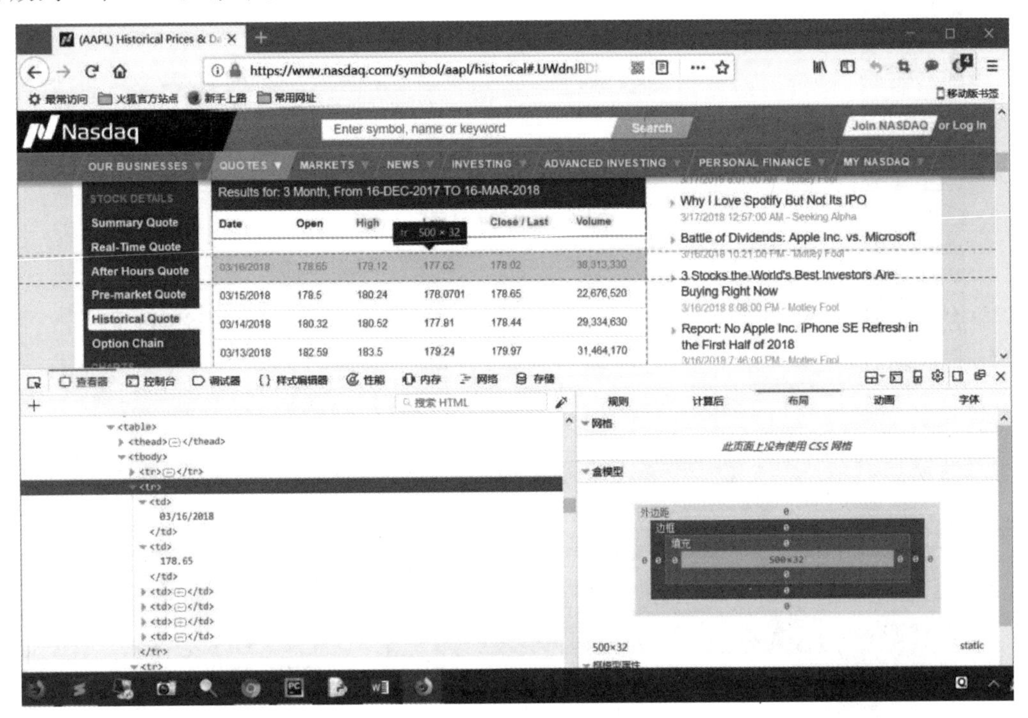

图3-6 浏览器Web工具箱

示例实现代码如下：

```
import urllib.request
from bs4 import BeautifulSoup
# url = 'https://www.nasdaq.com/symbol/aapl/historical#.UWdnJBDMhHk'
# 本地文件访问
url = "file:///" + os.path.abspath("./nasdaq-Apple1.html").replace("\\", "/")

req = urllib.request.Request(url)

with urllib.request.urlopen(req) as response:
    data = response.read()
    html_data = data.decode()
```

```
    sp = BeautifulSoup(html_data, 'html.parser')                          ①

    # 返回<tbody>标签元素
    tbody = sp.find('tbody')                                              ②
    # 返回<tbody>标签下所有的<tr>元素
    trlist = tbody.select('tr')                                           ③
    # 保存股票数据列表
    data = []
    for tr in trlist:                                                     ④
        fields = {}                          # 保存一行数据
        # 获得交易日期<th>元素
        th = tr.find('th')
        fields['Date'] = th.text             # 日期
        # 获得tr下的所有td元素
        tds = tr.select('td')
        fields['Open'] = tds[0].text         # 开盘
        fields['High'] = tds[1].text         # 最高
        fields['Low'] = tds[2].text          # 最低
        fields['Close'] = tds[3].text        # 收盘
        fields['Volume'] = tds[4].text       # 成交量
        data.append(fields)                                               ⑤

print("解析完成。", data)
```

示例运行后，输出结果如下：

```
解析完成。[{'Date': '10/04/2022', 'Open': '225.64', 'High': '227.49', 'Low': '223.89', 'Close': '227.01', 'Volume': '34,755,550'}, {'Date': '10/03/2022', 'Open': '218.43', 'High': '220.96', 'Low': '215.132', 'Close': '220.82', 'Volume': '30,352,690'}, {'Date': '10/02/2022', 'Open': '223.06', 'High': '223.58', 'Low': '217.93', 'Close': '218.96', 'Volume': '35,767,260'}, {'Date': '10/01/2022', 'Open': '225.07', 'High': '228.22', 'Low': '224.2', 'Close': '224.59', 'Volume': '36,187,160'}, {'Date': '09/30/2022', 'Open': '220.9', 'High': '224.58', 'Low': '220.79', 'Close': '223.97', 'Volume': '26,318,580'}, {'Date': '09/27/2022', 'Open': '220.54', 'High': '220.96', 'Low': '217.2814', 'Close': '218.82', 'Volume': '25,361,290'}, {'Date': '09/26/2022', 'Open': '220', 'High': '220.94', 'Low': '218.83', 'Close': '219.89', 'Volume': '19,088,310'}, {'Date': '09/25/2022', 'Open': '218.55', 'High': '221.5', 'Low': '217.1402', 'Close': '221.03', 'Volume': '22,481,010'}, {'Date': '09/24/2022', 'Open': '221.03', 'High': '222.49', 'Low': '217.19', 'Close': '217.68', 'Volume': '31,434,370'}, {'Date': '09/23/2022', 'Open': '218.95', 'High': '219.84', 'Low': '217.65', 'Close': '218.72', 'Volume': '19,419,650'}, {'Date': '09/20/2022', 'Open': '221.38', 'High': '222.56', 'Low': '217.473', 'Close': '217.73', 'Volume': '57,977,090'}, {'Date': '09/19/2022', 'Open': '222.01', 'High': '223.76', 'Low': '220.37', 'Close': '220.96', 'Volume': '22,187,880'}, {'Date': '09/18/2022', 'Open': '221.06', 'High': '222.85', 'Low': '219.44', 'Close': '222.77', 'Volume': '25,643,090'}, {'Date': '09/17/2022', 'Open': '219.96', 'High': '220.82', 'Low': '219.12', 'Close': '220.7', 'Volume': '18,386,470'}, {'Date': '09/16/2022', 'Open': '217.73', 'High': '220.13', 'Low': '217.56', 'Close': '219.9', 'Volume': '21,158,140'}, {'Date': '09/13/2022', 'Open': '220', 'High': '220.79', 'Low': '217.02', 'Close': '218.75', 'Volume': '39,763,300'}, {'Date': '09/12/2022', 'Open': '224.8', 'High': '226.42', 'Low': '222.86', 'Close': '223.085', 'Volume': '32,226,670'}, {'Date': '09/11/2022', 'Open': '218.07', 'High': '223.71', 'Low': '217.73', 'Close': '223.59', 'Volume': '44,289,650'}]
```

代码解释如下：

- 代码第①行使用 BeautifulSoup 构造一个解析器对象 sp，将 HTML 数据作为输入，并指定解析器为 'html.parser'。
- 代码第②行使用 sp.find('tbody') 查找 HTML 页面中的第一个<tbody>标签，并将结果保存在变量 tbody 中。<tbody>标签通常包含表格数据。
- 代码第③行使用 tbody.select('tr')查找 tbody 标签下的所有<tr>标签，并将结果保存在列表 trlist 中。每个<tr>标签表示表格中的一行数据。

  代码第④行遍历 trlist 列表，对于每个<tr>标签，执行以下操作：
- 使用 tr.find('th')查找当前行中的第一个<th>标签，并将结果保存在变量 th 中。<th>标签通常用于表示表格中的表头或日期等特殊信息。
- 使用 tr.select('td')查找当前行中的所有<td>标签，并将结果保存在列表 tds 中。每个<td>标签表示表格中的一个单元格。
- 代码第⑤行将包含每行数据的字典 fields 添加到列表 data 中。

最后，代码输出解析完成后的股票数据 data。

3.4.3 使用 Selenium 爬取动态网页数据

使用 urllib 爬取数据时经常被服务器反爬技术拦截。服务器有一些办法识别请求是否来自浏览器。另外，有的数据需要登录系统后才能获得，例如邮箱数据，而且在登录时会有验证码识别，验证码能够识别出是人工登录系统，还是计算机程序登录系统。试图破解验证码不是一个好主意，现在的验证码也不是简单的图像，有的会有声音等识别方式。

如果是一个真正的浏览器，那么服务器设置重重“障碍”就不是问题了。Selenium 可以启动本机浏览器，然后通过程序代码操控它。Selenium 直接操控浏览器，可以返回任何形式的动态数据。使用 Selenium 操控浏览器的过程中也可以人为干预，例如在登录时，如果需要输入验证码，则由人工输入，登录成功之后，再由 Selenium 操控浏览器爬取数据。

1. 安装 Selenium

要使用 Selenium 库首先需要安装 Selenium，可通过如下 pip 指令进行安装：

```
pip install selenium
```

安装过程如图 3-7 所示。

2. 配置 Selenium

运行 Selenium 需要操作本地浏览器，默认是 Firefox，因此比较推荐安装 Firefox 浏览器，要求 Firefox 浏览器是 55.0 以上版本。由于版本兼容的问题还需要下载浏览器引擎 GeckoDriver，GeckoDriver 可以在 https://github.com/mozilla/geckodriver/releases 下载，根据自己的平台选择对应的版本，不需要安装 GeckoDriver，只需将下载包解压处理就可以了。

然后需要配置环境变量，将 Firefox 浏览器的安装目录和 GeckoDriver 解压目录添加到系统的 PATH 中，如图 3-8 所示是在 Windows 10 下添加 PATH。

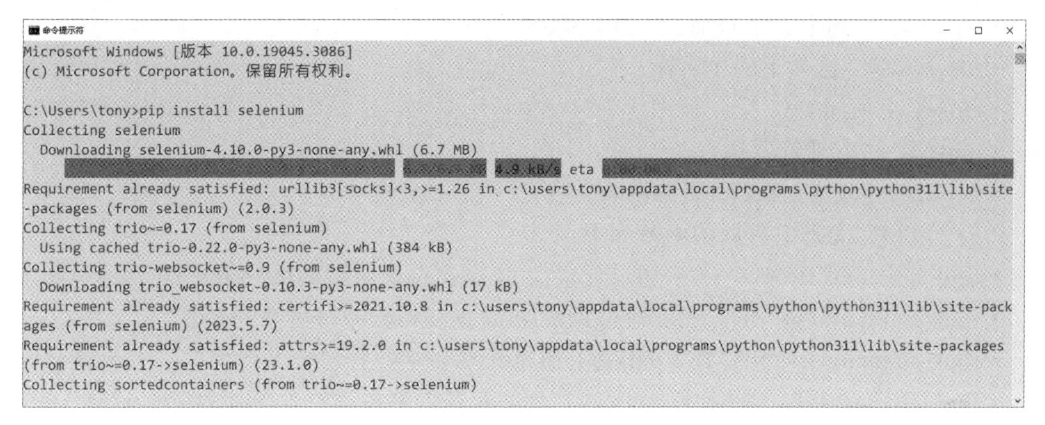

图 3-7　Selenium 安装过程

图 3-8　添加 PATH

3. Selenium 常用 API

Selenium 操作浏览器主要通过 WebDriver 对象实现，WebDriver 对象提供了操作浏览器和访问 HTML 代码中数据的函数。

操作浏览器的函数如下：

- refresh()：刷新网页。

- back()：回到上一个页面。
- forward()：进入下一个页面。
- close()：关闭窗口。
- quit()：结束浏览器执行。
- get(url)：浏览 URL 所指的网页。

访问 HTML 代码中数据的函数如下：

- find_element(By.ID，id)：通过元素的 id 查找符合条件的第一个元素。
- find_elements(By.ID，id)：通过元素的 id 查找符合条件的所有元素。
- find_element(By.NAME，name)：通过元素名字查找符合条件的第一个元素。
- find_elements(By.NAME，name)：通过元素名字查找符合条件的所有元素。
- find_element(By.LINK_TEXT，link_text)：通过链接文本查找符合条件的第一个元素。
- find_elements(By.LINK_TEXT，link_text)：通过链接文本查找符合条件的所有元素。
- find_element(By.TAG_NAME，name)：通过标签名查找符合条件的第一个元素。
- find_elements(By.TAG_NAME，name)：通过标签名查找符合条件的所有元素。
- find_element(By.XPATH，xpath)：通过 XPath 查找符合条件的第一个元素。
- find_elements(By.XPATH，xpath)：通过 XPath 查找符合条件的所有元素。
- find_element(By.CLASS_NAME，name)：通过 CSS 中 class 属性查找符合条件的第一个元素。
- find_elements(By.CLASS_NAME，name)：通过 CSS 中 class 属性查找符合条件的所有元素。
- find_element(By.CSS_SELECTOR，css_selector)：通过 CSS 中选择器查找符合条件的第一个元素。
- find_elements(By.CSS_SELECTOR，css_selector)：通过 CSS 中选择器查找符合条件的所有元素。

3.4.4 示例 3：爬取搜狐证券贵州茅台股票数据

下面通过爬取搜狐证券贵州茅台股票数据案例，熟悉一下如何使用 Selenium 库爬取和解析 HTML 数据。

读者如果直接使用 urllib 库是无法直接获取 HTML 数据的，原因是这些数据是同步动态数据。而使用 Selenium 返回这些数据是非常简单的。

在爬取数据之前，还是先分析一下搜狐证券贵州茅台股票的 HTML 数据，主流的浏览器都提供了 Web 工具箱，找到显示这些数据的 HTML 标签，如图 3-9 所示，在 Web 工具箱的查看器中，找到显示页面表格对应的 HTML 标签，注意在查看器中选中对应的标签，页面会将该部分灰色显示。经过查找分析最终找到一个 table 标签，复制它的 id 或 class 属性值，以备在代码中进行查询。

图 3-9　Web 工具箱

案例实现代码如下：

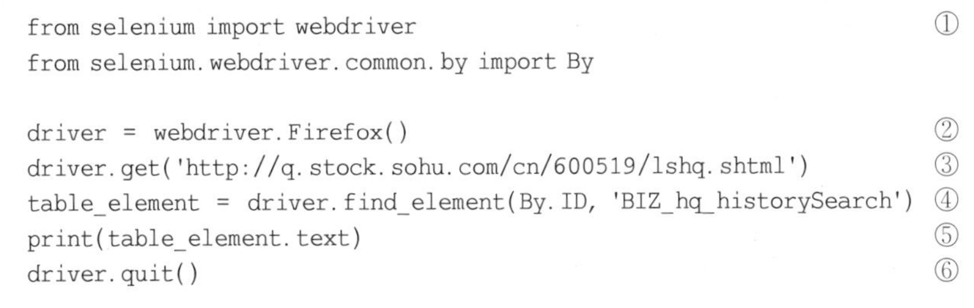

```
from selenium import webdriver                                          ①
from selenium.webdriver.common.by import By

driver = webdriver.Firefox()                                            ②
driver.get('http://q.stock.sohu.com/cn/600519/lshq.shtml')              ③
table_element = driver.find_element(By.ID, 'BIZ_hq_historySearch')      ④
print(table_element.text)                                               ⑤
driver.quit()                                                           ⑥
```

代码解释如下：

- 代码第①行导入 Selenium 库中的 webdriver 模块，该模块提供了用于控制不同浏览器的驱动程序。
- 代码第②行创建一个 Firefox 浏览器的 WebDriver 实例，将其赋值给变量 driver。这将启动一个 Firefox 浏览器窗口。
- 代码第③行使用 WebDriver 加载指定的 URL，这里是“http://q.stock.sohu.com/cn/600519/lshq.shtml”，即搜狐股票网站中贵州茅台（股票代码 600519）的历史行情页面。
- 代码第④行使用 WebDriver 的 find_element()函数通过元素的 ID 查找页面上的一

个特定元素。这里通过 By.ID 参数指定按照元素的 ID 进行查找，ID 值为'BIZ_hq_historySearch'。

• 代码第⑤行打印找到的元素的文本内容。text 属性返回元素的可见文本。
• 代码第⑥行 driver.quit()关闭浏览器窗口并终止 WebDriver 的会话。

3.4.5 示例 4：使用 Selenium 解析 HTML 数据

Selenium 库不仅可以模拟人工操作 Web 页面，我们也可以利用它的一系列 find_element()函数进行解析 HTML 数据，使用过程类似于 BeautifulSoup 库，本节来介绍如何使用 Selenium 库解析搜狐证券贵州茅台股票 HTML 数据。

案例实现代码如下：

```
from selenium import webdriver
from selenium.webdriver.common.by import By

driver = webdriver.Firefox()
driver.get('http://q.stock.sohu.com/cn/600519/lshq.shtml')
table_element = driver.find_element(By.ID, 'BIZ_hq_historySearch')  ①
tbody = table_element.find_element(By.TAG_NAME, "tbody")              ②
trlist = tbody.find_elements(By.TAG_NAME, 'tr')                       ③
# 股票数据列表
data = []

for idx, tr in enumerate(trlist):                                     ④
    if idx == 0:
        # 跳过 table 第一行
        continue                                                      ⑤

    td_list = tr.find_elements(By.TAG_NAME, "td")                     ⑥
    fields = {}
    fields['Date'] = td_list[0].text       # 日期
    fields['Open'] = td_list[1].text       # 开盘
    fields['Close'] = td_list[2].text      # 收盘
    fields['Low'] = td_list[5].text        # 最低
    fields['High'] = td_list[6].text       # 最高
    fields['Volume'] = td_list[7].text     # 成交量
    data.append(fields)

print(data)
driver.quit()
```

示例运行后，输出结果如下：

```
[{'Date': '2023-06-21', 'Open': '1740.00', 'Close': '1735.83', 'Low': '1735.00', 'High': '1756.60',
'Volume': '17721'}, {'Date': '2023-06-20', 'Open': '1740.00', 'Close': '1743.46', 'Low': '1735.00',
'High': '1765.00', 'Volume': '20947'}, {'Date': '2023-06-19', 'Open': '1790.00', 'Close': '1744.00',
'Low': '1738.00', 'High': '1797.95', 'Volume': '31700'}, {'Date': '2023-06-16', 'Open': '1757.00',
'Close': '1797.69', 'Low': '1750.10', 'High': '1800.00', 'Volume': '37918'}, {'Date': '2023-06-
15', 'Open': '1730.34', 'Close': '1755.00', 'Low': '1723.00', 'High': '1755.65', 'Volume': '25223'},
{'Date': '2023-06-14', 'Open': '1719.00', 'Close':
```

```
...
'1813.74', 'Low': '1783.30', 'High': '1822.01', 'Volume': '23952'}, {'Date': '2023-02-27', 'Open':
'1778.50', 'Close': '1810.41', 'Low': '1775.02', 'High': '1815.00', 'Volume': '22065'}, {'Date':
'2023-02-24', 'Open': '1810.11', 'Close': '1788.00', 'Low': '1782.18', 'High': '1810.19', 'Volume':
'24635'}]
```

代码解释如下：

- 代码第①行使用 WebDriver 在页面中查找具有 ID 为'BIZ_hq_historySearch'的元素，并将其赋值给变量 table_element。这个元素应该是包含历史行情数据的表格。
- 代码第②行在 table_element 元素中查找名为"tbody"的子元素，并将其赋值给变量 tbody。这个操作是为了定位表格中的 tbody 部分，其中包含了行情数据的行。
- 代码第③行在 tbody 元素中查找所有名为"tr"的子元素，返回一个包含这些元素的列表。这个操作是为了获取每一行行情数据的 tr 元素。
- 代码第④行使用 enumerate()函数遍历 trlist 列表中的每个元素，并为每个元素分配一个索引 idx 和一个变量 tr，用于迭代行情数据的每一行。
- 代码第⑤行 if idx == 0: continue：如果索引 idx 等于 0，也就是第一行表头行，就跳过此次循环，不处理表头行的数据。
- 代码第⑥行在当前行的 tr 元素中查找所有名为"td"的子元素，返回一个包含这些元素的列表。这个操作是为了获取当前行中每个列的数据。

在循环中，每行的各列数据被提取出来，以字典的形式存储在 fields 变量中，并添加到 data 列表中(data 列表包含了每行行情数据的字典)。

最后，代码打印出 data 列表，即历史行情数据，关闭浏览器并终止 WebDriver 的会话。

3.4.6 示例 5：利用 ChatGPT 辅助解析数据

如果读者编程能力不是很强，也可以利用 ChatGPT 解析 HTML，下面具体介绍。

读者向 ChatGPT 发送如下提问：

根据如下的 HTML 代码，帮我从其中 historical-data__table 表格中解析出数据，注意不要返回程序代码，你解析返回 CSV 表格数据。

```
<!doctype html>
<html lang="en">
<head>
    <meta charset="UTF-8">
    <meta name="Generator" content="EditPlus®">
    <meta name="Author" content="">
```

```
        <meta name = "Keywords" content = "">
        <meta name = "Description" content = "">
        <title> Document </title>
</head>
<body>
<div id = "quotes_content_left_pnlAJAX">
        <table class = "historical - data__table">
                <thead class = "historical - data__table - headings">
                <tr class = "historical - data__row historical - data__row -- headings">
                        <th class = "historical - data__table - heading" scope = "col"> Date </th>
                        <th class = "historical - data__table - heading" scope = "col"> Open </th>
                        <th class = "historical - data__table - heading" scope = "col"> High </th>
                        <th class = "historical - data__table - heading" scope = "col"> Low </th>
                        <th class = "historical - data__table - heading" scope = "col"> Close </th>
                        <th class = "historical - data__table - heading" scope = "col"> Volume </th>
                </tr>
                </thead>
                <tbody class = "historical - data__table - body">
                <tr class = "historical - data__row">
                        <th> 10/04/2022 </th>
                        <td> 225.64 </td>
                        <td> 227.49 </td>
                        <td> 223.89 </td>
                        <td> 227.01 </td>
                        <td> 34,755,550 </td>
                </tr>
        ...
                <tr class = "historical - data__row">
                        <th> 09/11/2022 </th>
                        <td> 218.07 </td>
                        <td> 223.71 </td>
                        <td> 217.73 </td>
                        <td> 223.59 </td>
                        <td> 44,289,650 </td>
                </tr>
                </tbody>
        </table>
</div>
</body>
</html>
```

执行上述的提问ChatGPT回答如下。

以下是从给定的HTML中解析出的数据，并以CSV格式返回的结果：

```
Date,Open,High,Low,Close,Volume
10/04/2022,225.64,227.49,223.89,227.01,34,755,550
10/03/2022,218.43,220.96,215.132,220.82,30,352,690
10/02/2022,223.06,223.58,217.93,218.96,35,767,260
10/01/2022,225.07,228.22,224.2,224.59,36,187,160
09/30/2022,220.9,224.58,220.79,223.97,26,318,580
09/27/2022,220.54,220.96,217.2814,218.82,25,361,290
09/26/2022,220,220.94,218.83,219.89,19,088,310
09/25/2022,218.55,221.5,217.1402,221.03,22,481,010
```

```
09/24/2022,221.03,222.49,217.19,217.68,31,434,370
09/23/2022,218.95,219.84,217.65,218.72,19,419,650
09/20/2022,221.38,222.56,217.473,217.73,57,977,090
09/19/2022,222.01,223.76,220.37,220.96,22,187,880
09/18/2022,221.06,222.85,219.44,222.77,25,643,090
09/17/2022,219.96,220.82,219.12,220.7,18,386,470
09/16/2022,217.73,220.13,217.56,219.9,21,158,140
09/13/2022,220,220.79,217.02,218.75,39,763,300
09/12/2022,224.8,226.42,222.86,223.085,32,226,670
09/11/2022,218.07,223.71,217.73,223.59,44,289,650
```

这是从表格中提取的日期、开盘价、最高价、最低价、收盘价和成交量的数据。

CSV(Comma Separated Values)是用逗号分隔数据项(也称为字段)的数据交换格式,CSV 主要应用于电子表格和数据库之间的数据交换。CSV 是文本文件,可以使用记事本等文本编辑工具打开。

3.5 本章总结

本章主要介绍了 ChatGPT 在数据采集中的应用,以及 Python 进行网页爬虫的数据采集方法。

首先,讨论了 ChatGPT 可以在数据采集的多个方面提供帮助,比如提出采集思路,说明采集场景,甚至直接提供采集代码。合理利用 ChatGPT 可以极大地提高数据采集的效率。

随后,介绍了数据采集的基本概念,包括其重要性、步骤、技术和工具等。数据采集是后续数据分析的基础。

接下来,重点介绍了 Python 进行网页爬虫的数据采集。先介绍了网页的静态和动态数据,然后使用 urllib 库爬取了纳斯达克苹果股票数据。为了解析爬取的数据,学习使用了 BeautifulSoup 库的方法。

对于动态网页,介绍了 Selenium 的安装配置和用法,并爬取了搜狐证券的贵州茅台股票数据。还介绍了如何使用 Selenium 解析 HTML 数据。

最后,以利用 ChatGPT 辅助解析数据为例,展示了 ChatGPT 在数据采集中的强大作用。

通过本章的学习,我们掌握了 Python 进行网页爬虫的数据采集的基本方法,为后续数据分析项目奠定了基础。

第4章 ChatGPT与Python数据清洗

在办公自动化编程中，数据清洗是一个重要的步骤，它涉及对数据进行预处理和整理，以确保数据的准确性、一致性和完整性。

4.1 ChatGPT在数据清洗过程中的作用

在数据清洗过程中，ChatGPT可以在以下方面发挥作用：

(1) 提供数据清洗建议：办公人员可以与ChatGPT交互，描述数据清洗问题或需求，并询问ChatGPT关于如何处理特定情况的建议。

(2) 解释和理解数据清洗问题：数据清洗过程中可能会出现一些复杂的问题，例如异常值的检测、数据转换的逻辑等。办公人员可以向ChatGPT提出这些问题，让它帮助解释和理解这些问题，以便更好地解决和处理。

(3) 数据清洗的指导和步骤：ChatGPT可以提供关于数据清洗的一般指导和步骤，帮助您建立清洗流程并确定适当的技术和工具。办公人员可以向ChatGPT提出关于数据清洗过程的问题，例如如何开始、如何处理特定类型的数据等。

需要注意的是，ChatGPT的作用主要在于提供对话交互和基于其训练知识的回答，它不具备直接处理和执行数据清洗任务的能力。因此，ChatGPT在数据清洗过程中的作用更多的是提供帮助、建议和解释，并帮助办公人员更好地理解和解决数据清洗问题。

4.2 数据清洗和预处理

在办公自动化中，数据清洗和预处理发挥着重要的作用。

4.2.1 数据质量评估

数据质量评估是数据清洗过程中的关键步骤，用于确定数据中存在的问题和错误。以下是几种常见的数据质量评估方法：

(1) 缺失值评估：缺失值是指数据中缺少某些属性或数值的情况。可以使用以下方法评估缺失值：

① 统计每个属性的缺失值数量和比例。

② 可视化缺失值的分布情况，例如绘制缺失值热图或条形图。

③ 检查缺失值是否具有模式，例如是否与其他属性相关。

(2) 异常值评估：异常值是指与其他观测值明显不同的数值。可以使用以下方法评估异常值：

① 统计每个属性的最小值、最大值、平均值和标准差，检查是否存在明显异常的数值。

② 绘制箱线图或直方图来可视化数据的分布情况，并检查是否存在离群点。

(3) 重复值评估：重复值是指数据集中出现多次的相同观测值。可以使用以下方法评估重复值：

① 统计数据集中的重复观测值数量。

② 根据属性的组合，检查是否存在重复的记录。

(4) 数据一致性评估：数据一致性是指数据中不一致或矛盾的情况。可以使用以下方法评估数据一致性：

① 检查数据中的命名规则是否一致，例如大小写、缩写等。

② 检查数据中的逻辑关系是否一致，例如日期顺序、数值关系等。

4.2.2 ChatGPT 辅助数据质量评估

在数据质量评估过程中，ChatGPT 可以作为辅助工具，提供一些帮助和支持。下面是一些使用 ChatGPT 辅助数据质量评估的方法：

(1) 提供数据质量评估的指南：办公人员可以与 ChatGPT 交流，向其描述数据集的特征和目标，以及办公人员关注的数据质量问题。ChatGPT 可以为办公人员提供数据质量评估的指南，包括常见的问题和评估方法。

(2) 解释数据质量评估的技术：如果办公人员对特定的数据质量评估技术或算法不熟悉，可以向 ChatGPT 提问，让它解释相关的技术细节和步骤。ChatGPT 可以提供背后的原理和方法，帮助理解评估过程。

(3) 探索数据质量问题的潜在原因：当办公人员发现数据质量问题时，可以与 ChatGPT 讨论可能的原因和解决方法。ChatGPT 可以提供洞察和建议，帮助分析问题的根源，并提供可能的解决方案。

需要注意的是，虽然 ChatGPT 可以提供有关数据质量评估的辅助信息，但它并不是数据质量评估的替代品。最终的数据质量评估仍需要人工的专业知识来判断。ChatGPT 的作用是辅助和支持您在数据质量评估过程中的决策和分析。

4.2.3 示例 1：利用 ChatGPT 辅助评估学生信息表数据质量

下面通过一个具体示例介绍如何利用 ChatGPT 辅助评估数据质量。办公人员想评估“学生信息表”数据，它被保存在“学生信息. xlsx”文件中，该文件内容如图 4-1 所示。

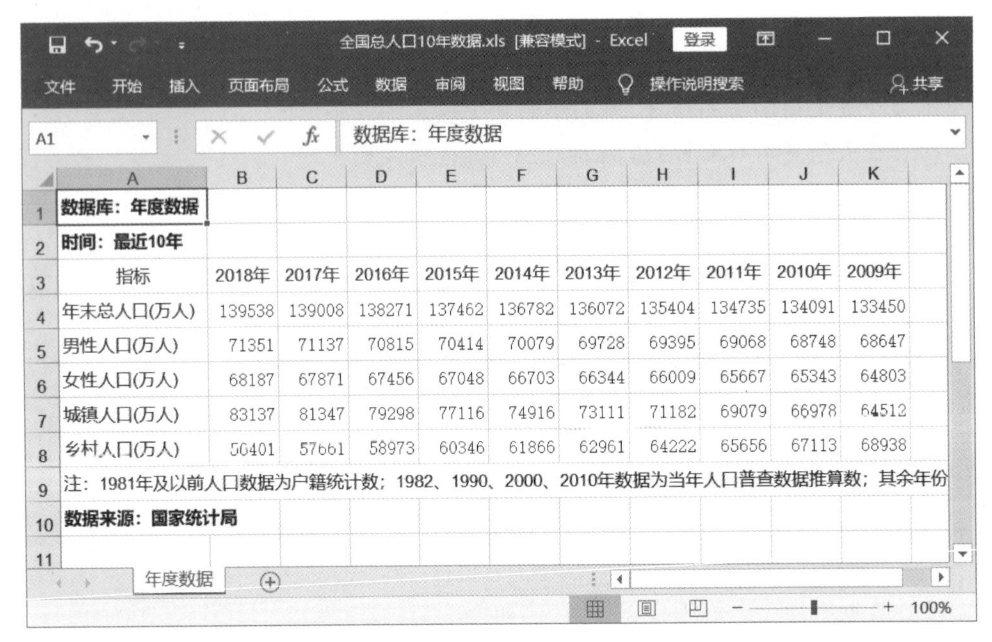

数据库：年度数据

时间：最近10年

指标	2018年	2017年	2016年	2015年	2014年	2013年	2012年	2011年	2010年	2009年
年末总人口(万人)	139538	139008	138271	137462	136782	136072	135404	134735	134091	133450
男性人口(万人)	71351	71137	70815	70414	70079	69728	69395	69068	68748	68647
女性人口(万人)	68187	67871	67456	67048	66703	66344	66009	65667	65343	64803
城镇人口(万人)	83137	81347	79298	77116	74916	73111	71182	69079	66978	64512
乡村人口(万人)	56401	57661	58973	60346	61866	62961	64222	65656	67113	68938

注：1981年及以前人口数据为户籍统计数；1982、1990、2000、2010年数据为当年人口普查数据推算数；其余年份

数据来源：国家统计局

图 4-1　学生信息.xlsx 文件内容

辅助评估学生信息表数据质量的具体实现步骤如下：

办公人员向 ChatGPT 发送如下提问：

我有如下学生信息表，你帮我评估数据的质量：

学号	姓名	生日	年龄	成绩	年级
100122014	张三	31/12/1999	21	85	一年级
100232015	李四	1 - 12 - 1999	200	60	三年级
100122012	王五	2019 - 02 - 06	24	100	3 年级
100342013	小六	2019 - 02 - 07	23	300	1 年级
	赵八	2019 - 02 - 09	23	- 10	7 年级
100982015	周五	2020 - 01 - 20	27		9 年纪

执行上述的提问 ChatGPT 回答如下。

根据提供的学生信息表，我们可以对数据质量进行评估。以下是对每列数据的质量评估：

1. 学号

每个学生应该有一个唯一的学号，用于标识学生。在提供的数据中，有几行没有提供学号，这可能导致数据不完整。

2. 姓名

每个学生应该有一个姓名，用于标识学生。在提供的数据中，有一行的姓名为空，这可能导致数据不完整。

3. 生日

生日应该以一致的格式表示，并且是合理的日期。在提供的数据中，有几个不同的日期格式被使用("31/12/1999"、"1-12-1999"、"2019-02-06")，这可能导致数据的一致性和准确性问题。

4. 年龄

年龄应该是一个正整数，并且与生日一致。在提供的数据中，有一行的年龄为200，与其他年龄值不符合，可能存在数据的准确性问题。

5. 成绩

成绩应该是一个合理的数值，并且符合设定的评分标准。在提供的数据中，有一行的成绩为负数(−10)，与合理范围不符合，可能存在数据的准确性问题。

6. 年级

年级应该是一个合理的描述，用于标识学生所在的年级。在提供的数据中，有一行的年级为"9年纪"，与其他年级描述不符合，可能存在数据的一致性问题。

在数据质量评估中，我们关注数据的完整性、准确性、一致性、合理性和唯一性等方面。根据提供的学生信息表，可以看出存在一些数据质量问题，包括缺失值、不一致的日期格式、异常的年龄和成绩值，以及不一致的年级描述。这些问题可能需要进行数据清洗和修复，以确保数据的质量和可靠性。

如果读者觉得ChatGPT描述得还不够细致，则可以再次询问它。

办公人员向ChatGPT发送如下提问：

能具体指定行号和列号吗？

执行上述的提问ChatGPT回答如下。

根据提供的学生信息表，以下是对每列数据的质量评估，包括具体的行号和列号：

1. 学号(列号：A)

- 行5中的学号缺失(空值)，行号为5。

2. 姓名(列号：B)

- 行4中的姓名缺失(空值)，行号为4。

3. 生日(列号：C)

- 行2中的生日格式为"1-12-1999"，与其他行的格式不一致，行号为2。
- 行3中的生日格式为"2019-02-06"，与其他行的格式不一致，行号为3。

4. 年龄(列号：D)

- 行2中的年龄为200，与合理范围不符合，行号为2。

5. 成绩(列号：E)

• 行 5 中的成绩为负数(－10)，与合理范围不符合，行号为 5。

6. 年级 (列号：F)

• 行 6 中的年级描述为"9 年纪"，与其他行的描述不一致，行号为 6。

根据指定的行号和列号，办公人员可以更方便地定位和解决数据质量问题。请注意，这些问题可能需要进行数据清洗和修复，以确保数据的质量和可靠性。

4.2.4 ChatGPT 辅助数据清洗

当使用 ChatGPT 辅助数据清洗时，可以按照以下步骤进行：

(1) 数据理解和问题定义：提供数据集的背景和问题描述，包括数据的来源、格式以及需要解决的问题。这将帮助 ChatGPT 了解任务的上下文。

(2) 数据检查和初步分析：提供数据样本或摘要，让 ChatGPT 了解数据的基本结构和特征。ChatGPT 可以帮助我们检查数据的完整性、缺失值、异常值和数据类型等。

(3) 数据清洗技术和方法：向 ChatGPT 提出有关数据清洗的问题，如缺失值处理、异常值检测和处理和重复数据处理等。ChatGPT 可以解释不同的清洗技术和方法，并提供适用于你的具体情况的建议。

(4) 数据清洗实施：根据 ChatGPT 的建议和指导，实施数据清洗过程。这可能涉及使用编程语言(如 Python)和相应的库(如 Pandas)来处理数据，执行清洗操作。

(5) 数据清洗验证和评估：ChatGPT 可以帮助你验证清洗后的数据，并提供评估指标，以确保数据清洗的有效性和质量。

需要注意的是，ChatGPT 是基于文本的模型，无法直接处理数据。它可以提供理解、解释、建议和指导，但最终的实际执行需要在适当的开发环境中完成。

4.3 数据清洗工具

在 Python 中，有许多强大的数据清洗工具和库可供使用。以下是一些常用的数据清洗工具：

(1) Pandas：Pandas 是 Python 中常用的数据处理和分析库，提供了丰富的数据清洗功能，包括缺失值处理、重复值处理、数据转换和数据合并等。

(2) NumPy：NumPy 是 Python 的数值计算库，提供了高效的数组操作和数值处理功能，可用于数据清洗中的数值计算和转换。

4.4 NumPy 库

NumPy(Numerical Python 的缩写)是一个开源的 Python 数据分析和科学计算库。NumPy 底层是用 C 语言实现，因此 NumPy 提供数据结构(数组)比 Python 内置数据结构访问效率更高。

另外，NumPy 支持大量高维度数组与矩阵运算，提供大量的数学函数库。

使用 NumPy 库首先需要安装 NumPy，可以使用如下 pip 指令进行安装：

```
pip install numpy
```

其他平台安装过程也是类似的，这里不再赘述。

4.4.1 NumPy 中的维数组对象

在 NumPy 库中最重要的数据结构是多维数组对象（ndarray），数组中的每一个元素具有同的数据类型，每一个元素在内存中都有相同存储空间。

创建 NumPy 数组可以使用 array() 函数，其参数可以是 Python 中的元组或列表类型数据。

1. 创建一维数组

列表创建一维数组示例代码如下：

```
import numpy as np

a = np.array([1, 2, 3])
print("a = ", a)
b = np.array((1, 2, 3))
print("b = ", b)
```

示例运行后，输出结果如下：

```
a = [1 2 3]
b = [1 2 3]
```

2. 创建二维数组

事实上使用 array() 函数可以创建任何维度的 NumPy 数组。由于二维数组使用得比较多，下面就介绍二维数组的创建。

列表创建二维数组示例代码如下：

```
print("c:")
print(c)
T1 = ([1.5, 2, 3], [4, 5, 6], [7, 8, 9])
d = np.array(T1)                          # 嵌套元组创建数组
print("d:")
print("d = ", d)
```

示例运行后，输出结果如下：

```
c:
[[1 2 3]
 [4 5 6]
 [7 8 9]]
d:
d = [[1.5 2. 3. ]
 [4. 5. 6. ]
```

```
[7. 8. 9. ]]
```

其中 T1 变量是元组里嵌套列表，注意 T1 中第一个列表元素的第一个元素 1.5 是一个浮点类型数据，所以在创建数组时所有元素都转换为浮点。

4.4.2 数组的轴

数组有多少维度就有多少个轴，数组中的轴是有索引顺序的，轴索引从 0 开始，最后一个轴的索引是“维度－1”。如图 4-2 所示，一维数组只有一个轴，它的索引就 0；如图 4-3 所示，二维数组有两个轴。注意：0 轴表示的是“行”，1 轴表示的是“列”。

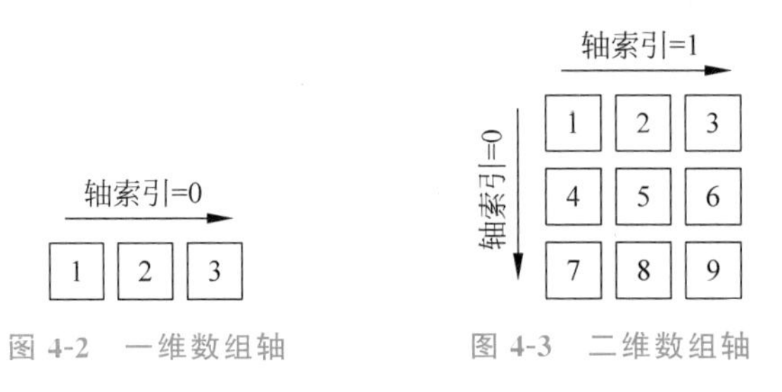

图 4-2 一维数组轴　　图 4-3 二维数组轴

4.4.3 访问一维数组中的元素

熟悉数组的轴才能学习如何访问数组中的元素。在学习 Python 列表和元组时，可以通过下标索引或切片访问它们的元素。

NumPy 一维数组访问元素与 Python 列表和元组访问元素完全一样，访问过程不再赘述。示例代码如下：

```
import numpy as np

a = np.array([1, 2, 3, 4, 5, 6])                        ①
print("a[5] = ", a[5])              # 正向索引          ②
print("a[ - 1] = ", a[ - 1])        # 逆向索引          ③
print("a[1:3] = ", a[1:3])          # 切片访问          ④
```

示例运行后，输出结果如下：

```
a[5] = 6
a[ - 1] = 6
a[1:3] = [2 3]
```

上述代码第①行创建如图 4-4 所示的一维数组 a。代码第②行采用正向索引访问，代码第③行采用逆向索引访问，它们都是访问最后一个元素。代码第④行采用切片一维数组，结果还是一个一维数组。

正向索引	0	1	2	3	4	5
a数组	1	2	3	4	5	6
逆向索引	−6	−5	−4	−3	−2	−1

图 4-4 一维数组 a

4.4.4　访问二维数组中的元素

二维数组访问元素就比较麻烦了，原理上在每一个轴上访问与一维数组访问一样。也可以采用下标索引访问元素或切片访问元素。

1. 下标索引访问

二维数组索引访问语法如下：

```
a[所在 0 轴索引, 所在 1 轴索引]
```

如图 4-5 所示，其中 a 表示一个二维数组，返回要访问“所在 0 轴索引”和“所在 1 轴索引”的元素。

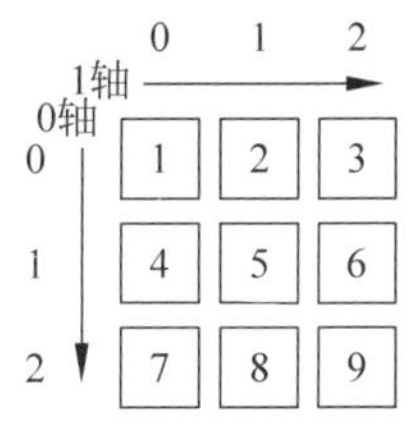

图 4-5　二维数组 a

示例代码如下：

```
import numpy as np

a = np.array([[1, 2, 3],
              [1, 2, 3],
              [4, 5, 6],
              [7, 8, 9]])

print("a:")
print(a)
print("a[2,1] = ", a[2, 1])                    ①
print("a[-1, -2] = ", a[-1, -2])               ②
```

上述代码创建如图 4-5 所示的二维数组 a。代码第①行 a[2, 1]采用正向索引访问元素，0 轴上索引为 2 说明访问的是第 3 行，1 轴上索引为 1 说明访问的是第 2 列，所以最后返回结果是 8。代码第②行采用逆向索引访问，a[2, 1]和 a[−1, −2]事实上访问的都同一个元素。

2. 切片访问

二维数组切片访问语法如下：

```
a[所在 0 轴切片, 所在 1 轴切片]
```

其中 a 表示一个二维数组，返回要访问“所在 0 轴切片”和“所在 1 轴切片”。切片操作不会降低数组的维度，所以二维数组切片后还是一个二维数组。

示例代码如下：

```
a[1:3, 1:3]
```

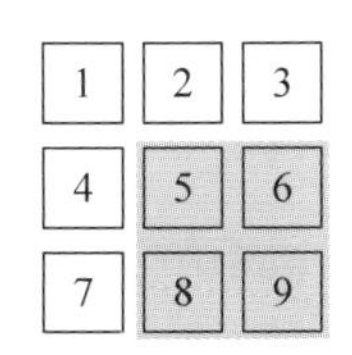

图 4-6　二维数组 a 切片[1:,1:]切片操作

代码中 a 是图 4-5 所示的二维数组。代码 a[1:3,1:3]是对 a 数组进行切片操作，0 轴上[1:3]说明访问的从第 2 行～第 4 行，但不包括第 4 行的切片；1 轴上[1:3]说明访问的从第 2 列～第 4 列，但不包括第 4 列的切片。a[1:3, 1:3]切片是返回如图 4-6 所示的灰色区域的二维数组。a[1:,1:] 切片操作与 a[1:3, 1:3]返回同样的二维数组。

4.5 数据分析必备库——Pandas

Pandas是一个开源的Python数据分析库。Pandas广泛应用学术和商业领域，包括金融、经济学、统计学、广告和网络分析等。它可以完成数据处理和分析中的五个典型步骤：数据加载、数据准备、数据操作、数据建模和数据分析。

Pandas数据结构基于NumPy数组，而NumPy底层是用C语言实现，因此访问速度快。Pandas提供了快速高效的Series和DataFrame数据结构。

使用Pandas库首先需要安装Pandas，可以使用如下pip指令进行安装：

```
pip install pandas
```

其他平台安装过程也是类似的，这里不再赘述。

4.5.1 Series数据结构

Series数据结构是一种带有标签一维数组对象，能够保存任何数据类型。如图4-7所示，一个Series对象包含两数组：数据和数据索引（即标签），其中数据部分是NumPy的数组（ndarray）类型。

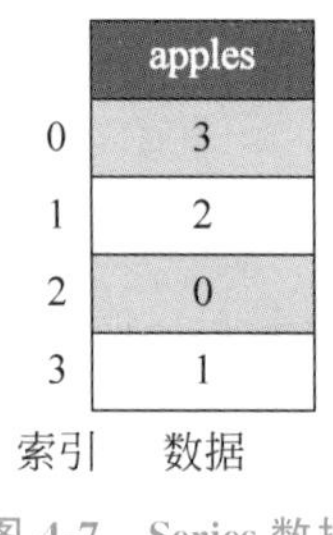

图4-7 Series数据结构

1. 创建Series对象

创建Series对象构造方法语法格式如下：

```
pandas.Series(data, index, dtype, ...)
```

其中参数data是Series数据部分，可以是列表、NumPy数组、标量值（常数）或字典；参数index是Series标签（即索引）部分，与数据的长度相同，默认从0开始的整数数列；dtype用于数据类型，如果没有则推断数据类型。

使用列表创建Series对象示例代码：

```
import pandas as pd

apples = pd.Series([3, 2, 0, 1])                                ①
print("apples:")
print(apples)

b = pd.Series([3,2,0,1], index=['a','b','c','d'])               ②
print("b:")
print(b)
```

代码第①行创建Series对象，标签（即索引）部分是默认的整数。代码第②行指定标签（即索引）创建Series对象，索引为['a','b','c','d']。

2. 访问Series元素

访问Series元素可以通过标签下标访问，也可以通过标签切片访问。

```
print("b['c'] = ", b['c'])          # 通过标签下标访问          ①
print(b['a':'c'])                   # 通过标签切片访问          ②
```

示例运行后，输出结果如下：

```
b['c'] = 0
b['a':'c']:
a    3
b    2
c    0
dtype: int64
```

代码第①行通过标签下标访问 Series 对象 b，返回值为 0。代码第②行通过标签切片访问 Series 对象 b，返回值是一个 Series 对象。

4.5.2　DataFrame 数据结构

DataFrame 数据结构是由多个 Series 结构构成二维表格对象。如图 4-8 所示，每一个列可以有不同数据类型，行和列是带有标签的轴，而且行和列都是可变的。

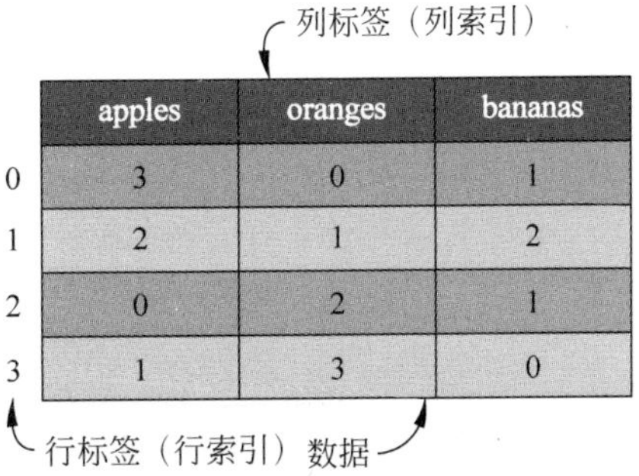

列标签（列索引）

	apples	oranges	bananas
0	3	0	1
1	2	1	2
2	0	2	1
3	1	3	0

行标签（行索引）　数据

图 4-8　DataFrame 数据结构

1. 创建 DataFrame 对象

DataFrame 构造函数语法格式如下：

```
pandas.DataFrame( data, index, columns, dtype, ...)
```

其中参数 data 是 DataFrame 数据部分，可以是列表、NumPy 数组、字典、Series 对象和其他 DataFrame 对象；参数 index 是行索引（即行标签），默认从 0 开始的整数数列；参数 columns 是列索引（即列标签），默认从 0 开始的整数数列；参数 dtype 用于数据类型，如果没有则推断数据类型。

使用列表创建 DataFrame 对象示例代码：

```
import pandas as pd

L = [[3, 0, 1], [2, 1, 2], [0, 2, 1], [1, 3, 0]]                  ①
df1 = pd.DataFrame(L)                                              ②

print("df1 :")
```

```
print(df1)
```

示例运行后，输出结果如下：

```
df1 :
   0  1  2
0  3  0  1
1  2  1  2
2  0  2  1
3  1  3  0
```

上述代码第①行是定义嵌套列表对象 L，代码第②行是通过列表对象 L 创建 DataFrame 对象，其他的参数都是默认的。

指定列标签创建 DataFrame 对象示例代码：

```
df2 = pd.DataFrame(L,columns = ['apples','oranges','bananas'])
print("d21 :")
print(df2)
```

示例运行后，输出结果如下：

```
d21 :
   apples  oranges  bananas
0       3        0        1
1       2        1        2
2       0        2        1
3       1        3        0
```

指定行标签和列标签创建 DataFrame 对象示例代码：

```
df3 = pd.DataFrame(L,columns = ['apples','oranges','bananas'],
                   index = ['June','Robert','Lily','David'])
print("df3 :")
print(df3)
```

示例运行后，输出结果如下：

```
df3 :
        apples  oranges  bananas
June         3        0        1
Robert       2        1        2
Lily         0        2        1
David        1        3        0
```

2. 访问 DataFrame 列

访问 DataFrame 列可以使用单个列标签或多个列标签访问。单个列标签访问，示例代码如下：

```
print("df3['apples']:")              # 使用单个列标签访问
print(df3['apples'])                 # 使用单个列标签访问
```

示例运行后，输出结果如下：

```
df3['apples']:
```

```
June      3
Robert    2
Lily      0
David     1
Name: apples, dtype: int64
```

DataFrame 列还可以使用多个列标签访问，示例代码如下：

```
print("df3[['apples', 'bananas']] :")
print(df3[['apples', 'bananas']])      # 使用多个列标签访问
```

示例运行后，输出结果如下：

```
df3[['apples', 'bananas']] :
        apples  bananas
June         3        1
Robert       2        2
Lily         0        1
David        1        0
```

4.5.3 使用 Pandas 读取 Excel 文件

Pandas 提供了 pandas.read_excel 函数可以直接读取 Excel 文件到 DataFrame 数据结构中。该函数语法格式：

pandas.read_excel(io, sheet_name=0, header=0, index_col=None, skiprows=None, skipfooter=0)

主要的参数如下：

- io：是输入 Excel 文件。可以是字符串、文件对象、ExcelFile 对象或本地文件，也可以是网络 URL。
- sheet_name：是 Excel 文件工作表名。可以是字符串、整数（基于 0 的工作表位置索引）和列表（选择多个工作表）。
- header：用作 DataFrame 对象列标签的行号，默认为 0（第一行）；如果设置为 None，则表示没有指定列标签。
- index_col：用作 DataFrame 对象的行标签的列号，默认为 None。
- skiprows：跳过头部行数，默认为 None。
- skipfooter：跳过尾部行数，默认为 0。

Pandas 库读取 Excel 文件依赖于 xlrd 库和 openpyxl 库。请使用 pip 指令先安装这两

个库，安装指令如下：

```
pip install xlrd
pip install openpyxl
```

4.5.4 示例 2：从 Excel 文件读取全国总人口数据

pandas.read_excel 函数比较复杂有很多参数，下面通过示例熟悉一下该函数的使用。我们之前从国家统计局网站下载了“全国总人口 10 年数据.xls”文件(见图 4-9)，示例是从该文件中读取数据。

	A	B	C	D	E	F	G	H	I	J	K
1	数据库：年度数据										
2	时间：最近10年										
3	指标	2018年	2017年	2016年	2015年	2014年	2013年	2012年	2011年	2010年	2009年
4	年末总人口(万人)	139538	139008	138271	137462	136782	136072	135404	134735	134091	133450
5	男性人口(万人)	71351	71137	70815	70414	70079	69728	69395	69068	68748	68647
6	女性人口(万人)	68187	67871	67456	67048	66703	66344	66009	65667	65343	64803
7	城镇人口(万人)	83137	81347	79298	77116	74916	73111	71182	69079	66978	64512
8	乡村人口(万人)	56401	57661	58973	60346	61866	62961	64222	65656	67113	68938
9	注：1981年及以前人口数据为户籍统计数；1982、1990、2000、2010年数据为当年人口普查数据推算数；其余年份										
10	数据来源：国家统计局										
11											

图 4-9 全国总人口 10 年数据.xls 文件内容

示例代码如下：

```
import pandas as pd
f = r'data/全国总人口 10 年数据.xls'
df = pd.read_excel(f)                                    ①

print(df)
```

示例运行后，输出结果如下：

```
df:

                    数据库:年度数据    ...   Unnamed: 10
0                   时间:最近 10 年    ...         NaN
1                        指标          ...      2009 年
2                   年末总人口(万人)   ...       133450
3                   男性人口(万人)     ...        68647
```

```
4                                 女性人口(万人)   ...        64803
5                                 城镇人口(万人)   ...        64512
6                                 乡村人口(万人)   ...        68938
7  注:1981 年及以前人口数据为户籍统计数;1982、1990、2000、2010 年数据为当年...  ...     NaN
8                               数据来源:国家统计局   ...        NaN

rows x 11 columns]
```

代码解释如下:

- 代码第①行通过 df = pd.read_excel(f)语句读取数据到 DataFrame 数据结构中。从代码可见 excel 函数没别的参数,df 的内容如图 4-10 所示。

从打印结果可见读取的数据中有很多空值,而且列标签都是 Unnamed。这是什么原因呢?事实上我们所需要的数据只是中间那一部分,我们需要跳过一些头部行和尾部行,如图 4-10 所示。

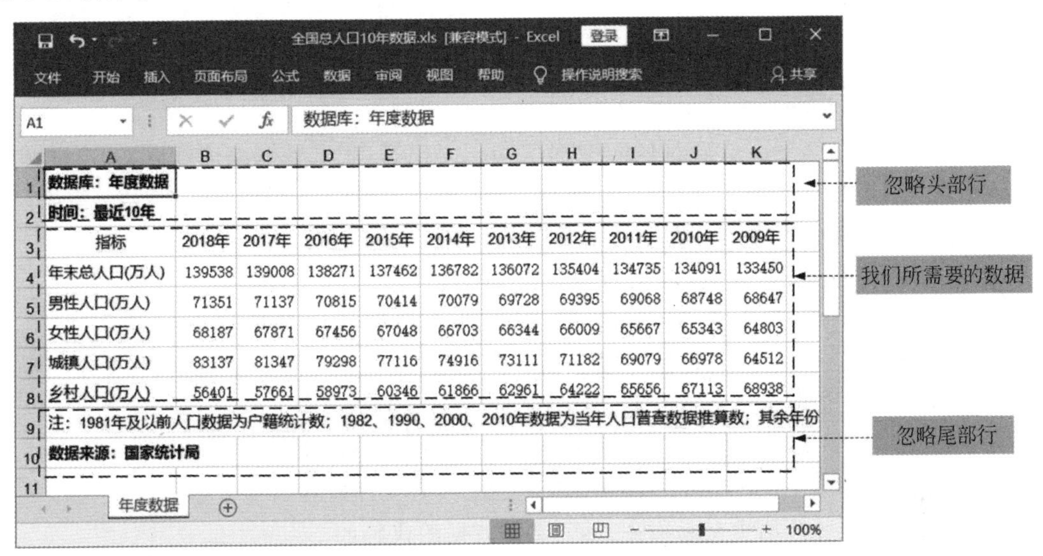

	A	B	C	D	E	F	G	H	I	J	K
1	数据库:年度数据										
2	时间:最近10年										
3	指标	2018年	2017年	2016年	2015年	2014年	2013年	2012年	2011年	2010年	2009年
4	年末总人口(万人)	139538	139008	138271	137462	136782	136072	135404	134735	134091	133450
5	男性人口(万人)	71351	71137	70815	70414	70079	69728	69395	69068	68748	68647
6	女性人口(万人)	68187	67871	67456	67048	66703	66344	66009	65667	65343	64803
7	城镇人口(万人)	83137	81347	79298	77116	74916	73111	71182	69079	66978	64512
8	乡村人口(万人)	56401	57661	58973	60346	61866	62961	64222	65656	67113	68938
9	注:1981年及以前人口数据为户籍统计数;1982、1990、2000、2010年数据为当年人口普查数据推算数;其余年份										
10	数据来源:国家统计局										

图 4-10 跳过头部行和尾部行

使用 read_excel 函数的 skiprows 和 skipfooter 参数忽略头部和尾部行数示例代码如下:

```
# 参数忽略头部行数和尾部行数示例代码
df = pd.read_excel(f, skiprows = 2, skipfooter = 2)          ①
print("df:")
print(df)
```

示例运行后,输出结果如下:

```
df:
          指标   2018 年  2017 年  2016 年  ...  2012 年  2011 年  2010 年  2009 年
0  年末总人口(万人)  139538  139008  138271  ...  135404  134735  134091  133450
1  男性人口(万人)   71351   71137   70815  ...   69395   69068   68748   68647
2  女性人口(万人)   68187   67871   67456  ...   66009   65667   65343   64803
```

```
3  城镇人口(万人)   83137   81347   79298   ...   71182   69079   66978   64512
4  乡村人口(万人)   56401   57661   58973   ...   64222   65656   67113   68938

[5 rows x 11 columns]
```

代码解释如下：

代码第①行 read_excel 函数使用了 skiprows 和 skipfooter 参数，skiprows＝2 表示头部跳过两行，skipfooter＝2 表示跳过尾部 2 行。

4.5.5 使用 Pandas 读取 CSV 文件

CSV 文件是一种使用非常广泛的文本文件，使用 Pandas 提供的 pandas. read_csv 函数从 CSV 文件中读取数据返回 DataFrame 对象。

pandas. read_csv 函数定义如下：

```
pandas.read_csv(filepath_or_buffer, sep = ', ', delimiter = None, header = 'infer', index_col =
None, skiprows = None, skipfooter = 0)
```

主要的参数如下：

- filepath_or_buffer：是输入 CSV 文件。可以是字符串、文件对象或本地文件，也可以是网络 URL。
- sep 或 delimiter：用于分隔每行字段的字符或正则表达式。
- header：用作 DataFrame 对象列标签的行号，默认是'infer'(即，自动推断)。
- index_col：用作 DataFrame 对象的行标签的列号，默认是 None。
- skiprows：忽略文件头部行数，默认是 None。
- skipfooter：忽略文件尾部行数，默认是 0。
- engine：解析引擎，取值是有 c 和 python，默认是 c。c 不支持 skipfooter 参数。

如图 4-11 所示是“0600028 股票历史交易数据. csv”文件内容。

读取“0600028 股票历史交易数据. csv”文件数据的代码如下：

```
import pandas as pd
csvfile = r'data\0600028股票历史交易数据.csv'
df = pd.read_csv(csvfile, sep = ',', encoding = 'gbk', header = None)        ①
print(df)
```

示例运行后，输出结果如下：

```
            0            1      ...        13                  14
0          日期        股票代码   ...       总市值                流通市值
1     2021-03-23    '600028   ...  5.15763353092e+11   4.07076104656e+11
2     2021-03-22    '600028   ...  5.19395489381e+11   4.09942837787e+11
3     2021-03-19    '600028   ...  5.15763353092e+11   4.07076104656e+11
4     2021-03-18    '600028   ...  5.37556170828e+11   4.24276503444e+11
...      ...          ...     ...        ...                 ...
4744  2001-08-31    '600028   ...   2.7898858449e+11        6144600000.0
4745  2001-08-30    '600028   ...   2.8178546253e+11        6206200000.0
```

日期	股票代码	名称	收盘价	最高价	最低价	开盘价	前收盘	涨跌额	涨跌幅	换手率	成交量	成交金额	总市值	流通市值
2021/3/23	'600028	中国石化	4.26	4.3	4.22	4.29	4.29	-0.03	-0.6993	0.1405	1.34E+08	5.72E+08	5.16E+11	4.07E+11
2021/3/22	'600028	中国石化	4.29	4.31	4.27	4.27	4.26	0.03	0.7042	0.1586	1.52E+08	6.5E+08	5.19E+11	4.10E+11
2021/3/19	'600028	中国石化	4.26	4.34	4.25	4.34	4.44	-0.18	-4.0541	0.3223	3.08E+08	1.32E+09	5.16E+11	4.07E+11
2021/3/18	'600028	中国石化	4.44	4.46	4.41	4.45	4.46	-0.02	-0.4484	0.1447	1.38E+08	6.13E+08	5.38E+11	4.24E+11
2021/3/17	'600028	中国石化	4.46	4.52	4.44	4.52	4.55	-0.09	-1.978	0.1572	1.5E+08	6.72E+08	5.40E+11	4.26E+11
2021/3/16	'600028	中国石化	4.55	4.59	4.52	4.58	4.61	-0.06	-1.3015	0.1216	1.16E+08	5.28E+08	5.51E+11	4.35E+11
2021/3/15	'600028	中国石化	4.61	4.62	4.47	4.47	4.48	0.13	2.9018	0.2475	2.37E+08	1.08E+09	5.58E+11	4.41E+11
2021/3/12	'600028	中国石化	4.48	4.52	4.43	4.5	4.48	0	0	0.1444	1.38E+08	6.17E+08	5.42E+11	4.28E+11
2021/3/11	'600028	中国石化	4.48	4.49	4.44	4.45	4.42	0.06	1.3575	0.1254	1.2E+08	5.35E+08	5.42E+11	4.28E+11
2021/3/10	'600028	中国石化	4.42	4.51	4.4	4.49	4.52	-0.1	-2.2124	0.156	1.49E+08	6.64E+08	5.35E+11	4.22E+11
2021/3/9	'600028	中国石化	4.52	4.61	4.45	4.51	4.56	-0.04	-0.8772	0.2351	2.25E+08	1.02E+09	5.47E+11	4.32E+11
2021/3/8	'600028	中国石化	4.56	4.69	4.55	4.59	4.5	0.06	1.3333	0.3293	3.15E+08	1.46E+09	5.52E+11	4.36E+11
2021/3/5	'600028	中国石化	4.5	4.58	4.41	4.52	4.45	0.05	1.1236	0.2605	2.49E+08	1.12E+09	5.45E+11	4.30E+11
2021/3/4	'600028	中国石化	4.45	4.51	4.41	4.46	4.46	-0.01	-0.2242	0.1708	1.63E+08	7.27E+08	5.39E+11	4.25E+11

图 4-11　0600028 股票历史交易数据.csv 文件

```
4746   2001-08-29   '600028   ...   2.7759014547e+11       6113800000.0
4747   2001-08-28   '600028   ...     2.79687804e+11       6160000000.0
4748   2001-08-27   '600028   ...   2.7689092596e+11       6098400000.0
```

代码解释如下：

- 代码第①行 read_csv 函数读取“0600028 股票历史交易数据.csv”文件到 DataFrame 对象，其中 encoding='gbk'参数指定字符集是 GBK 编码。读取 DataFrame 对象内容。

4.6　使用 Pandas 清洗数据

使用 Pandas 进行数据清洗是数据分析和处理中常见的任务之一。Pandas 提供了许多功能和方法，使得数据的清洗、转换和处理变得简单和高效。以下是一些常见的数据清洗操作示例：

```
import pandas as pd

# 从 CSV 文件导入数据
df = pd.read_csv('data.csv')
```

(1) 缺失值处理：使用 Pandas 的 dropna()函数删除包含缺失值的行或列，或使用 fillna()函数填充缺失值。

```
# 删除包含缺失值的行
df = df.dropna()
# 填充缺失值
df = df.fillna(0)                                # 填充为 0
```

（2）重复值处理：使用 Pandas 的 duplicated()函数和 drop_duplicates()函数处理重复值。

```
# 检查重复值
duplicates = df.duplicated()
# 删除重复值
df = df.drop_duplicates()
```

（3）数据类型转换：使用 Pandas 的 astype()函数将数据列转换为不同的数据类型，例如将字符串列转换为数值类型。

```
# 将列转换为数值类型
df['column_name'] = df['column_name'].astype(float)
```

（4）数据排序：使用 Pandas 的 sort_values()函数按列进行升序或降序排序。

```
# 按列排序
sorted_data = df.sort_values(by = 'column_name', ascending = False)
```

这只是 Pandas 中一些常用的数据清洗操作示例。Pandas 还提供了许多其他功能，如数据重塑、合并、分组和聚合等，可以根据具体的数据清洗需求选择适当的方法和函数进行处理。

4.6.1 示例 3：清洗学生信息表数据

4.2.3 节介绍过如何利用 ChatGPT 辅助评估学生信息表数据的质量，这个数据集需要清洗，具体示例代码如下。

```
import pandas as pd

# 从 Excel 文件读取数据
df = pd.read_excel('data/学生信息.xlsx')

# 数据清洗
df['生日'] = pd.to_datetime(df['生日'], dayfirst = True, errors = 'coerce')
df.loc[df['成绩'] < 0, '成绩'] = None
df.loc[df['年龄'] > 200, '年龄'] = None
df['姓名'] = df['姓名'].replace('', None)

# 将清洗后的数据写入新的 Excel 文件
df.to_excel('data/学生信息(清洗后).xlsx', index = False)
```

示例运行后，会在当前程序文件的 data 目录下生成“学生信息(清洗后).xlsx”文件，打开该文件内容，如图 4-12 所示。

学号	姓名	生日	年龄	成绩	年级
100122014	张三	1999-12-31 00:00:00	21	85	一年级
100232015	李四	-	200	60	三年级
100122012	王五	2019-02-06 00:00:00	24	100	3年级
100342013	小六	2019-02-07 00:00:00	23	300	1年级
	赵八	2019-02-09 00:00:00	23		7年级
100982015	周五	2020-01-20 00:00:00	27		9年纪

图 4-12 学生信息(清洗后).xlsx 文件

4.6.2 示例 4:填充缺失值

下面再介绍一个数据清洗的示例,图 4-13 为全国人口数据,其中 2010 年和 2015 年有缺失数据。

数据库:年度数据

时间:最近10年

指标	2018年	2017年	2016年	2015年	2014年	2013年	2012年	2011年	2010年	2009年
年末总人口(万人)	139538	139008	138271	137462	136782	136072	135404	134735		133450
男性人口(万人)	71351	71137	70815		70079	69728	69395	69068	68748	68647
女性人口(万人)	68187	67871	67456	67048	66703	66344	66009	65667	65343	64803
城镇人口(万人)	83137	81347	79298	77116	74916	73111	71182	69079	66978	64512
乡村人口(万人)	56401	57661	58973	60346	61866	62961	64222	65656	67113	68938

注:1981年及以前人口数据为户籍统计数;1982、1990、2000、2010年数据为当年人口普查数据推算数;其余年份数据为年度人口抽样调查推算数据。总人口和按性

数据来源:国家统计局

图 4-13 有缺失值数据

填充缺失值有如下几种方式:

(1) 指定一个固定值进行填充;

(2) 通过平均值进行填充;

(3) 通过中位数填充;

(4) 邻近值填充，采用上条数据或下条数据填充，以及 KNN 邻近值算法填充；

(5) 预测值填充，采用机器学习等算法预测值填充。

那么在本示例中介绍采用邻近值填充缺失值，具体实现代码如下：

```
import pandas as pd

# 从 Excel 文件读取数据，跳过头部 2 行和尾部 2 行
df = pd.read_excel('data/全国总人口 10 年数据 - 缺失值.xls', skiprows = 2, skipfooter = 2)    ①
# 使用前向填充和后向填充方法填充缺失值
df = df.fillna(method = 'ffill',axis = 1)        # 使用前一年的数据填充缺失值,axis = 1        ②
# df = df.fillna(method = 'bfill', axis = 1)   # 使用后一年的数据填充缺失值
# 输出填充后的数据
print(df)
```

示例运行后，输出结果如下：

```
         指标        2018 年   2017 年   2016 年  ...  2012 年   2011 年    2010 年   2009 年
0  年末总人口(万人)  139538   139008   138271   ...  135404   134735    134735    133450
1   男性人口(万人)   71351    71137    70815    ...  69395    69068     68748.0   68647
2   女性人口(万人)   68187    67871    67456    ...  66009    65667     65343.0   64803
3   城镇人口(万人)   83137    81347    79298    ...  71182    69079     66978.0   64512
4   乡村人口(万人)   56401    57661    58973    ...  64222    65656     67113.0   68938

rows x 11 columns]
```

代码解释如下：

- 代码第①行通过 pd.read_excel()函数从 Excel 文件中读取数据。skiprows=2 参数表示跳过文件的前两行，skipfooter=2 参数表示跳过文件的最后两行。
- 代码②使用 fillna()函数对 DataFrame 中的缺失值进行填充。method='ffill'表示使用前一列的非缺失值填充当前列的缺失值。axis=1 参数表示按行进行填充操作。通过以上步骤，缺失值将被前一列的值填充，以实现对数据的缺失值处理。填充后的 DataFrame 将被打印输出。

如果需要使用后一列的非缺失值填充当前列的缺失值，可以将上述代码中的注释取消，并将 method='ffill'改为 method='bfill'，同时保持 axis=1 不变。

4.6.3 示例 5：删除重复行

下面再介绍一个数据清洗的示例，图 4-14 为全国人口数据，其中“城镇人口(万人)”和“女性人口(万人)”存在重复行。

删除重复行体实现代码如下：

```
import pandas as pd

# 从 Excel 文件读取数据
df = pd.read_excel('data/全国总人口 10 年数据 - 重复数据.xls')
# 删除重复行
df = df.drop_duplicates()
```

	A	B	C	D	E	F	G	H	I	J	K
1	数据库：年度数据										
2	时间：最近10年										
3	指标	2018年	2017年	2016年	2015年	2014年	2013年	2012年	2011年	2010年	2009年
4	年末总人口(万人)	139538	139008	138271	137462	136782	136072	135404	134735	134091	133450
5	城镇人口(万人)	83137	81347	79298	77116	74916	73111	71182	69079	66978	64512
6	男性人口(万人)	71351	71137	70815	70414	70079	69728	69395	69068	68748	68647
7	女性人口(万人)	68187	67871	67456	67048	66703	66344	66009	65667	65343	64803
8	城镇人口(万人)	83137	81347	79298	77116	74916	73111	71182	69079	66978	64512
9	女性人口(万人)	68187	67871	67456	67048	66703	66344	66009	65667	65343	64803
10	乡村人口(万人)	56401	57661	58973	60346	61866	62961	64222	65656	67113	68938
11	注：1981年及以前人口数据为户籍统计数；1982、1990、2000、2010年数据为当年人口普查数据推算数；其余年份数据为年度人口抽样调查推算数据。总人口和按性别分										
12	数据来源：国家统计局										

图 4-14　重复行数据

```
# 输出处理后的数据
print(df)
```

示例运行后，输出结果如下：

```
                                              数据库:年度数据  ...  Unnamed: 10
0                                             时间:最近 10 年  ...     NaN
1                                                   指标      ...     2009 年
2                                            年末总人口(万人)  ...     133450
3                                             城镇人口(万人)  ...     64512
4                                             男性人口(万人)  ...     68647
5                                             女性人口(万人)  ...     64803
6                                             乡村人口(万人)  ...     68938
7  注:1981 年及以前人口数据为户籍统计数;1982、1990、2000、2010 年数据为当年...  ...       NaN
8                                         数据来源:国家统计局  ...     NaN

[9 rows x 11 columns]
```

从上述运行结果可见重复的数据被删除了。

4.7　本章总结

本章主要介绍了 ChatGPT 在数据清洗中的应用，以及使用 Python 中的 NumPy 和 Pandas 进行数据清洗的方法。

首先，讨论了 ChatGPT 在数据清洗过程中提供的帮助，例如评估数据质量、提供清洗思路以及直接给出清洗代码。合理利用 ChatGPT 可以极大地提高数据清洗的效率。

随后，介绍了数据清洗的概念，包括数据质量评估和数据预处理。数据质量评估需要检查缺失值和重复记录，ChatGPT 可以辅助评估并提供优化建议。

接下来，学习了使用 Python 中的 NumPy 和 Pandas 进行数据清洗。NumPy 提供了高效的多维数组与矩阵操作。Pandas 提供了 Series 和 DataFrame 数据结构，可以便捷地读取和处理表格型数据。

主要介绍了 NumPy 数组的创建、索引和切片操作。使用 Pandas 读取了 Excel 和 CSV 文件中的数据，并进行了填充缺失值、删除重复行等清洗操作。

最后，通过多个示例展示了 ChatGPT 在数据清洗中提供辅助的效果。

通过本章学习，我们掌握了使用 Python 进行数据清洗的基本技能，为后续的数据分析和建模奠定了基础。

第5章 办公自动化中的数据存储

在办公自动化中,数据存储是一个关键的环节。数据存储涉及将办公自动化系统所产生的数据进行持久化存储,以便后续的数据分析、报告生成和业务流程支持等操作。

以下是办公自动化中常见的数据存储方式:

(1) 数据库:使用数据库来存储和管理办公自动化系统所产生的数据是一种常见的做法。数据库提供了结构化的数据存储和查询能力,可以根据需求选择不同的数据库类型,如关系型数据库(如 MySQL、Oracle)或非关系型数据库(如 MongoDB、Redis)等。通过数据库,可以高效地存储、更新和检索数据。

(2) 文件存储:在一些简单的办公自动化系统中,可以将数据以文件的形式进行存储。常见的文件格式包括文本文件(如 CSV、JSON)、Excel 文件和 XML 文件等。文件存储适用于较小规模的数据集,便于数据的导入和导出。

(3) 云存储:随着云计算的发展,云存储成为了一种方便、安全且可扩展的数据存储方式。通过将数据存储在云端的存储服务(如 Amazon S3、Google Cloud Storage、Microsoft Azure Blob Storage 等),可以实现数据的远程访问、备份和共享。

(4) 数据仓库:数据仓库是一种专门用于存储和管理大规模数据的系统。数据仓库通过将多个数据源的数据进行整合和转换,提供一致性、可靠性和高性能的数据存储和查询。数据仓库通常用于企业级的办公自动化系统,以支持复杂的数据分析和报告需求。

无论选择何种数据存储方式,都需要考虑数据的安全性、可靠性、可扩展性和性能等因素。此外,还需要合理设计数据模型和数据结构,以便满足办公自动化系统的数据存储和操作需求。

本章重点介绍 MySQL 和 JSON 存储数据。

5.1 使用 MySQL 数据库

MySQL 是一个开源的关系型数据库管理系统,被广泛用于金融数据分析和应用程序开发,本节我们介绍如何使用 MySQL 数据库。

5.1.1 MySQL 数据库管理系统

MySQL 是流行的开放源的数据库管理系统，是 Oracle 旗下的数据库产品。目前 Oracle 提供了多个 MySQL 版本，其中 MySQL Community Edition（社区版）是免费的，该版本比较适合中小企业数据库，本书也对这个版本进行介绍。

社区版安装文件下载如图 5-1 所示，可以选择不同的平台版本，MySQL 可在 Windows、Linux 和 UNIX 等操作系统上安装和运行，读者根据自己情况选择不同平台安装文件下载。

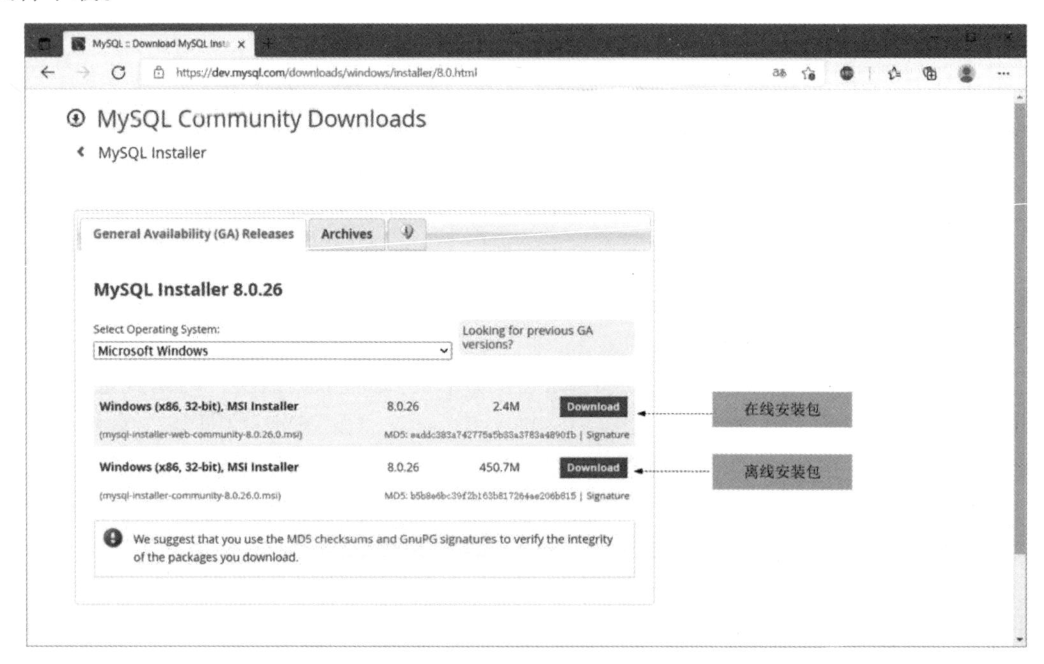

图 5-1　详细下载页面

5.1.2 安装 MySQL8 数据库

笔者计算机的操作系统是 Windows10 64，笔者下载的离线安装包，文件是 mysql-installer-community-8.0.28.0.msi，双击该文件就可以安装了。

MySQL8 数据库安装过程如下：

1. 选择安装类型

安装过程第一个步骤是选择安装类型，对话框如图 5-2 所示，此对话框可以让开发人员选择安装类型，如果是为了学习而使用的数据库，则推荐选中 Server only，即只安装 MySQL 服务器，不安装其他的组件。

在图 5-2 所示的对话框中，单击 Next 按钮进入如图 5-3 所示对话框。

然后单击 Execute 按钮，开始执行安装。

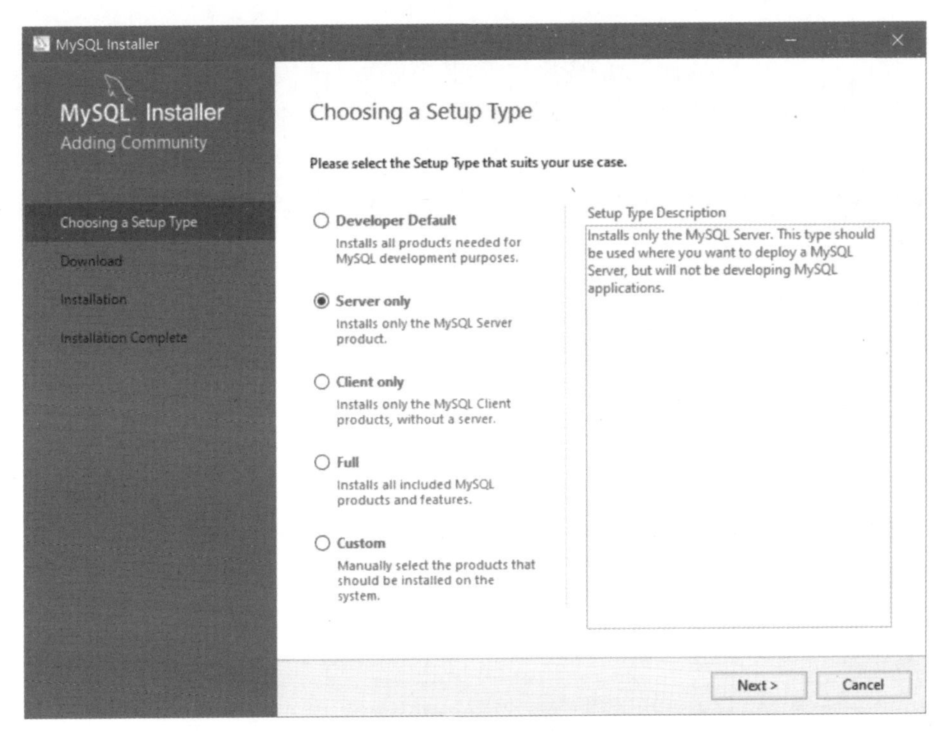

图 5-2　安装类型

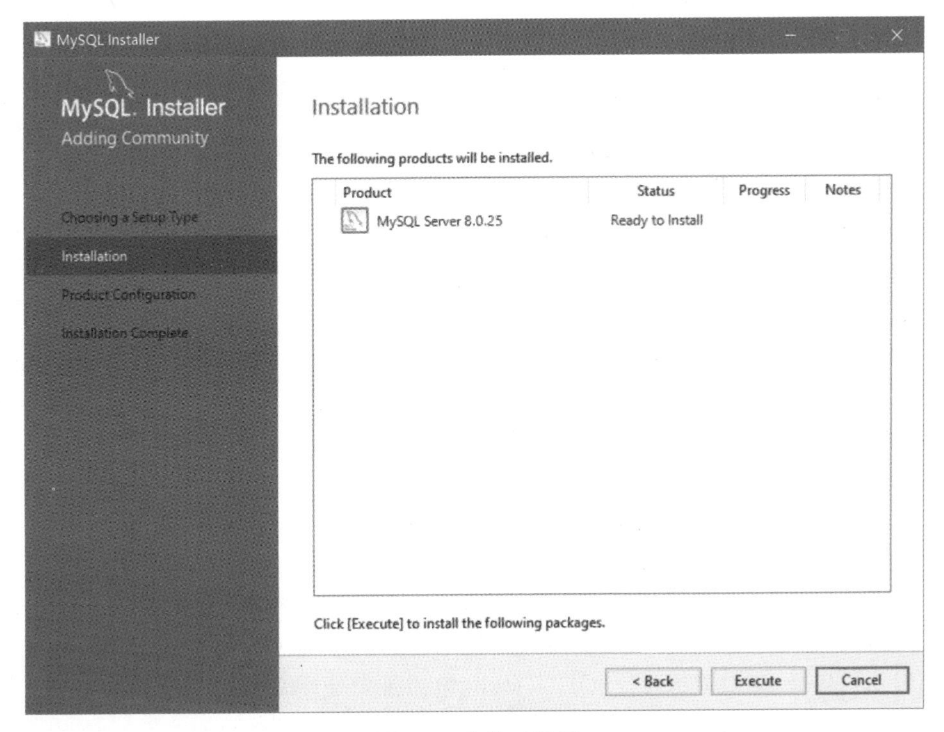

图 5-3　安装对话框

2．配置安装

安装完成后，还需要进行必要的配置过程，其中有两个重要步骤：

(1) 配置网络通信端口，如图 5-4 所示，默认通信端口是 3306，如果没有端口冲突，建议不用修改。

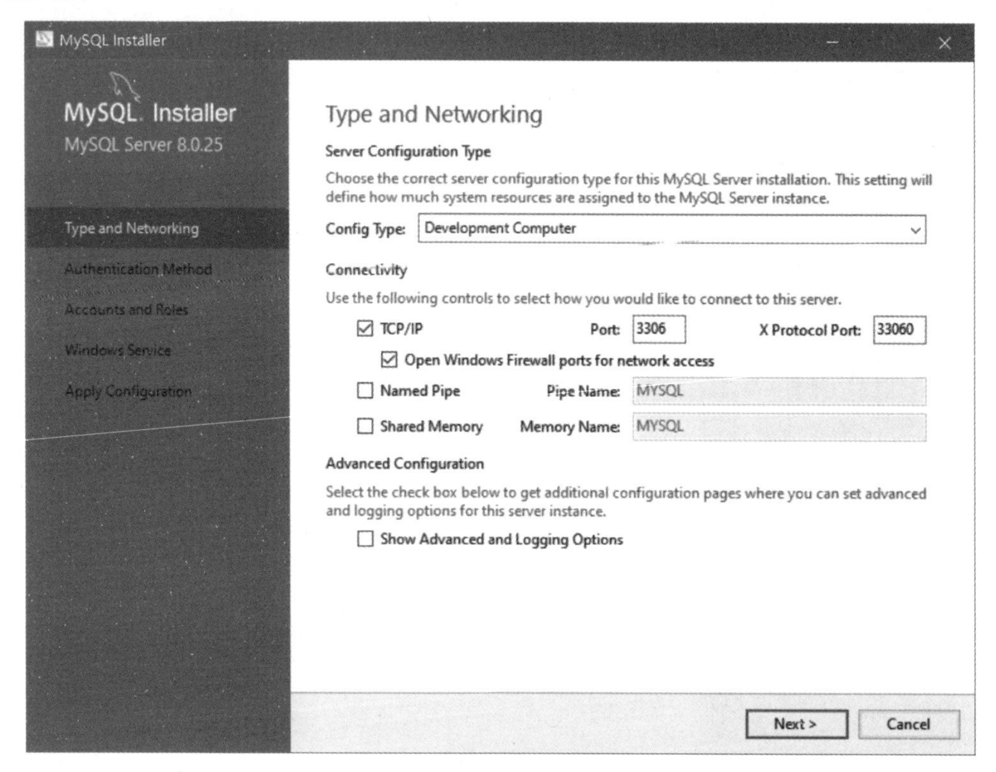

图 5-4 网络配置对话框

(2) 配置密码，如图 5-5 所示，配置过程可以为 root 用户设置密码，也可以添加其他普通用户。

3．配置 Path 环境变量

为了使用方便，笔者推荐把 MySQL 安装路径添加到 Path 环境变量中，如图 5-6 所示，打开 Windows 环境变量设置对话框。

双击 Path 环境变量，弹出编辑环境变量对话框，如图 5-7 所示，在此对话框中添加 MySQL 安装路径。

5.1.3 客户端登录服务器

如果 MySQL 服务器安装好了，就可以使用了。使用 MySQL 服务器第一步是通过客户端登录服务器。登录服务器可以使用命令提示符窗口（macOS 和 Linux 中终端窗口）或 GUI（图形用户界面）工具登录 MySQL 数据库，笔者推荐使用命令提示符窗口登录，下面介绍命令提示符窗口登录过程。

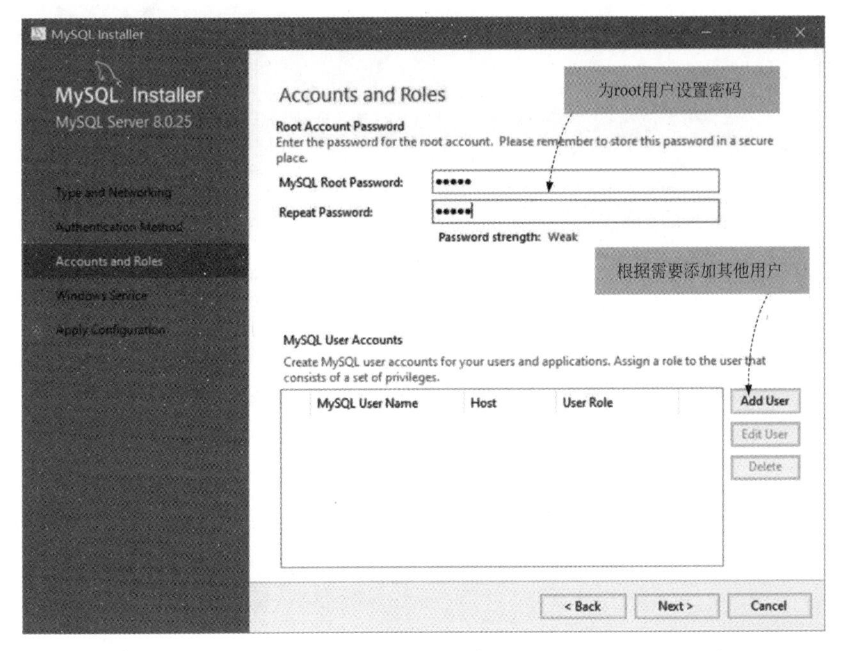

图 5-5　设置用户密码

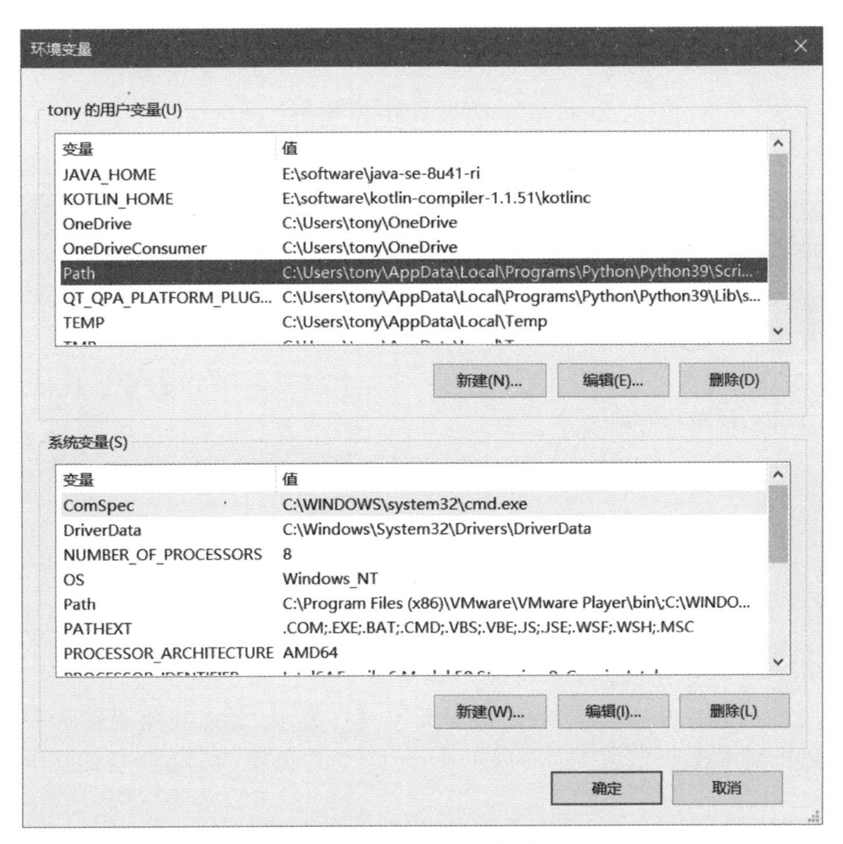

图 5-6　Path 环境变量

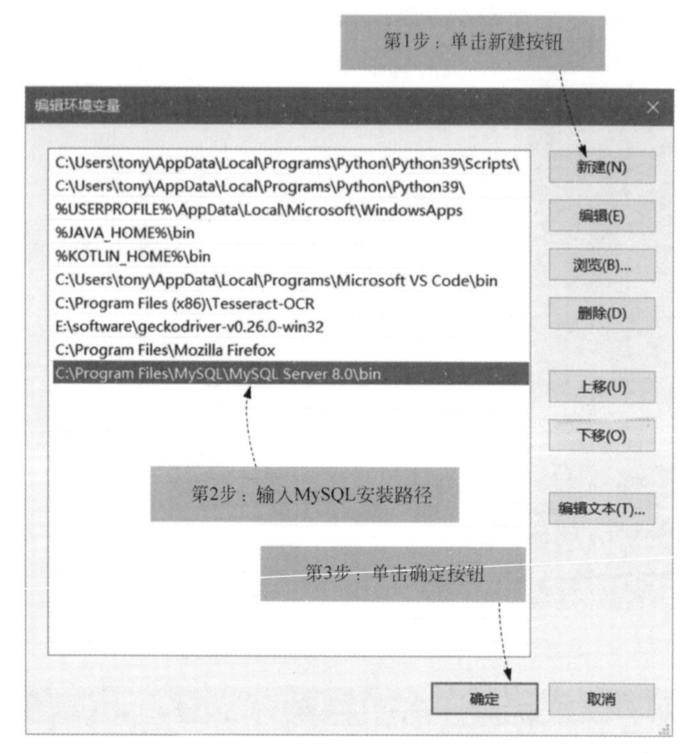

图 5-7 Path 环境变量对话框

使用命令提示符窗口登录服务器完整的指令如下：

```
mysql -h 主机 IP 地址(主机名) -u 用户 -p
```

其中-h、-u、-p 是参数，说明：

(1) -h：是要登录的服务器主机名或 IP 地址，可以是远程的一个服务器主机。注意-h 后面可以没有空格。如果是本机登录可以省略。

(2) -u：是登录服务器的用户，这个用户一定是数据库中存在的，并且具有登录服务器的权限。注意-u 后面可以没有空格。

(3) -p：是用户对应的密码，可以直接-p 后面输入密码，可以在敲回车键后再输入密码。

图 5-8 所示的是 mysql 指令登录本机服务器。

5.1.4 图形界面客户端工具

很多人并不习惯使用命令提示符客户端工具来管理和使用 MySQL 数据库，为此可以使用图形界面的客户端工具，这些图形界面工具有很多，考虑到免费且跨平台，笔者推荐使用 MySQL Workbench，它是 MySQL 官方提供的免费、功能较全的图形界面管理工具。

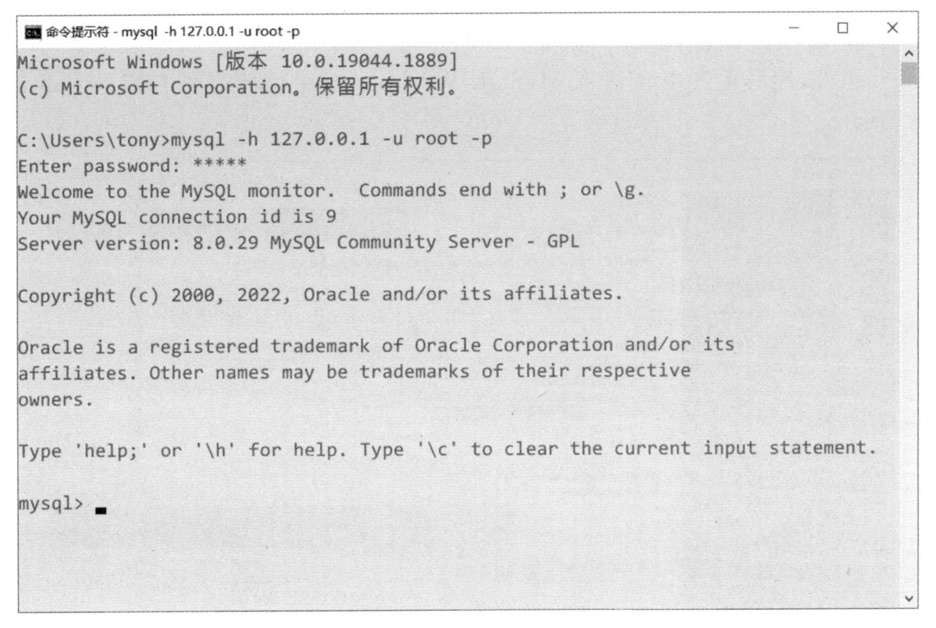

图 5-8　客户端登录服务器

1．安装 MySQL Workbench

在安装 MySQL 过程中，选择 MySQL Workbench 组件，就可以安装和下载 MySQL Workbench。使用 6.1.2 节的 MySQL 社区版安装文件，双击安装文件，启动如图 5-9 所示的 MySQL 安装器。

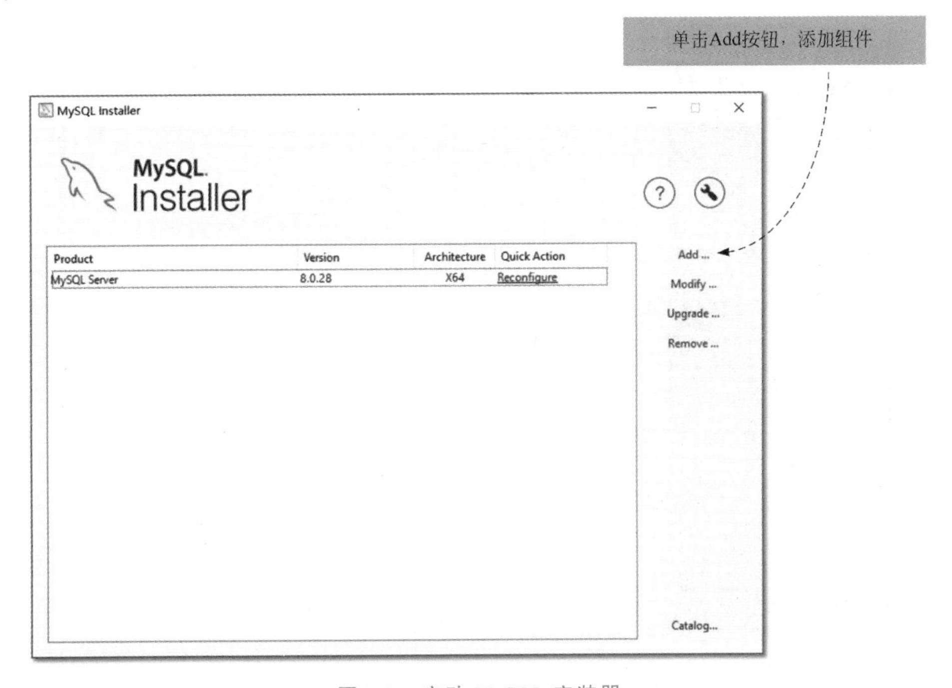

图 5-9　启动 MySQL 安装器

单击 Add 按钮添加组件，进入如图 5-10 所示的安装界面，在此选择要安装的 MySQL Workbench 组件，然后单击➡按钮将 MySQL Workbench 组件添加到右侧列表准备安装，如图 5-11 所示。

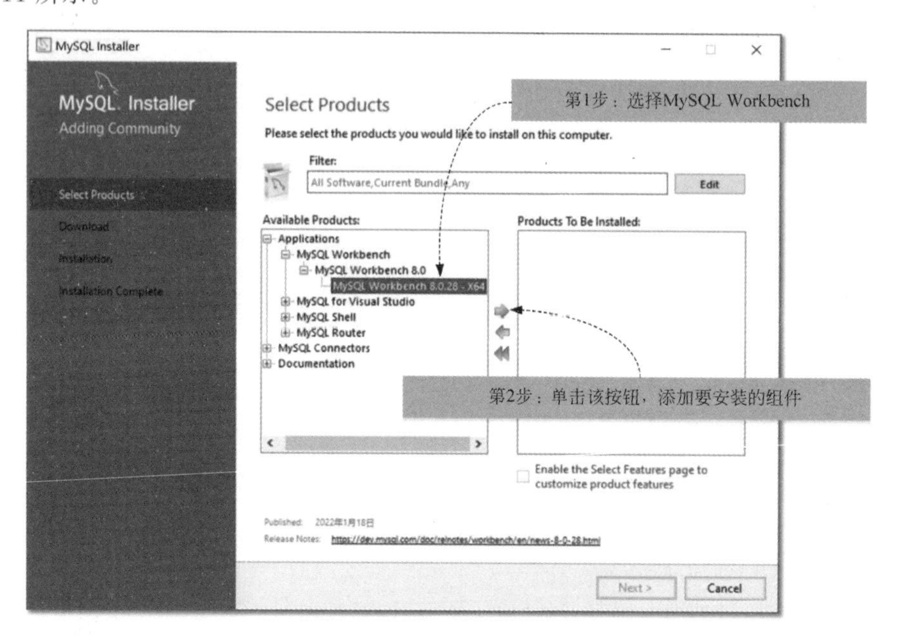

图 5-10　查找 MySQL Workbench 组件

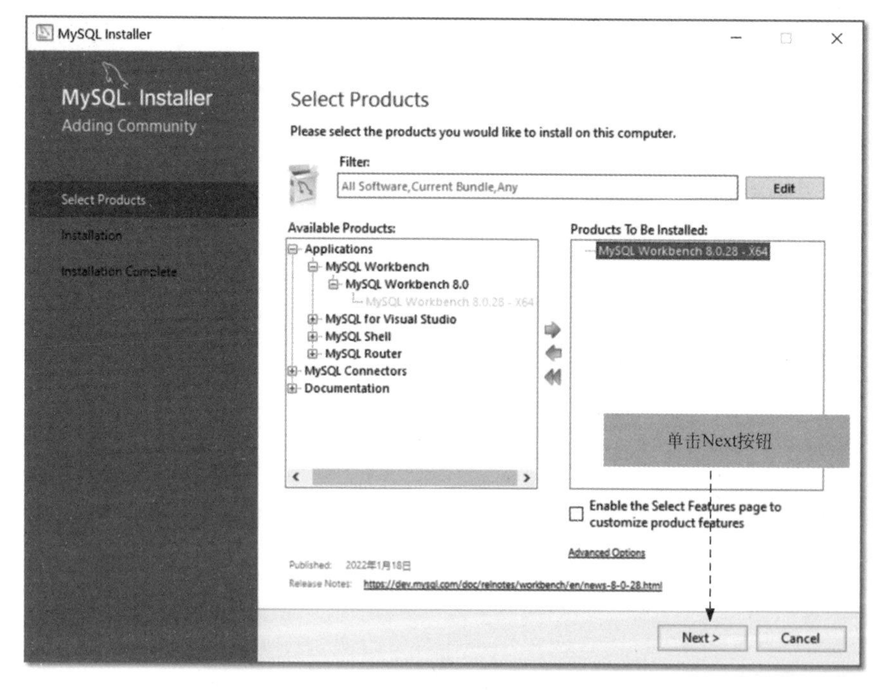

图 5-11　选择 MySQL Workbench 组件

选择好 MySQL Workbench 组件后，单击 Next 按钮，进入如图 5-12 所示的安装界面，单击 Execute 按钮开始安装。

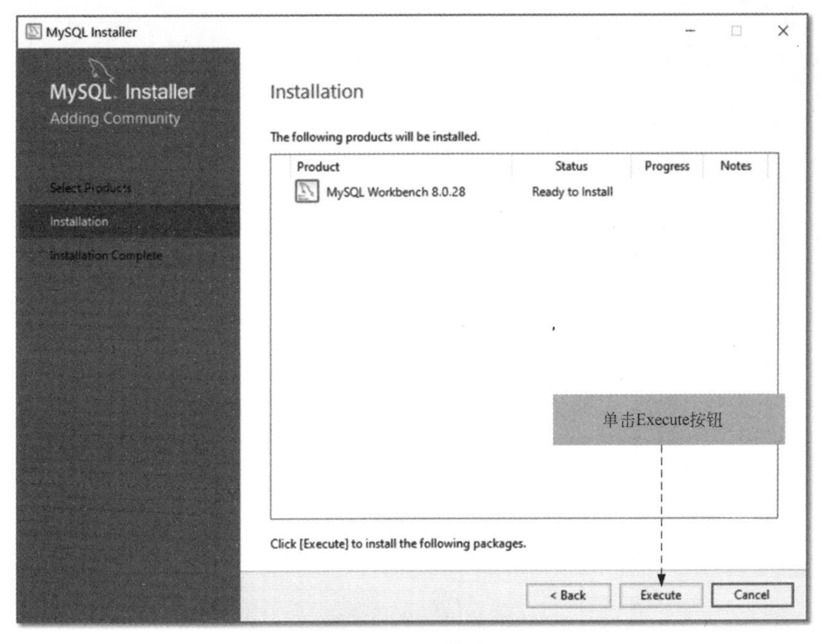

图 5-12 安装执行

在安装前还要下载 MySQL Workbench，如图 5-13 所示，下载完成后单击 Next 按钮开始安装。安装完成后，单击 Finish 按钮，如图 5-14 所示。

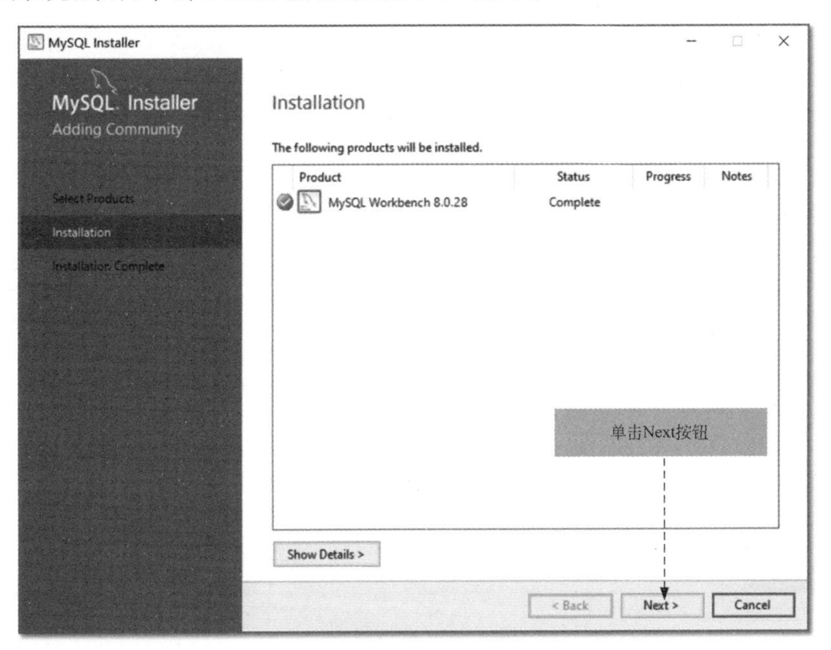

图 5-13 下载 MySQL Workbench

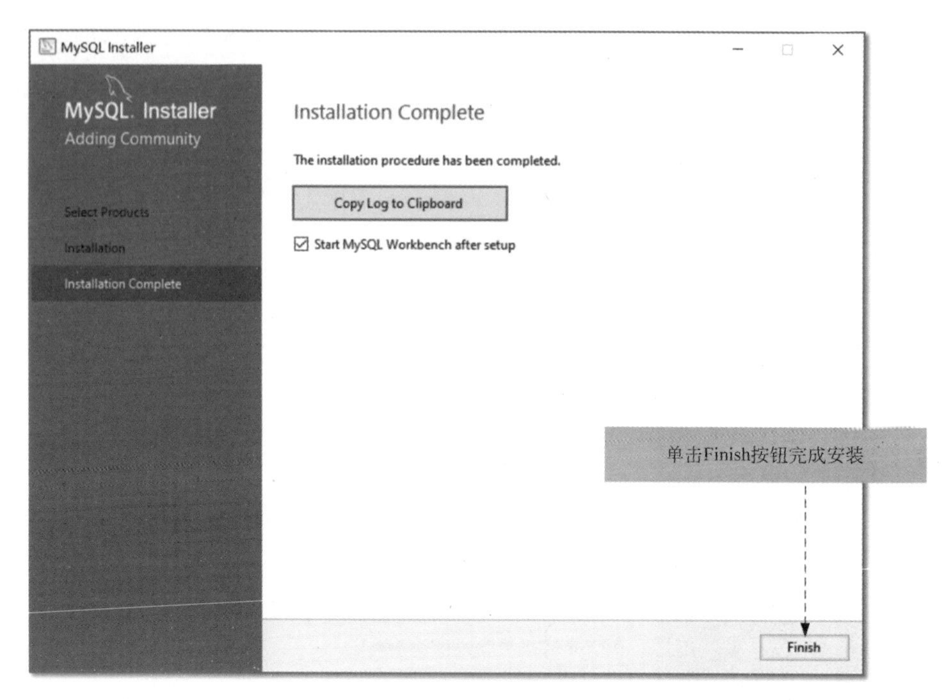

图 5-14　安装完成

2. 配置连接数据库

MySQL Workbench 作为 MySQL 数据库客户端管理工具，要想管理数据库，首先需要配置数据库连接。启动 MySQL Workbench，进入如图 5-15 所示的欢迎页面。

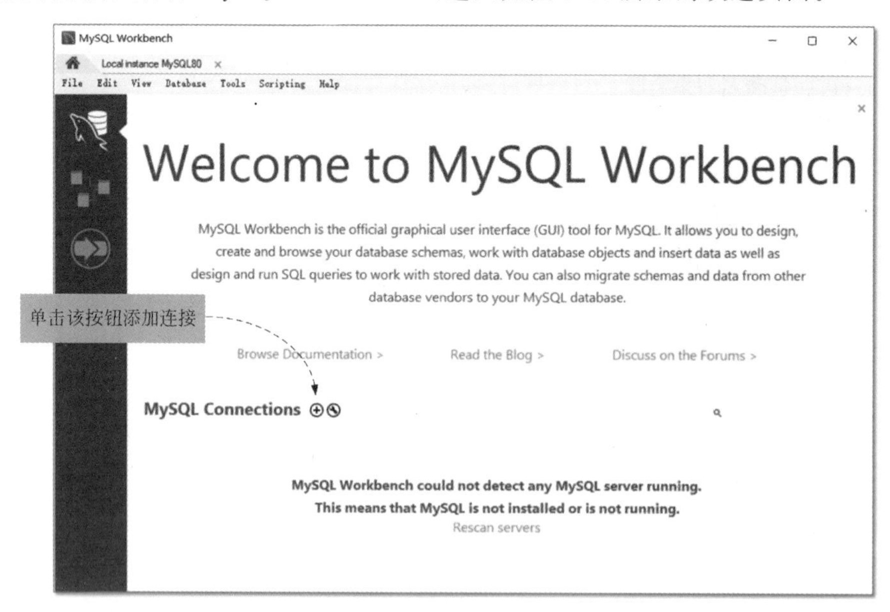

图 5-15　欢迎页面

在 MySQL Workbench 欢迎页面上单击添加按钮⊕，进入如图 5-16 所示的 Setup New Connection 对话框，在该对话框中开发人员可以为连接设置一个名字，此外，还需要设置主机名、端口、用户名和密码。设置密码时，需要单击 Store in Vault 按钮，弹出如图 5-17 所示的 Store Password For Connection 对话框。所有项目设置完成后，可以测试一下是否能连接成功，单击 Test Connection 按钮测试连接，如果成功，则弹出如图 5-18 所示的对话框。连接成功，单击 OK 按钮回到欢迎页面，其中 myconnect 是刚刚配置好的连接，如图 5-19 所示。

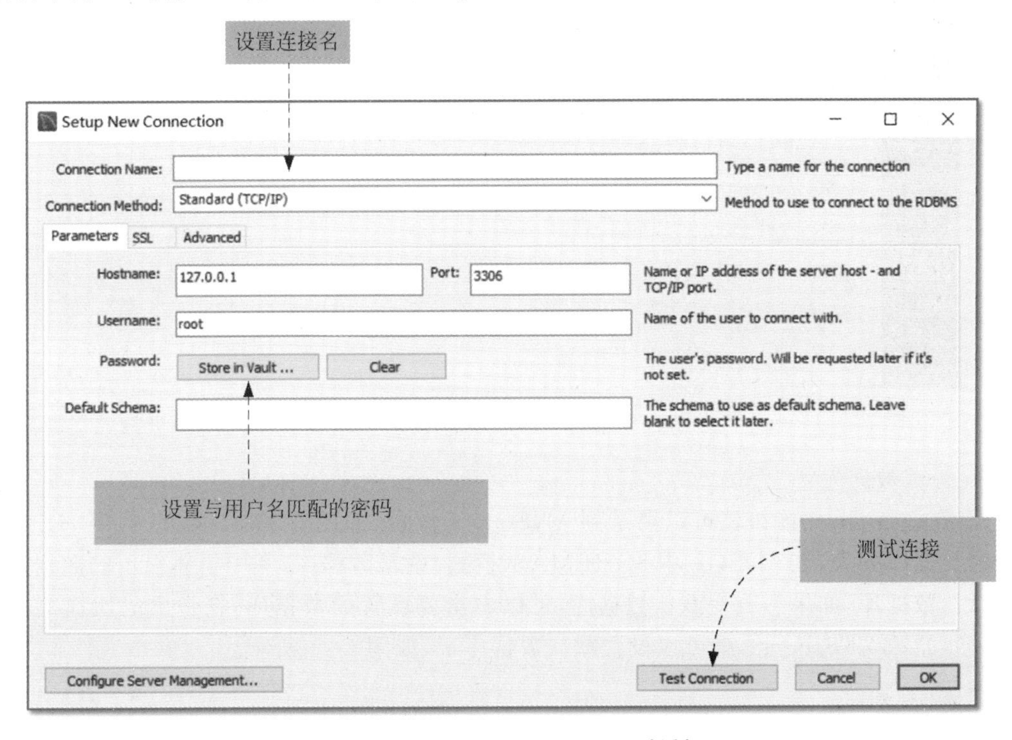

图 5-16 Setup New Connection 对话框

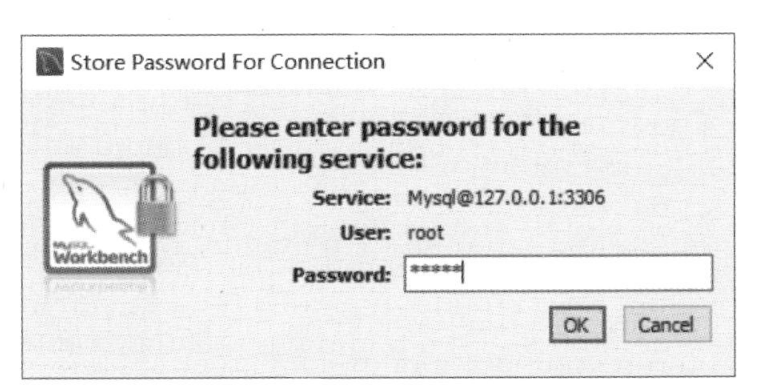

图 5-17 Store Password For Connection 对话框

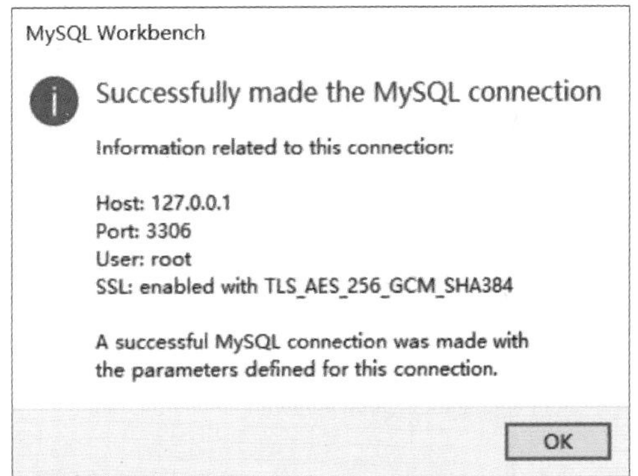

图 5-18 测试连接成功

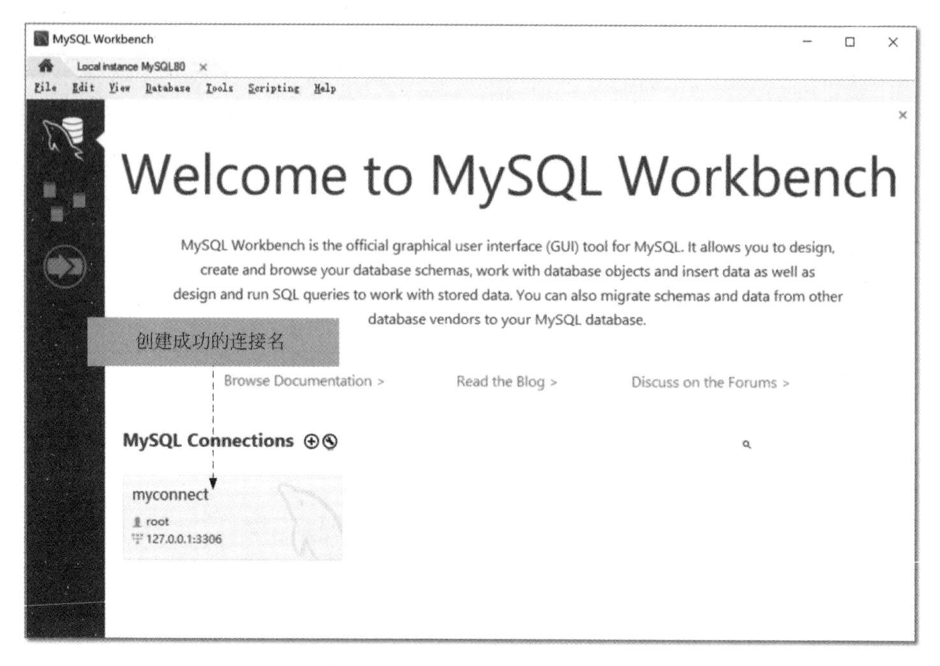

图 5-19 设置完成

3. 管理数据库

双击 myconnect 连接就可以登录到 MySQL 工作台，如图 5-20 所示，其中 SCHEMAS 是当前数据库列表，在 MySQL 中 SCHEMAS（模式）就是数据库，其中粗体显示的数据库为当前默认数据库，如果想改变默认数据库，可以右击要设置的数据库，在弹出的快捷菜单选择 Set as Default Schema，就可以设置默认数据库了，如图 5-21 所示。

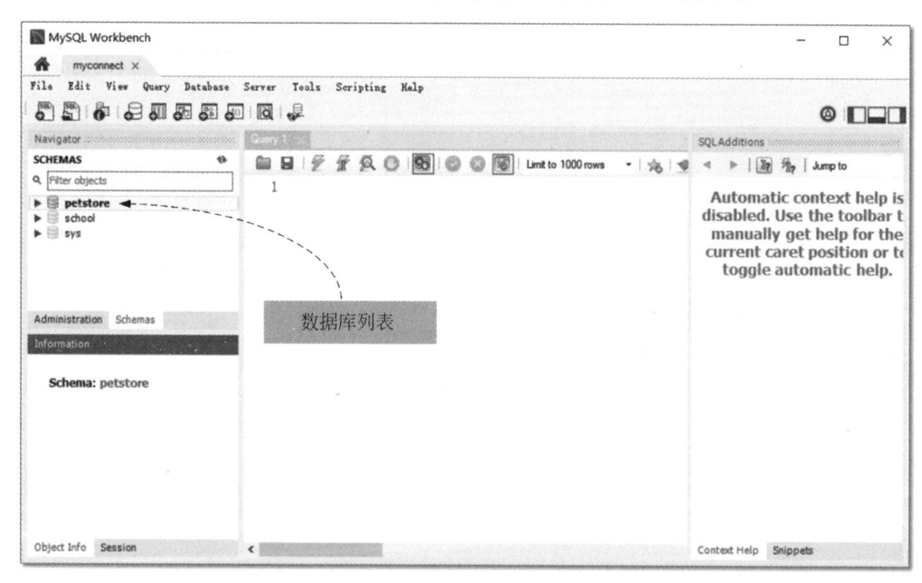

图 5-20 MySQL 工作台

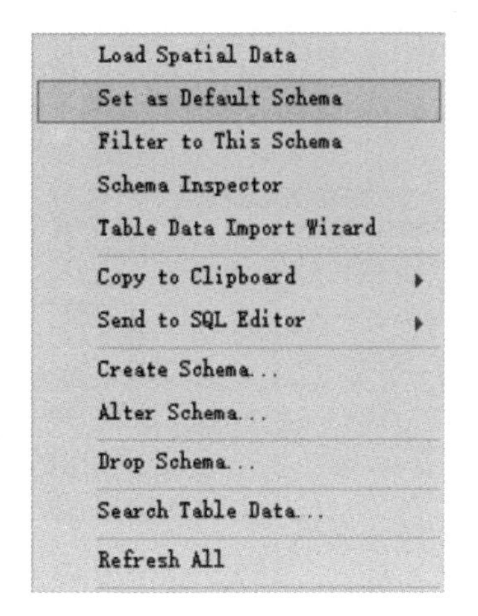

图 5-21　设置默认数据库

注：在图 5-21 所示的快捷菜单中还有 Create Schema 命令，可以创建数据库；Alter Schema 命令可以修改数据库；Drop Schema 命令可以删除数据库。

例如，要创建 school 数据库，则需要选择 Create Schema，弹出如图 5-22 所示的对话框，在 Name 文本框中可以设置数据库名，另外还可以选择数据库的字符集，设置无误后单击 Apply 按钮应用设置。如果取消设置，可以单击 Revert 按钮。

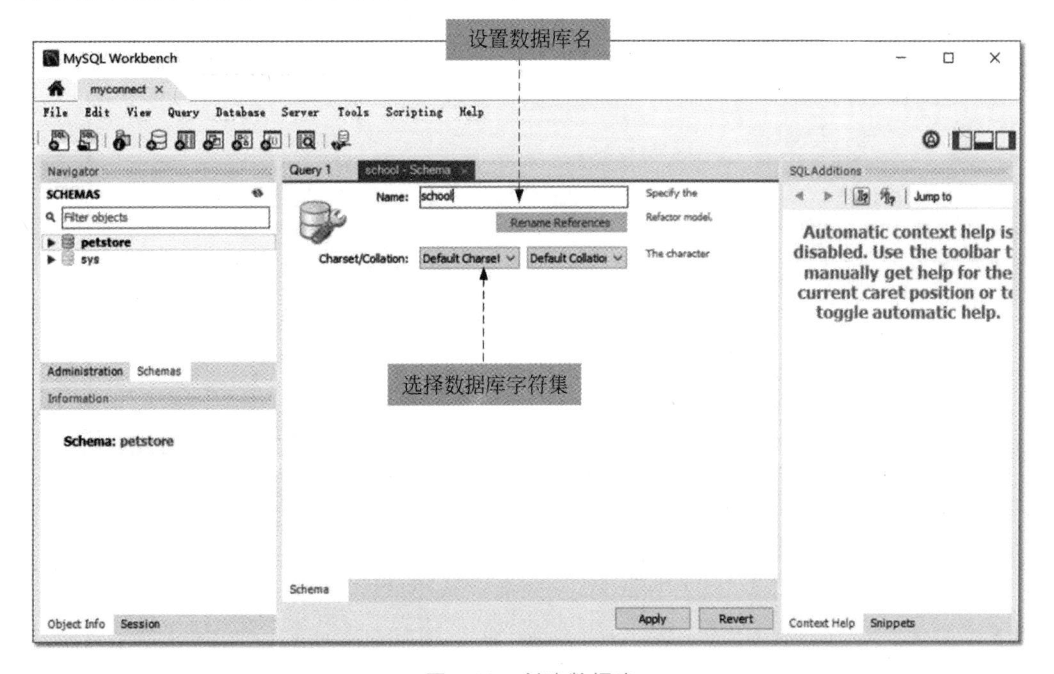

图 5-22　创建数据库

单击 Apply 按钮，弹出如图 5-23 所示的 Apply SQL Script to Database 对话框。确定无误后单击 Apply 按钮创建数据库，然后进入如图 5-24 所示的界面，单击 Finish 按钮，创建完成。

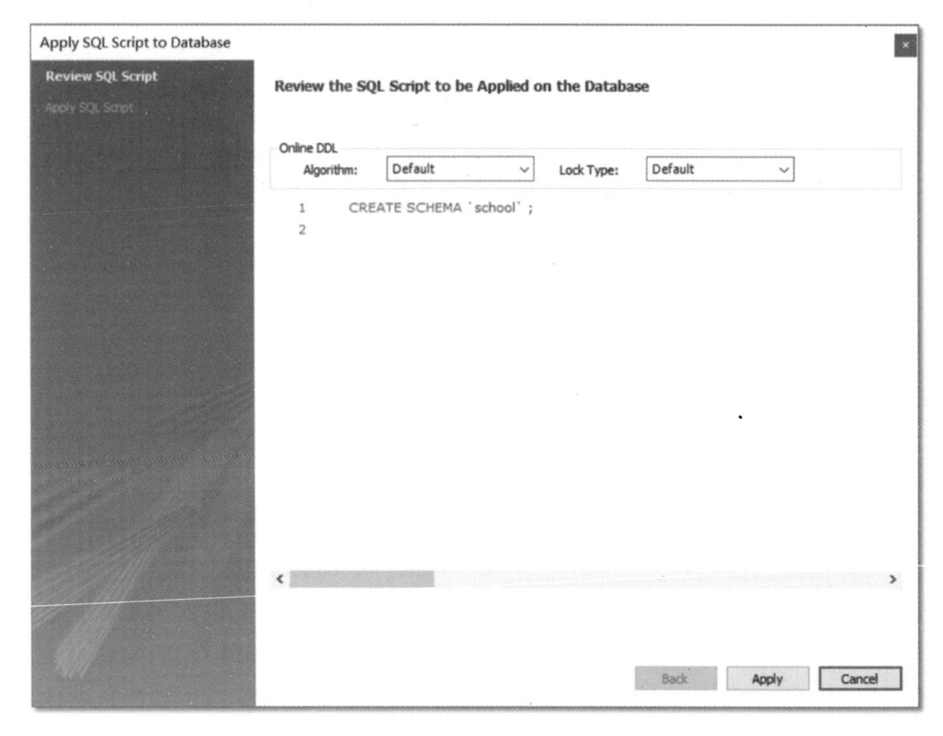

图 5-23 应用脚本对话框

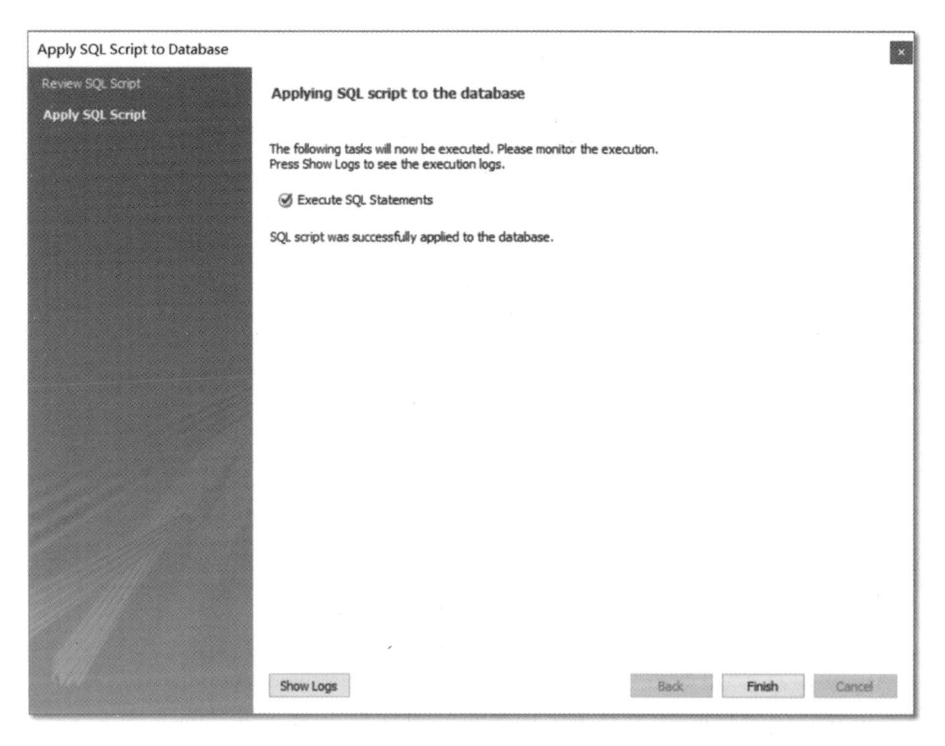

图 5-24 创建完成

有关删除和修改数据库的内容不再赘述。

4. 执行 SQL 语句

如果不喜欢使用图形界面向导创建、管理数据库和表,还可以使用 SQL 语句直接操作数据库,要想在 MySQL Workbench 工具中执行 SQL 语句,则需要打开查询窗口。执行菜单命令 File→New Query Tab 或单击快捷按钮可打开查询窗口,如图 5-25 所示。

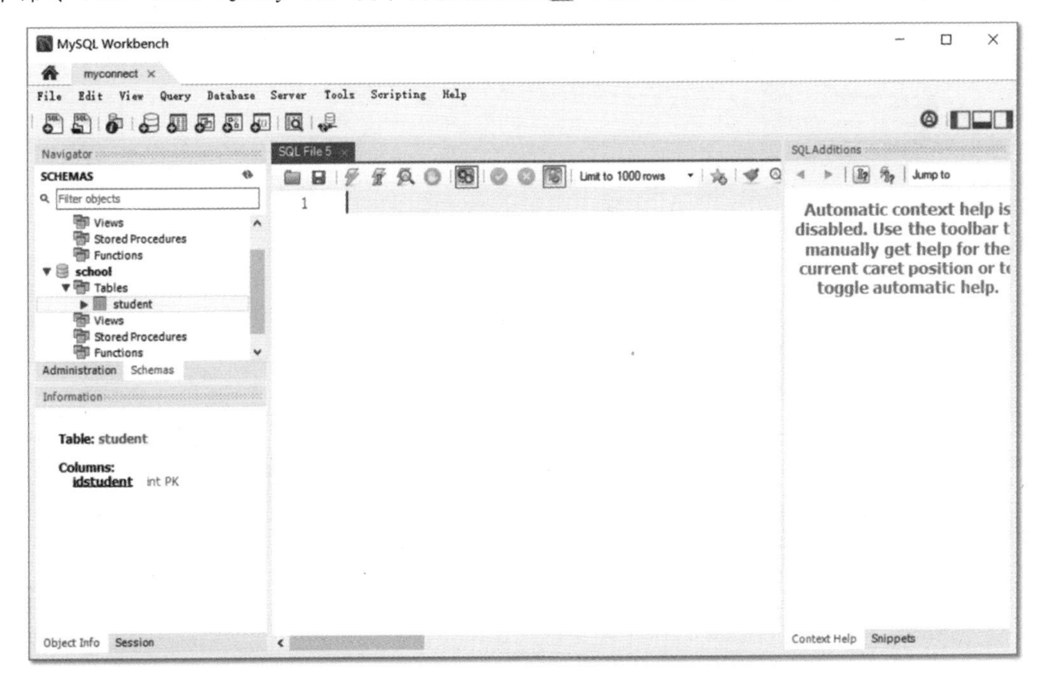

图 5-25 查询窗口

开发人员可以在查询窗口中输入任何 SQL 语句,如图 5-26 所示。可以单击按钮执行 SQL 语句,注意单击该按钮时,如果有选中的 SQL 语句,则执行选中的 SQL 语句;如果没有选中任何 SQL 语句,则执行当前窗口中全部 SQL 语句。按钮的功能是执行 SQL 语句到光标所在的位置。

5. 执行 SQL 脚本

我们通常会将多条 SQL 语句编写在一个文本文件中,打开 NASDAQ_DB. sql(笔者提供的纳斯达克股票数据)文件如图 5-27 所示。执行该脚本文件的操作如下:

(1) 建创建数据库 nasda;

(2) 在 nasda 建数据库中创建 stocks(股票)表;

(3) 在 stocks 表中插入数据;

(4) 在 nasda 建数据库中创建 historicalquote(股票历史数据)表;

(5) 在 historicalquote 表中插入数据。

在 MySQL Workbench 中可以执行 SQL 脚本文件,首先通过菜单 File→Open SQL Script 打开脚本文件,打开 NASDAQ_DB. sql 文件,如图 5-28 所示。

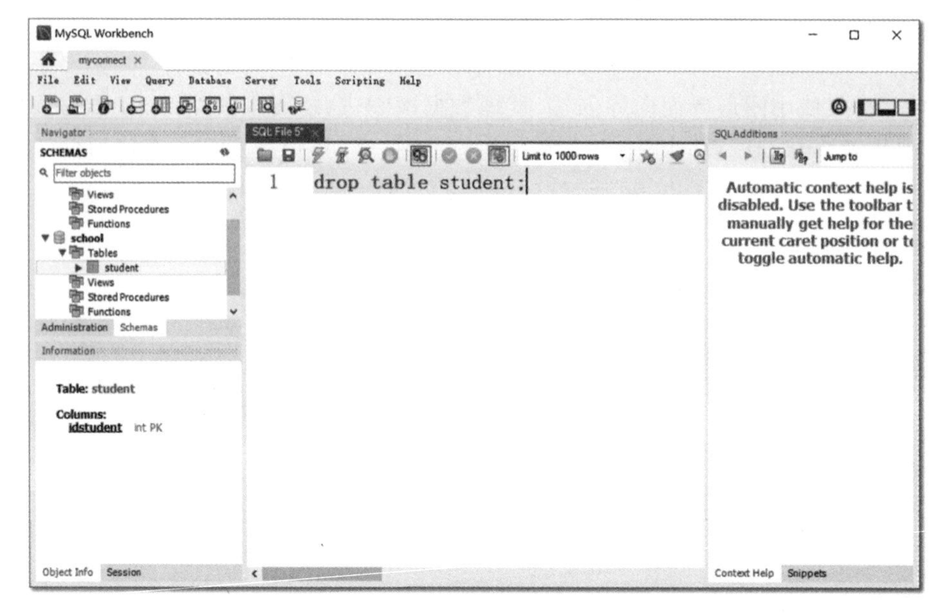

图 5-26 执行 SQL 语句

```
/* 创建数据库nasdaq */
CREATE DATABASE `nasdaq`;

USE `nasdaq`;
/* 如果stocks（股票）表存在，则删除该表 */

DROP TABLE IF EXISTS `stocks`;
/* 创建stocks表 */
CREATE TABLE `stocks` (
  `Symbol` varchar(10) NOT NULL,
  `Company` varchar(50) NOT NULL,
  `Industry` varchar(10) NOT NULL,
  PRIMARY KEY (`Symbol`)
);

/* 插入股票数据 */
insert into `stocks`(`Symbol`,`Company`,`Industry`) values ('AAPL','Apple Inc.','Technology');

/* 如果historicalquote（股票历史数据）表存在，则删除该表 */
DROP TABLE IF EXISTS `historicalquote`;

/* 创建historicalquote表 */
CREATE TABLE `historicalquote` (
  `HDate` date NOT NULL,
  `Open` decimal(8,4) DEFAULT NULL,
  `High` decimal(8,4) DEFAULT NULL,
  `Low` decimal(8,4) DEFAULT NULL,
  `Close` decimal(8,4) DEFAULT NULL,
  `Volume` bigint(20) DEFAULT NULL,
  `Symbol` varchar(10) DEFAULT NULL,
  PRIMARY KEY (`HDate`),
  KEY `FK_Reference_1` (`Symbol`),
  CONSTRAINT `FK_Reference_1` FOREIGN KEY (`Symbol`) REFERENCES `stocks` (`Symbol`)
);

/* 插入股票历史数据 */
```

图 5-27 NASDAQ_DB.sql 脚本文件

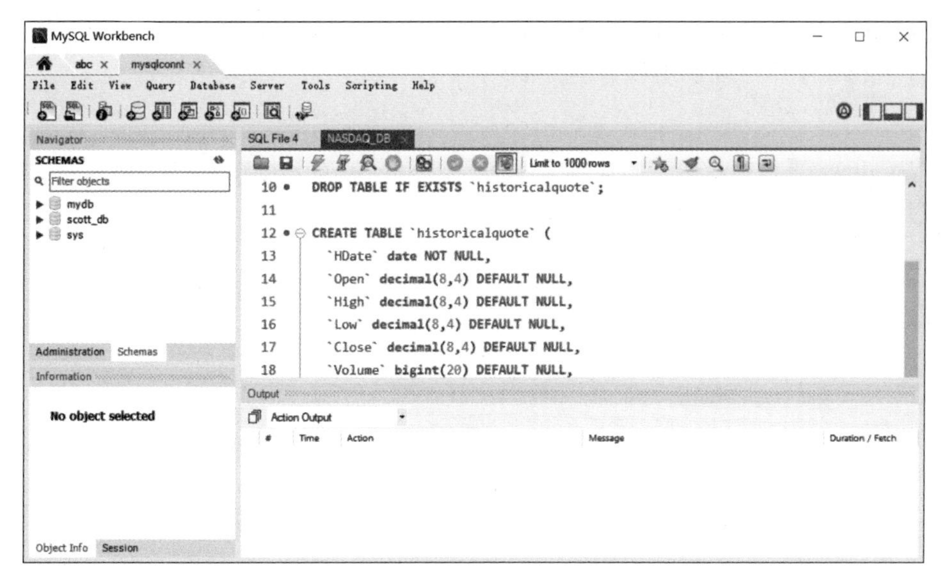

图 5-28　打开 NASDAQ_DB.sql 文件

以单击 按钮执行 SQL 打开脚本文件，具体过程不再赘述。

5.1.5　安装 PyMySQL 库

安装 PyMySQL 库可以使用如下 pip 指令：

```
pip install PyMySQL
```

在 Windows 平台命令提示符中安装 PyMySQL 库安装过程如图 5-29 所示。其他平台安装过程也是类似的，这里不再赘述。

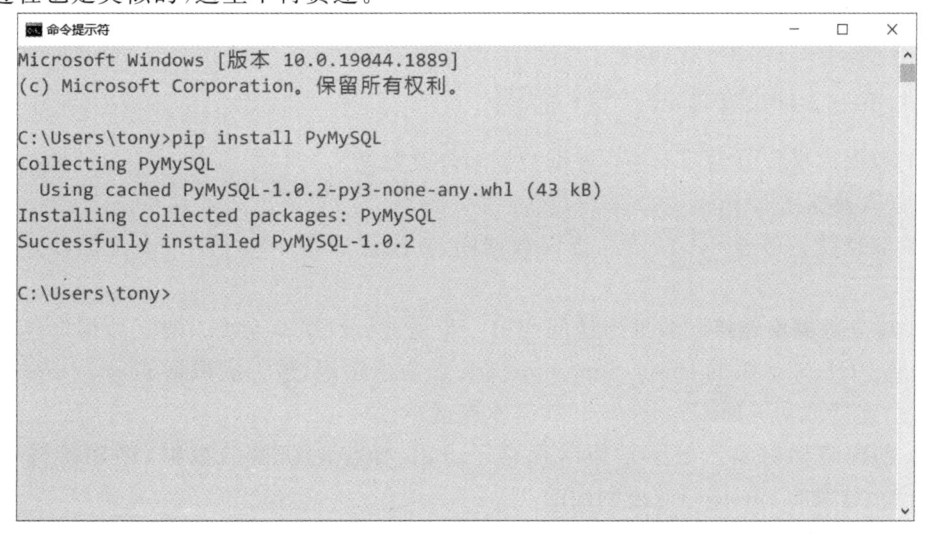

图 5-29　安装 PyMySQL 库

另外，由于 MySQL8 采用了更加安全的加密方法，因此还需要安装 cryptography 库。安装 cryptography 库可以使用如下 pip 指令：

```
pip install cryptography
```

在 Windows 平台命令提示符中安装 cryptography 库安装过程如图 5-30 所示。其他平台安装过程也是类似的，这里不再赘述。

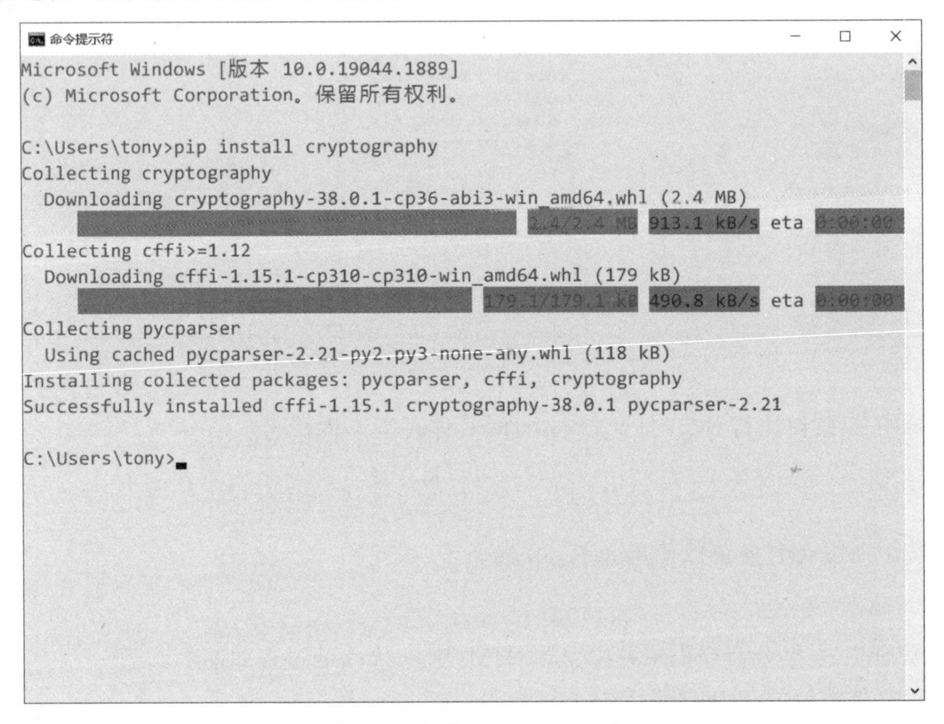

图 5-30 安装 cryptography 库

5.1.6 访问数据库一般流程

访问数据库操作分为两大类：查询数据和修改数据。

1. 查询数据

查询数据就是通过 Select 语句查询数据库，其流程如图 5-31 所示，该流程有如下 6 个步骤。

（1）**建立数据库连接**。数据库访问的第一步是进行数据库连接。建立数据库连接可以通过 PyMySQL 库提供的 connect(parameters...)方法实现，该方法根据 parameters 参数连接数据库，连接成功返回 Connection(数据库连接)对象。

（2）**创建游标对象**。游标是暂时保存了 SQL 操作所获得的数据，创建游标是通过 Connection 对象的 cursor()方法创建的。

（3）**执行查询操作**。执行 SQL 操作是通过游标对象的 execute(sql)方法实现的，其中参数 sql 表示要执行 SQL 语句字符串。

(4) **提取结果集**。执行 SQL 操作会返回结果集对象，结果集对象的结构与数据库表类似，由记录和字段构成。提取结果集可以通过游标的 fetchall()或 fetchone()方法实现，fetchall()是提取结果集中的所有记录，fetchone()方法是提取结果集中的一条记录。

(5) **关闭游标**。数据库游标使用完成之后，需要关闭游标，关闭游标可以释放资源。

(6) **关闭数据库连接**。数据库操作完成之后，需要关闭数据库连接，关闭连接也可以释放资源。

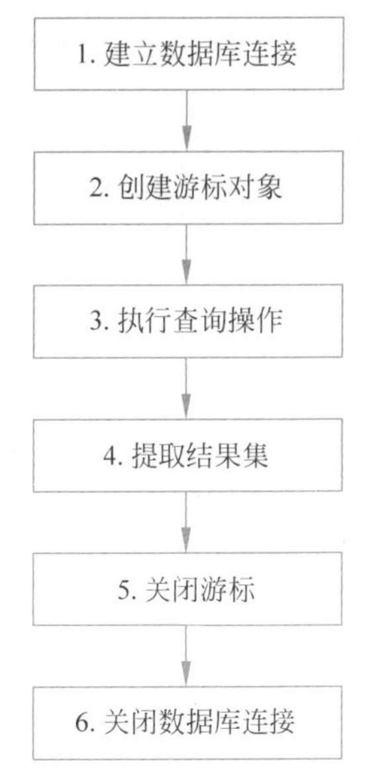

图 5-31　查询数据步骤

2. 修改数据

修改数据就是通过 Insert、Update 和 Delete 等语句修改数据，其流程如图 5-32 所示。修改数据与查询数据流程类似，也有 6 个步骤。但是修改数据时，如果执行 SQL 操作成功时需要提交数据库事务，如果失败则需要回滚数据库事务。另外，修改数据时不会返回结果集，也就不能从结果集中提取数据了。

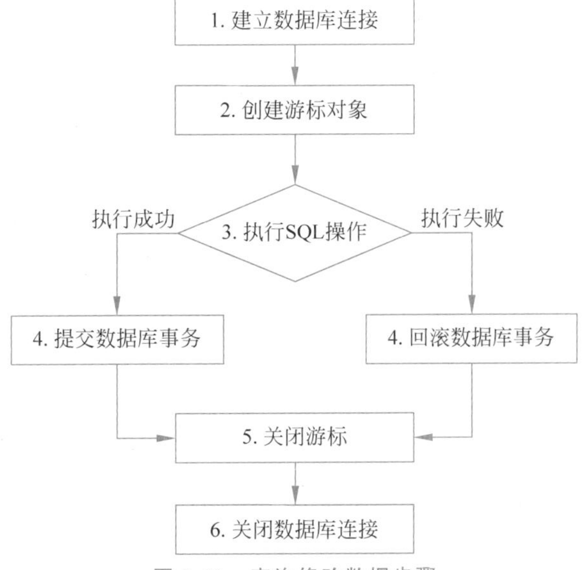

图 5-32　查询修改数据步骤

数据库事务通常包含了多个对数据库的读/写操作，这些操作是有序的。若事务被提交

给了数据库管理系统，则数据库管理系统需要确保该事务中的所有操作都成功完成，结果被永久保存在数据库中。如果事务中有的操作没有成功完成，则事务中的所有操作都需要被回滚，回到事务执行前的状态。

（1）连接数据库代码：

```
import pymysql
# 建立数据库连接
cnx = pymysql.connect(user = 'username', password = 'password',
                      host = 'host_address',
                      database = 'database_name')
```

在上述代码中，需要将 username、password、host_address 和 database_name 替换为实际的数据库连接信息。

（2）创建游标对象：在建立数据库连接后，需要创建一个游标对象，用于执行 SQL 语句。

```
cursor = cnx.cursor()
```

（3）执行 SQL 查询：使用游标对象执行 SQL 查询语句，获取数据库中的数据。

```
query = "SELECT * FROM table_name"
cursor.execute(query)

# 获取查询结果
result = cursor.fetchall()
```

在上述代码中，table_name 应替换为实际的表名。

（4）执行 SQL 插入/更新：使用游标对象执行 SQL 插入或更新语句，将数据写入 MySQL 数据库。

```
insert_query = "INSERT INTO table_name (column1, column2) VALUES ( %s, %s)"
data = ('value1', 'value2')
cursor.execute(insert_query, data)
# 提交事务
cnx.commit()
```

在上述代码中，table_name 应替换为实际的表名，column1 和 column2 应替换为实际的列名，value1 和 value2 应替换为要插入的实际值。

（5）关闭游标和数据库连接：在完成所有数据库操作后，需要关闭游标和数据库连接。

```
cursor.close()
cnx.close()
```

这样就完成了对 MySQL 数据库的读写操作。

以上代码示例是基本的 MySQL 数据库读写操作，具体的 SQL 查询和插入/更新语句需要根据实际情况进行调整。此外，还应该考虑异常处理、数据类型转换等方面的处理。

5.1.7　案例 1：访问苹果股票数据

下面通过一个案例介绍如何使用 Python 语言访问 MySQL 数据库。

案例背景：

该案例的该项目的数据库设计模型如图 5-33 所示，项目中包含两个数据表：股票信息表（Stocks）和股票历史价格表（HistoricalQuote）。

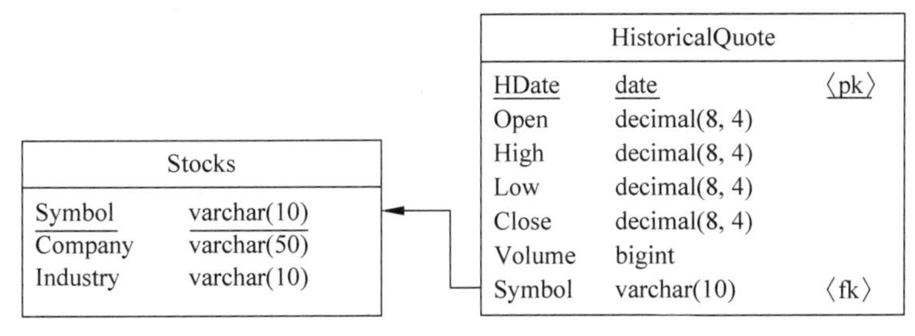

图 5-33　数据库设计模型

数据库设计模型中各个表说明如下：

1. 股票信息表

股票信息表（英文名 Stocks）是纳斯达克股票，股票代号（英文名 Symbol）是主键，股票信息表结构如表 5-1 所示。该项目目前的功能不包括维护股票信息表，所需要数据在创建数据表时预先插入。

表 5-1　股票信息表结构

字段名	数据类型	长度	精度	主键	外键	备注
Symbol	varchar(10)	10	—	是	否	股票代号
Company	varchar(50)	50	—	否	否	公司
Industry	varchar(10)	10	—	否	否	所属行业

2. 股票历史价格表

股票历史价格表（英文名 HistoricalQuote）是某一只股票的历史价格表，交易日期（英文名 HDate）是主键，股票历史价格表结构如表 5-2 所示。

表 5-2　股票历史价格表结构

字段名	数据类型	长度	精度	主键	外键	备注
HDate	date		—	是	否	交易日期
Open	decimal(8,4)	8	4	否	否	开盘价
High	decimal(8,4)	8	4	否	否	最高价
Low	decimal(8,4)	8	4	否	否	最低价

续表

字段名	数据类型	长度	精度	主键	外键	备注
Close	decimal(8,4)	8	4	否	否	收盘价
Volume	bigint		—	否	否	成交量
Symbol	varchar(10)	10	—	否	是	股票代号

编写及执行 SQL 脚本这里不再赘述。

那么根据股票代号查询股历史数据的 Python 代码如下：

```
import pymysql

# 建立数据库连接
cnx = pymysql.connect(
    host = '127.0.0.1',
    user = 'root',
    password = '12345',
    database = 'nasdaq'
)

# 创建游标对象
cursor = cnx.cursor()
# 定义查询语句和参数
query = "SELECT * FROM historicalquote WHERE Symbol = %s"       ①
params = ('AAPL',)

# 执行查询语句
cursor.execute(query, params)                                   ②

# 获取查询结果
result = cursor.fetchall()                                      ③

# 输出查询结果
for row in result:                                              ④
    print(row)

# 关闭游标和数据库连接
cursor.close()
cnx.close()
```

上述代码执行后，输出结果如下。

```
(datetime.date(2018, 2, 1), Decimal('167.1650'), Decimal('168.6200'), Decimal('166.7600'),
Decimal('167.7800'), 44453230, 'AAPL')
...
(datetime.date(2023, 1, 31), Decimal('166.8700'), Decimal('168.4417'), Decimal('166.5000'),
Decimal('167.4300'), 32234520, 'AAPL')
```

代码解释如下：

- 代码第①行在这一行中，定义了查询语句，使用了参数占位符 %s 来表示待传入的参数。

- 代码第②行 execute()方法用于执行查询语句，并将参数值传递给查询语句中的占位符。在这里，params 变量包含了要绑定的参数值。
- 代码第③行使用 fetchall() 方法获取查询结果集。这个方法会返回一个包含所有查询结果的列表。
- 代码第④行使用 for 循环遍历结果列表，并输出每一行的内容。

最后，在代码的末尾，通过调用 close()方法关闭游标对象和数据库连接，释放相关资源。

请注意，代码中的连接参数(host、user、password、database)是示例值，需要根据实际情况进行修改。同时，查询的表名、列名以及参数值也需要根据数据库的实际结构进行调整。

这段代码的作用是连接到数据库，执行一条查询语句，将结果打印输出，并关闭数据库连接。在这个示例中，查询的条件是 Symbol＝'AAPL'，即查询 historicalquote 表中 Symbol 列为 'AAPL' 的数据行，AAPL 是苹果股票代号。

5.2　使用 Pandas 读写 MySQL 数据库

Pandas 提供了用于读取和写入 MySQL 数据库的函数。下面是几个常用的函数：

(1) pd.read_sql(query, con)：从 MySQL 数据库中执行查询语句并返回结果作为 DataFrame。query 是查询语句，con 是与 MySQL 数据库建立的连接对象。

(2) df.to_sql(name, con, if_exists='fail', index=False)：将 DataFrame 中的数据写入 MySQL 数据库中的表。name 是目标表的名称，con 是与 MySQL 数据库建立的连接对象，if_exists 是指定写入操作的行为，默认为 'fail'，表示如果目标表已存在，则引发异常。index=False 表示不将 DataFrame 的索引写入数据库。

(3) pd.read_sql_table(table_name, con)：从 MySQL 数据库中读取整个表的数据并返回结果作为 DataFrame。table_name 是表的名称，con 是与 MySQL 数据库建立的连接对象。

这些函数可以方便地与 MySQL 数据库进行数据的读取和写入操作。

建议在使用 Pandas 读取数据时，使用 SQLAlchemy 的 connectable (engine/connection)创建数据库连接对象，而不推荐使用 pymysql.connect()来创建数据库连接对象。这是因为使用 SQLAlchemy 的 connectable 可以避免不兼容性问题。

SQLAlchemy 是一个 Python SQL 工具和对象关系映射(ORM)库，它提供了一种与数据库进行交互的高级抽象和灵活性。它支持多种数据库后端，并提供了统一的 API，使得在不同数据库之间切换变得更加容易。

使用 SQLAlchemy，你可以执行以下操作：

(1) 创建数据库连接：通过 create_engine()函数创建数据库连接对象，指定数据库类型、主机、用户名、密码和数据库名称等参数。

(2) 执行 SQL 查询：使用连接对象的 execute()方法执行 SQL 查询语句。

(3) 获取查询结果：通过执行查询后返回的结果集对象，使用 fetchall()、fetchone()等方法获取查询结果。

(4) 执行事务操作：使用连接对象的 begin()、commit()和 rollback()等方法执行数据库事务操作。

(5) ORM 映射：使用 SQLAlchemy 的 ORM 功能，将数据库表映射为 Python 对象，实现面向对象的数据库操作，简化了数据库的访问和操作。

通过使用 SQLAlchemy，我们可以更方便地操作数据库，实现数据读取、写入和查询等功能，并且具有较高的灵活性和可扩展性。它也被广泛应用于许多 Python 项目和框架中，如 Django、Flask 等。

示例：使用 Pandas 从数据库读取股票数据

下面我们是要使用 Pandas 库的 pd.read_sql_table(table_name, con)函数从 historicalquote(股票历史数据)表读取数据，具体代码如下：

```
import pandas as pd
import pymysql
from sqlalchemy import create_engine

# 创建数据库连接
engine = create_engine('mysql + pymysql://root:12345@localhost/nasdaq')

# 从 MySQL 数据库中读取数据
df = pd.read_sql_table('historicalquote', engine)
print(df)
```

示例运行后，输出结果如下：

```
        HDate       Open      High       Low      Close    Volume     Symbol
0  2018 - 02 - 01  167.165  168.6200  166.7600  167.78  44453230   AAPL
1  2018 - 02 - 02  166.000  166.8000  160.1000  160.50  85957050   AAPL
```

```
2  2018-02-05  159.100  163.8800  156.0000  156.49  72215320  AAPL
3  2018-02-06  154.830  163.7200  154.0000  163.03  68171940  AAPL
4  2018-02-07  163.085  163.4000  159.0685  159.54  51467440  AAPL
...     ...       ...       ...       ...      ...       ...     ...
60 2023-01-29  170.160  170.1600  167.0700  167.96  50565420  AAPL
61 2023-01-30  165.525  167.3700  164.7000  166.97  45635470  AAPL
62 2023-01-31  166.870  168.4417  166.5000  167.43  32234520  AAPL
63 2023-07-01  100.250  105.5000   98.7500  102.80    100000  AAPL
64 2023-07-02  103.000  106.2000  101.5000  105.40    120000  AAPL

[65 rows x 7 columns]
```

上述代码使用了 pd.read_sql_table('historicalquote', engine)函数读取 historicalquote 表查询所有字段,如果只是关系部分字段,这可以使用 pd.read_sql(query, engine)函数。

那么对应代码如下:

```
import pandas as pd
import pymysql
from sqlalchemy import create_engine

# 创建数据库连接
engine = create_engine('mysql+pymysql://root:12345@localhost/nasdaq')

# 从 MySQL 数据库中读取数据
query = "SELECT HDate,Open,High, Low,Close FROM historicalquote WHERE Symbol = 'AAPL'"
df = pd.read_sql(query, engine)
print(df)
```

示例运行后,输出结果如下:

```
         HDate     Open      High       Low   Close
0   2018-02-01  167.165  168.6200  166.7600  167.78
1   2018-02-02  166.000  166.8000  160.1000  160.50
2   2018-02-05  159.100  163.8800  156.0000  156.49
3   2018-02-06  154.830  163.7200  154.0000  163.03
4   2018-02-07  163.085  163.4000  159.0685  159.54
...        ...      ...       ...       ...     ...
60  2023-01-29  170.160  170.1600  167.0700  167.96
61  2023-01-30  165.525  167.3700  164.7000  166.97
62  2023-01-31  166.870  168.4417  166.5000  167.43
63  2023-07-01  100.250  105.5000   98.7500  102.80
64  2023-07-02  103.000  106.2000  101.5000  105.40

rows x 5 columns]
```

5.3 JSON 数据交换格式

JSON 是一种轻量级的数据交换格式。所谓轻量级,是与 XML 文档结构相比而言的。描述项目的字符少,所以描述相同数据所需的字符个数要少,那么传输速度就会提高,而流量也会减少。

5.3.1 JSON 文档结构

由于 Web 和移动平台开发对流量的要求是尽可能少，对速度的要求是尽可能快，而轻量级的数据交换格式 JSON 就成为理想的数据交换格式。

构成 JSON 文档的两种结构分别为对象(object)和数组(array)。其中，对象是"名称：值"对集合，它类似于 Python 中 Map 类型，而数组是一连串元素的集合。

JSON 对象是一个无序的"名称/值"对集合，一个对象以"{"开始，以"}"结束。每个"名称"后跟一个":"，"名称：值"对之间使用","分隔，"名称"是字符串类型(string)，"值"可以是任何合法的 JSON 类型。JSON 对象的语法表如图 5-34 所示。

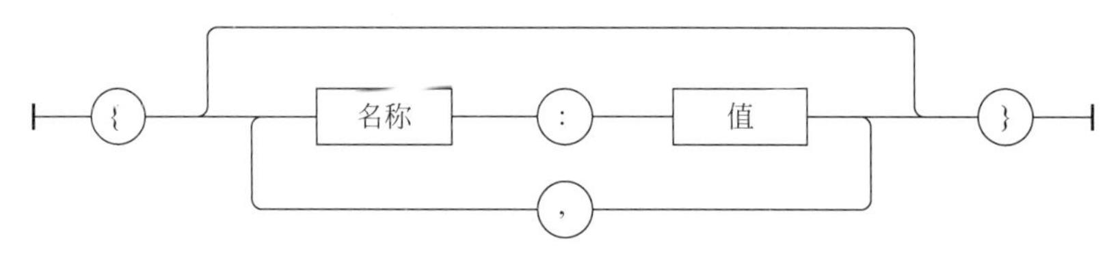

图 5-34　JSON 对象的语法表

下面是一个 JSON 对象的例子：

```
{
    "name":"a.htm",
    "size":345,
    "saved":true
}
```

JSON 数组是值的有序集合，以"["开始，以"]"结束，值之间使用","分隔。JSON 数组的语法表如图 5-35 所示。

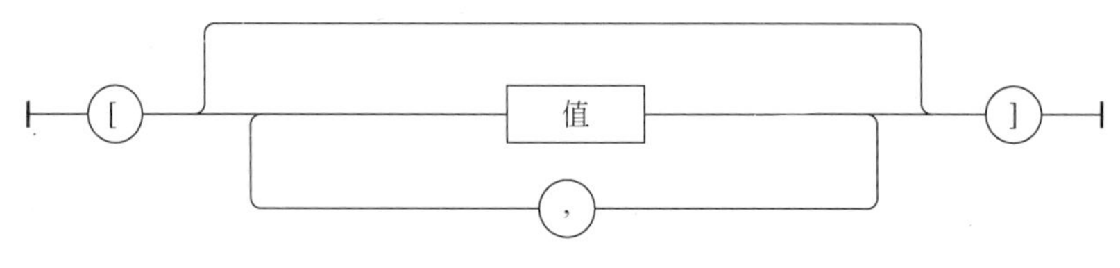

图 5-35　JSON 数组的语法表

下面是一个 JSON 数组的例子：

```
["text","html","css"]
```

JSON 数组中的值可以是双引号括起来的字符串、数字、对象、数组、true、false 或 null，而且这些结构可以嵌套。JSON 值的语法结构图如图 5-36 所示。

5.3.2 JSON 数据编码

在 Python 程序中要想将 Python 数据网络传输和存储，可以将 Python 数据转换为 JSON 数据再进行传输和存储，这个过程称为"编码(encode)"。

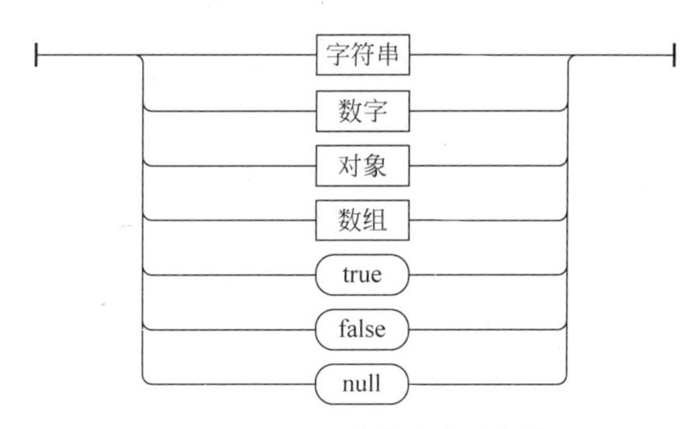

图 5-36　JSON 值的语法结构图

在编码过程中 Python 数据转换为 JSON 数据的映射关系如表 5-3 所示。

表 5-3　Python 数据与 JSON 数据映射关系

Python	JSON	Python	JSON
字典	对象	True	true
列表、元组	数组	False	false
字符串	字符串	None	null
整数、浮点等数字类型	数字		

JSON 数据在网络传输或保存到磁盘中时，推荐使用 JSON 对象，偶尔也使用 JSON 数组。所以一般情况下只有 Python 的字典、列表和元组才需要编码，Python 字典编码 JSON 对象；Python 列表和元组编码 JSON 数组。

Python 提供的内置模块 json 可以帮助实现 JSON 的编码和解码，JSON 编码使用 dumps()和 dump()函数，dumps()函数将编码的结果以字符串形式返回，dump()函数将编码的结果保存到文件对象(类似文件对象或流)中。

下面具体介绍 JSON 数据编码过程，示例代码如下：

```
import json

# 准备数据
py_dict = {'name': 'tony', 'age': 30, 'sex': True}   # 创建字典对象
py_list = [1, 3]                                      # 创建列表对象
py_tuple = ('A', 'B', 'C')                            # 创建元组对象

py_dict['a'] = py_list                                # 添加列表到字典中
py_dict['b'] = py_tuple                               # 添加元组到字典中
```

```
print(py_dict)
print(type(py_dict))                              # <class 'dict'>

# 编码过程
json_obj = json.dumps(py_dict)                         ①
print(json_obj)
print(type(json_obj))                             # <class 'str'>

# 编码过程
json_obj = json.dumps(py_dict, indent = 4)             ②
# 漂亮的格式化字符串后输出
print(json_obj)

# 写入 JSON 数据到 data1.json 文件
with open('data/data1.json', 'w') as f:
    json.dump(py_dict, f)                              ③

# 写入 JSON 数据到 data2.json 文件
with open('data/data2.json', 'w') as f:
    json.dump(py_dict, f, indent = 4)                  ④
```

上述代码运行，输出结果如下：

```
{'name': 'tony', 'age': 30, 'sex': True, 'a': [1, 3], 'b': ('A', 'B', 'C')}
<class 'dict'>
{"name": "tony", "age": 30, "sex": true, "a": [1, 3], "b": ["A", "B", "C"]}
<class 'str'>
{
    "name": "tony",
    "age": 30,
    "sex": true,
    "a": [
        1,
        3
    ],
    "b": [
        "A",
        "B",
        "C"
    ]
}
```

解释如下：

- 上述代码第①行是对 Python 字典对象 py_dict 进行编码，编码的结果是返回字符串，这个字符串中没有空格和换行等字符，可见减少字节数适合网络传输和保存。
- 代码第②行也是对 Python 字典对象 py_dict 进行编码，在 dumps()函数中使用了参数 indent。indent 可以格式化字符串，indent=4 表示缩进 4 个空格，这种漂亮的格式化的字符串，主要用于显示和日志输出，但不适合网络传输和保存。

- 代码第③行和第④行是 dump()函数将编码后的字符串保存到文件中，dump()与 dumps()函数具有类似的参数，这里不再赘述。

5.3.3　JSON 数据解码

编码的相反过程是“解码”(decode)，即将 JSON 数据转换为 Python 数据。从网络中接收或从磁盘中读取 JSON 数据时，需要解码为 Python 数据。

在编码过程中，JSON 数据转换为 Python 数据的映射关系如表 5-4 所示。

表 5-4　JSON 数据与 Python 数据映射关系

JSON	Python	JSON	Python
对象	字典	实数数字	浮点
数组	列表	true	True
字符串	字符串	false	False
整数数字	整数	null	None

json 模块提供的解码函数是 loads()和 load()，loads()函数将 JSON 字符串数据进行解码，返回 Python 数据，load()函数读取文件或流，对其中的 JSON 数据进行解码，返回结果为 Python 数据。

下面具体介绍 JSON 数据解码过程，示例代码如下：

```
import json

# 准备数据
json_obj = r'{"name": "tony", "age": 30, "sex": true, "a": [1, 3], "b": ["A", "B", "C"]}'
                                                                              ①

py_dict = json.loads(json_obj)                                                ②
print(type(py_dict))                              # <class 'dict'>
print(py_dict['name'])
print(py_dict['age'])
print(py_dict['sex'])

py_lista = py_dict['a']                           # 取出列表对象
print(py_lista)
py_listb = py_dict['b']                           # 取出列表对象
print(py_listb)

# 读取 JSON 数据到 data2.json 文件
with open('data/data2.json', 'r') as f:
   data = json.load(f)                                                        ③
   print(data)
   print(type(data))                              # <class 'dict'>
```

解释如下：

- 代码第①行是一个表示 JSON 对象的字符串。
- 代码第②行是对 JSON 对象字符串进行解码，返回 Python 字典对象。

• 代码第③行是从 data2.json 文件中读取 JSON 数据解析解码，返回 Python 字典对象。

5.3.4 案例 2：解码搜狐证券贵州茅台股票数据

我们在 3.3.3 节介绍过使用 Selenium 从搜狐证券网爬取贵州茅台股票数据，事实上网页中的股票数据，通过如下网址返回：

http://q.stock.sohu.com/hisHq?code=cn_600519&stat=1&order=D&period=d&callback=historySearchHandler&rt=jsonp&0.8115656498417958

直接将网址在浏览器中打开，如图 5-37 所示，浏览器展示了一个字符串。从返回的字符串可见，并不是一个有效的 JSON 数据，而 JSON 数据是放置在 historySearchHandler(…)中的，historySearchHandler 应该是一个 JavaScript 变量或函数，开发人员只需要关心括号中的 JSON 字符串就可以了。

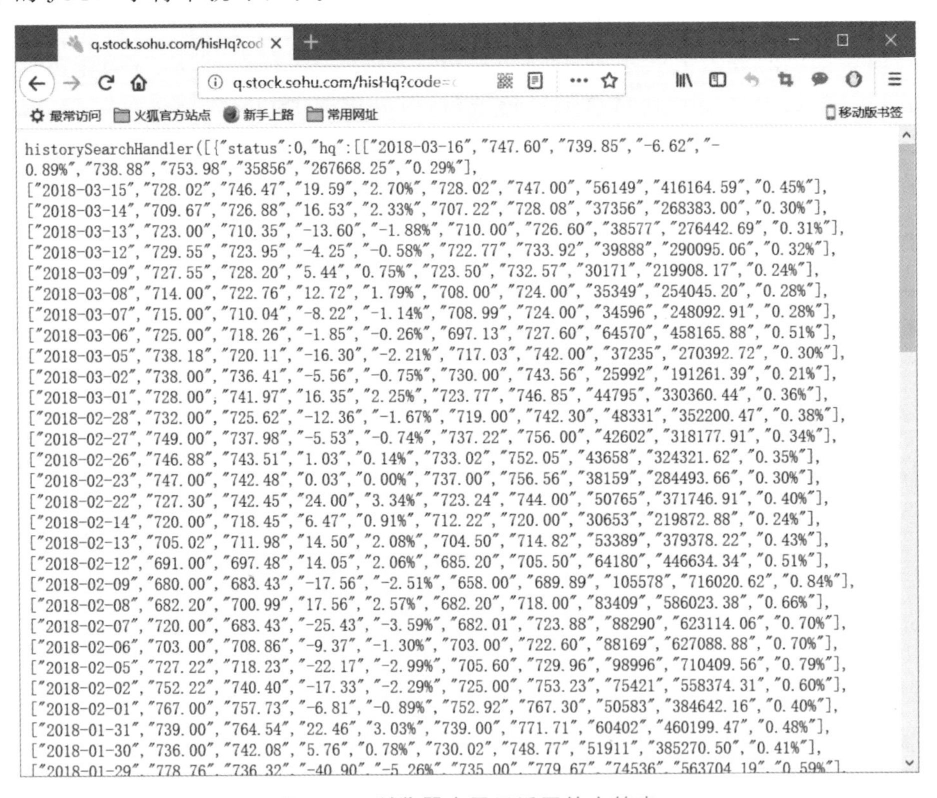

图 5-37 浏览器中展示返回的字符串

笔者将上述返回的 JSON 字符串进行了处理并保存为“贵州茅台股票数据.json”文件，具体处理过程不再赘述，最后获取的文件内容如图 5-38 所示。

解码“贵州茅台股票数据.json”文件具体代码如下：

```
import json
```

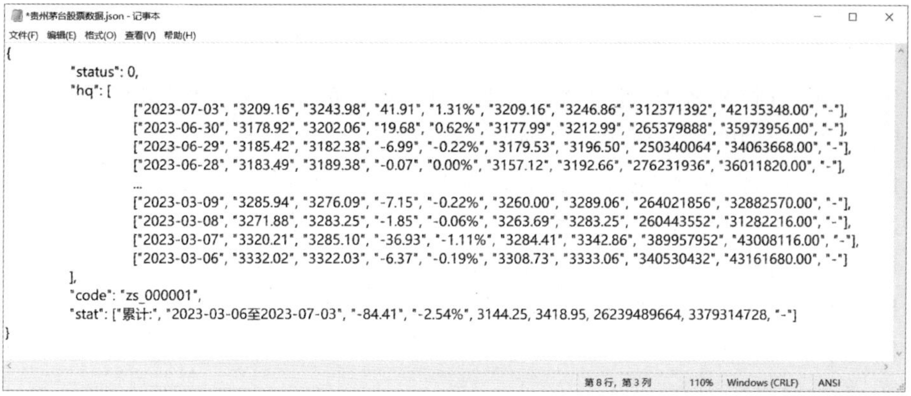

*贵州茅台股票数据.json - 记事本

文件(F) 编辑(E) 格式(O) 查看(V) 帮助(H)


```
{
        "status": 0,
        "hq": [
                ["2023-07-03", "3209.16", "3243.98", "41.91", "1.31%", "3209.16", "3246.86", "312371392", "42135348.00", "-"],
                ["2023-06-30", "3178.92", "3202.06", "19.68", "0.62%", "3177.99", "3212.99", "265379888", "35973956.00", "-"],
                ["2023-06-29", "3185.42", "3182.38", "-6.99", "-0.22%", "3179.53", "3196.50", "250340064", "34063668.00", "-"],
                ["2023-06-28", "3183.49", "3189.38", "-0.07", "0.00%", "3157.12", "3192.66", "276231936", "36011820.00", "-"],
                ...
                ["2023-03-09", "3285.94", "3276.09", "-7.15", "-0.22%", "3260.00", "3289.06", "264021856", "32882570.00", "-"],
                ["2023-03-08", "3271.88", "3283.25", "-1.85", "-0.06%", "3263.69", "3283.25", "260443552", "31282216.00", "-"],
                ["2023-03-07", "3320.21", "3285.10", "-36.93", "-1.11%", "3284.41", "3342.86", "389957952", "43008116.00", "-"],
                ["2023-03-06", "3332.02", "3322.03", "-6.37", "-0.19%", "3308.73", "3333.06", "340530432", "43161680.00", "-"]
        ],
        "code": "zs_000001",
        "stat": ["累计:", "2023-03-06至2023-07-03", "-84.41", "-2.54%", 3144.25, 3418.95, 26239489664, 3379314728, "-"]
}
```


第8行，第3列 110% Windows (CRLF) ANSI

图 5-38 “贵州茅台股票数据.json”文件

```
import pandas as pd

data = []

with open('data/贵州茅台股票数据.json', 'r') as json_file:        ①
    data_dict = json.load(json_file)                              ②
    hqlist = data_dict['hq']                                      ③

    for item in hqlist:
        fields = {}
        fields['Date'] = item[0]                   # 日期         ④
        fields['Open'] = item[1]                   # 开盘
        fields['Close'] = item[2]                  # 收盘
        fields['Low'] = item[5]                    # 最低
        fields['High'] = item[6]                   # 最高
        fields['Volume'] = item[7]                 # 成交量       ⑤
        data.append(fields)                                       ⑥

df = pd.DataFrame(data)                                           ⑦
print(df)
```

示例运行后，输出结果如下：

```
          Date      Open     Close       Low      High     Volume
0   2023-07-03   3209.16   3243.98   3209.16   3246.86   312371392
1   2023-06-30   3178.92   3202.06   3177.99   3212.99   265379888
2   2023-06-29   3185.42   3182.38   3179.53   3196.50   250340064
3   2023-06-28   3183.49   3189.38   3157.12   3192.66   276231936
4   2023-06-27   3153.31   3189.44   3148.27   3194.41   287604320
..         ...       ...       ...       ...       ...         ...
75  2023-03-10   3255.51   3230.08   3229.50   3262.15   281135424
76  2023-03-09   3285.94   3276.09   3260.00   3289.06   264021856
77  2023-03-08   3271.88   3283.25   3263.69   3283.25   260443552
78  2023-03-07   3320.21   3285.10   3284.41   3342.86   389957952
79  2023-03-06   3332.02   3322.03   3308.73   3333.06   340530432
```

```
[80 rows x 6 columns]
```

解释代码：

- 代码第①行打开名为'贵州茅台股票数据.json'的JSON文件，并将其赋值给json_file变量。使用with语句可以确保在处理完文件后自动关闭文件。
- 代码第②行将JSON文件内容加载为Python字典，并将其赋值给data_dict变量。JSON文件中的数据被转换为Python的字典形式，便于后续的处理。
- 代码第③行从data_dict字典中获取键为'hq'的值，并将其赋值给hqlist变量。假设JSON文件中有一个键为'hq'的列表，该列表包含了一组股票数据。
- 代码第④行for item in hqlist:：这是一个for循环，用于遍历hqlist列表中的每个元素，每个元素称为item。
- 代码第⑤行将item列表中的第一个元素（索引为0）赋值给fields字典的键'Date'。假设该元素是日期。
- 代码第⑥行fields['Open'] = item[1]～fields['Volume'] = item[7]：这些行代码将item列表中不同索引位置的元素分别赋值给fields字典的相应键，例如，将第二个元素赋值给'Open'键，第三个元素赋值给'Close'键，以此类推。假设这些元素分别表示开盘价、收盘价、最低价、最高价和成交量。
- 代码第⑦行df = pd.DataFrame(data)：这行代码将data列表转换为Pandas DataFrame对象，并将其赋值给df变量。

5.4 本章总结

本章主要介绍了办公自动化中数据存储的两种常用方式——MySQL数据库和JSON格式，以及在Python中对其的操作。

首先，介绍了MySQL数据库管理系统的特点，并学习了如何安装MySQL数据库。我们还学习了如何使用命令行客户端以及图形界面工具管理MySQL数据库。

随后，安装了PyMySQL库，并学习了如何使用Python程序访问MySQL数据库的一般流程。通过一个示例，我们连接MySQL数据库，并读取了苹果股票数据。

接下来，介绍了如何用Pandas从MySQL数据库中读取和写入数据。Pandas提供了便捷的数据库接口，可以大幅简化数据库操作。

此外，还介绍了JSON这种轻量级的数据交换格式。JSON使用JavaScript语法来表示数据对象、数组等。我们学习了JSON的编码与解码，并完成了一个将爬取的贵州茅台股票数据解码为Python字典的示例。

总体而言，本章介绍的MySQL数据库和JSON数据格式在办公自动化中数据存储功能非常关键。熟练掌握它们的操作可以大大提高程序获取和处理数据的效率。

第 6 章

办公自动化中的数据分析

在办公自动化中，数据分析扮演着重要的角色。通过对办公数据的分析，可以帮助企业和个人做出更明智的决策、发现潜在问题和优化业务流程等。以下是办公自动化中的数据分析的一些常见应用场景：

（1）销售数据分析：对销售数据进行分析可以了解销售趋势、产品表现和客户行为等信息。通过销售数据分析，可以发现销售瓶颈、制定销售策略和优化产品组合等，从而提升销售业绩。

（2）市场调研与竞争分析：通过对市场数据和竞争对手数据的分析，可以了解市场需求、竞争格局和产品定位等信息。这有助于制定市场营销策略、产品定价策略和开拓新市场等。

（3）客户数据分析：通过对客户数据的分析，可以了解客户行为、购买偏好和忠诚度等信息。这有助于进行客户细分、制定个性化营销策略、提高客户满意度和忠诚度。

（4）财务数据分析：对财务数据进行分析可以了解企业的财务状况、盈利能力和风险等信息。通过财务数据分析，可以进行财务规划、预测和风险管理等，帮助企业实现财务目标。

（5）人力资源数据分析：对人力资源数据进行分析可以了解员工离职率、绩效评估和培训需求等信息。这有助于优化人力资源管理、招聘策略和员工发展计划等。

（6）运营数据分析：对运营数据进行分析可以了解生产效率、成本控制和供应链管理等信息。通过运营数据分析，可以优化生产计划、减少成本和提高供应链效率等。

在这些应用场景中，Python 是一种强大的数据分析工具，它可以处理和分析大量的数据，并提供丰富的数据分析库（如 Pandas、NumPy、Matplotlib 等）和机器学习库（如 Scikit-learn、TensorFlow 等）。结合 ChatGPT，可以使用自然语言交互的方式与 Python 进行数据分析，使数据分析过程更加智能化、高效化，并提供对数据分析结果的解释和业务建议。

6.1 数据的统计分析方法

数据的统计分析是指对收集到的数据进行整理、汇总和分析，以获得关于数据特征和趋势的洞察和结论。数据的统计分析可以帮助我们了解数据的分布情况、中心趋势、变异程度以及可能存在的关联关系。以下是一些常用的数据统计分析方法：

(1) 描述统计分析(descriptive statistics)：描述统计分析是对数据的基本特征进行总结和描述的方法。常用的描述统计指标包括平均值、中位数、众数、标准差、范围和百分位数等，它们能够提供数据的集中趋势、分散程度和分布形态等信息。

(2) 频数分析(frequency analysis)：频数分析用于统计和展示数据中不同取值的出现频率。通过绘制频数分布表和直方图，可以直观地观察数据的分布情况，了解数据集中在哪些取值上较为集中或分散。

(3) 相关分析(correlation analysis)：相关分析用于探索数据之间的相关性。通过计算相关系数(如皮尔逊相关系数)，可以判断两个变量之间的线性关系强弱和方向。相关分析可以帮助我们了解变量之间的关联程度，为后续的预测和建模提供依据。

(4) 假设检验(hypothesis testing)：假设检验用于验证关于数据总体的假设。通过设置一个原假设和备择假设，并基于样本数据进行统计推断，可以判断原假设是否可接受或拒绝。假设检验可以帮助我们进行数据的推断和决策，例如判断两组数据是否存在显著差异。

(5) 方差分析(analysis of variance，ANOVA)：方差分析用于比较三个或更多组之间的均值差异是否显著。方差分析常用于比较不同处理组之间的效果差异，例如在实验设计和市场研究中的应用。

(6) 时间序列分析(time series analysis)：时间序列分析用于研究时间上连续观测数据的特征和趋势。通过对时间序列数据进行平稳性检验、趋势分析和季节性分解等，可以揭示数据中的周期性、趋势性和季节性规律。

以上是一些常见的数据统计分析方法，可以根据具体的数据类型和分析目的选择适合的方法。数据的统计分析可以帮助我们更好地理解数据，发现数据中的规律和趋势，为决策提供依据和支持。

6.2 描述统计分析

描述统计分析是指对数据进行总结和描述的统计方法，用于揭示数据的基本特征、分布情况和关系。它提供了对数据集中值的汇总统计，包括中心趋势、离散程度和数据分布等方面的信息。

在描述统计分析中，常用的方法包括：

1. 中心趋势度量

(1) 平均值(mean)：表示数据的平均水平，是各数据值的总和除以观测数。

(2) 中位数(median)：表示数据的中间值，将数据按大小排序后的中间值，对于偏态分布的数据有较好的代表性。

(3) 众数(mode)：表示数据中出现频率最高的值，对于分类数据或具有明显峰值的连续数据有意义。

2. 离散程度度量

(1) 标准差(standard deviation)：衡量数据值与平均值的离散程度，标准差越大，数据越分散。

(2) 方差(variance)：标准差的平方，用于衡量数据的离散程度。

(3) 范围(range)：表示数据的最大值和最小值之间的差异，用于衡量数据的波动性。

3. 数据分布

(1) 频数统计(frequency count)：计算数据中每个取值的出现次数。

(2) 百分位数(percentiles)：将数据按大小排序后，确定某个特定百分比的位置，用于描述数据的分布情况。

(3) 偏度(skewness)：衡量数据分布的偏斜程度，正偏斜表示数据右偏，负偏斜表示数据左偏。

(4) 峰度(kurtosis)：衡量数据分布的尖峰程度，正峰度表示数据分布更集中，负峰度表示数据分布更平坦。

描述统计分析可以帮助我们了解数据的基本特征，包括中心趋势、离散程度和数据分布等方面，从而对数据进行初步的探索和解读。它是数据分析的重要工具，在各个领域中都有广泛的应用。

6.2.1　在 Pandas 中常用的描述统计方法

Pandas 是一个强大的数据分析库，提供了丰富的描述统计分析方法，可以方便地对数据进行统计计算和摘要。

在 Pandas 中，常用的描述统计方法包括：

- count()：计算非缺失值的数量。
- mean()：计算平均值。
- median()：计算中位数。
- min()：计算最小值。
- max()：计算最大值。
- std()：计算标准差。
- var()：计算方差。
- sum()：计算总和。

这些方法可以直接应用于 Pandas 的 Series 对象或 DataFrame 对象，以对整列或整个数据集进行统计计算。此外，还可以通过指定 axis 参数来沿指定轴进行计算，如 axis=0 表示沿列计算，axis=1 表示沿行计算，默认是 axis=0，即沿列进行计算。

示例代码如下：

```
import pandas as pd
data = pd.DataFrame({'A': [1, 2, 3, 4, 5],
                     'B': [5, 6, 7, 8, 9]})
```

```
# 汇总统计
print(data.mean())                                  # 计算平均值
print(data.median())                                # 计算中位数
print(data.max())                                   # 计算最大值
print(data.min())                                   # 计算最小值
print(data.std())                                   # 计算标准差
print(data.sum())                                   # 计算总和
```

上述代码运行，输出结果如下：

```
A     3.0
B     7.0
dtype: float64
A     3.0
B     7.0
dtype: float64
A     5
B     9
dtype: int64
A     1
B     5
dtype: int64
A     1.581139
B     1.581139
dtype: float64
A     15
B     35
dtype: int64
```

这沿着行进行统计计算，如果按照列进行计算需要将 axis=1，具体代码如下：

```
import pandas as pd
data = pd.DataFrame({'A': [1, 2, 3, 4, 5],
                     'B': [5, 6, 7, 8, 9]})
# 沿着列进行汇总统计
print(data.mean(axis = 1))                          # 计算平均值
print(data.median(axis = 1))                        # 计算中位数
print(data.max(axis = 1))                           # 计算最大值
print(data.min(axis = 1))                           # 计算最小值
print(data.std(axis = 1))                           # 计算标准差
print(data.sum(axis = 1))                           # 计算总和
```

上述代码运行，输出结果如下：

```
0     3.0
1     4.0
2     5.0
3     6.0
4     7.0
dtype: float64
0     3.0
1     4.0
```

```
2    5.0
3    6.0
4    7.0
dtype: float64
0    5
1    6
2    7
3    8
4    9
dtype: int64
0    1
1    2
2    3
3    4
4    5
dtype: int64
0    2.828427
1    2.828427
2    2.828427
3    2.828427
4    2.828427
dtype: float64
0     6
1     8
2    10
3    12
4    14
dtype: int64
```

在Pandas中，可以使用describe()方法对数据进行汇总统计，它会计算数据的基本统计信息，包括计数、平均值、标准差、最小值、25%分位数、中位数(50%分位数)、75%分位数和最大值。

示例代码如下：

```
import pandas as pd

data = pd.DataFrame({'A': [1, 2, 3, 4, 5],
                     'B': [2, 4, 6, 8, 10],
                     'C': [10, 20, 30, 40, 50]})

summary = data.describe()
# 打印统计摘要
print(summary)
```

上述代码运行，输出结果如下：

```
              A          B          C
count  5.000000   5.000000   5.000000
mean   3.000000   6.000000  30.000000
std    1.581139   3.162278  15.811388
```

```
min     1.000000   2.000000  10.000000
25 %    2.000000   4.000000  20.000000
50 %    3.000000   6.000000  30.000000
75 %    4.000000   8.000000  40.000000
max     5.000000  10.000000  50.000000
```

6.2.2 案例1：使用描述统计方法分析贵州茅台股票数据

下面通过一个具体案例介绍如何使用描述统计方法分析股票数据。

1. 案例背景

在第3章曾经从搜狐证券网址爬取了贵州茅台股票数据，并将数据保存为"贵州茅台股票历史交易数据.csv"文件，文件内容如图6-1所示。

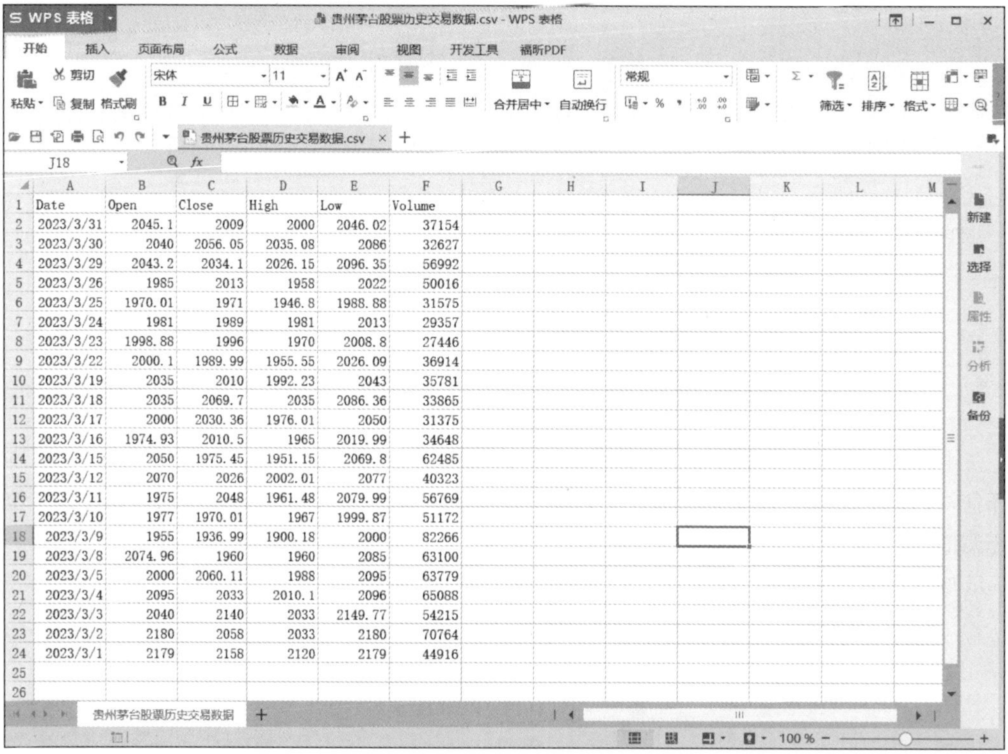

Date	Open	Close	High	Low	Volume
2023/3/31	2045.1	2009	2000	2046.02	37154
2023/3/30	2040	2056.05	2035.08	2086	32627
2023/3/29	2043.2	2034.1	2026.15	2096.35	56992
2023/3/26	1985	2013	1958	2022	50016
2023/3/25	1970.01	1971	1946.8	1988.88	31575
2023/3/24	1981	1989	1981	2013	29357
2023/3/23	1998.88	1996	1970	2008.8	27446
2023/3/22	2000.1	1989.99	1955.55	2026.09	36914
2023/3/19	2035	2010	1992.23	2043	35781
2023/3/18	2035	2069.7	2035	2086.36	33865
2023/3/17	2000	2030.36	1976.01	2050	31375
2023/3/16	1974.93	2010.5	1965	2019.99	34648
2023/3/15	2050	1975.45	1951.15	2069.8	62485
2023/3/12	2070	2026	2002.01	2077	40323
2023/3/11	1975	2048	1961.48	2079.99	56769
2023/3/10	1977	1970.01	1967	1999.87	51172
2023/3/9	1955	1936.99	1900.18	2000	82266
2023/3/8	2074.96	1960	1960	2085	63100
2023/3/5	2000	2060.11	1988	2095	63779
2023/3/4	2095	2033	2010.1	2096	65088
2023/3/3	2040	2140	2033	2149.77	54215
2023/3/2	2180	2058	2033	2180	70764
2023/3/1	2179	2158	2120	2179	44916

图6-1 "贵州茅台股票历史交易数据.csv"文件内容

在这个案例中，我们将使用描述统计方法对贵州茅台股票数据进行分析。

贵州茅台是中国一家知名的白酒生产企业，其股票在金融市场上备受关注。我们将使用贵州茅台的历史交易数据来进行统计分析，以了解股票价格的趋势和变化。

2. 数据准备

贵州茅台的股票历史交易数据已经整理为一个CSV文件，文件名为"贵州茅台股票历史交易数据.csv"。数据包括以下几个字段：

(1) Date：日期。

(2) Open：开盘价。

(3) Close：收盘价。

(4) High：最高价。

(5) Low：最低价。

(6) Volume：交易量。

我们将使用 Pandas 库来读取和处理这个 CSV 文件中的数据，并利用描述统计方法来分析贵州茅台股票的价格和交易量情况。

3. 分析目标

我们的目标是通过描述统计方法分析贵州茅台股票数据，获得以下信息：

(1) 股票价格的中心趋势：包括平均值、中位数等指标，以了解股票的价格水平。

(2) 股票价格的变异程度：包括标准差、方差等指标，以了解股票价格的波动情况。

(3) 交易量的分布情况：包括最大值、最小值、分位数等指标，以了解交易量的分布范围和集中程度。

以上的统计指标将帮助我们更好地理解贵州茅台股票的历史交易情况，并提供一些基本的数据分析结果。

具体代码如下：

```
import pandas as pd

# 读取数据文件
data = pd.read_csv("data/贵州茅台股票历史交易数据.csv")

# 计算股票价格的中心趋势
price_mean = data["Close"].mean()                                   # 平均值
price_median = data["Close"].median()                               # 中位数

# 计算股票价格的变异程度
price_std = data["Close"].std()                                     # 标准差
price_var = data["Close"].var()                                     # 方差

# 计算交易量的分布情况
volume_max = data["Volume"].max()                                   # 最大值
volume_min = data["Volume"].min()                                   # 最小值
volume_quantile = data["Volume"].quantile([0.25, 0.5, 0.75]) # 分位数

# 输出结果
print("股票价格的中心趋势:")
print("平均值:", price_mean)
print("中位数:", price_median)
print("\n股票价格的变异程度:")
print("标准差:", price_std)
print("方差:", price_var)
print("\n交易量的分布情况:")
```

```
print("最大值:", volume_max)
print("最小值:", volume_min)
print("分位数:")
print(volume_quantile)
```

上述代码运行，输出结果如下：

```
股票价格的中心趋势:
平均值: 2023.6634782608696
中位数: 2013.0

股票价格的变异程度:
标准差: 52.84031360521276
方差: 2792.098741897233

交易量的分布情况:
最大值: 82266
最小值: 27446
分位数:
0.25    34256.5
0.50    44916.0
0.75    59738.5
Name: Volume, dtype: float64
```

6.2.3 案例2：ChatGPT辅助分析跨境电商销售数据

下面通过一个具体案例介绍如何使用ChatGPT辅助分析数据并提供业务建议。跨境电商销售数据如图6-2所示。

Region	Country	Item Type	Sales Channel	Order Priority	Order Date	Order ID	Ship Date	Units Sold	Unit Price	Unit Cost	Total Revenue	Total Cost	Total Profit
Middle East and North A	Libya	Cosmetics	Offline	M	10/18/2014	686800706	10/31/2014	8446	437.2	263.33	3692591.2	2224085.18	1468506.02
North America	Canada	Vegetables	Online	M	11/7/2011	185941302	12/8/2011	3018	154.06	90.93	464953.08	274426.74	190526.34
Middle East and North A	Libya	Baby Food	Offline	C	10/31/2016	246222341	12/9/2016	1517	255.28	159.42	387259.76	241840.14	145419.62
Asia	Japan	Cereal	Offline	C	4/10/2010	161442649	5/12/2010	3322	205.7	117.11	683335.4	389039.42	294295.98
Sub-Saharan Africa	Chad	Fruits	Offline	H	8/16/2011	645713555	8/31/2011	9845	9.33	6.92	91853.85	68127.4	23726.45
Europe	Armenia	Cereal	Online	H	11/24/2014	683458888	12/28/2014	9528	205.7	117.11	1959909.6	1115824.08	844085.52
Sub-Saharan Africa	Eritrea	Cereal	Online	H	3/4/2015	679414975	4/17/2015	2844	205.7	117.11	585010.8	333060.84	251949.96
Europe	Montenegro	Clothes	Offline	M	5/17/2012	208630645	6/28/2012	7299	109.28	35.84	797634.72	261596.16	536038.56
Central America and the	Jamaica	Vegetables	Online	H	1/29/2015	266467225	3/7/2015	2428	154.06	90.93	374057.68	220778.04	153279.64
Australia and Oceania	Fiji	Vegetables	Offline	H	12/24/2013	118598544	1/19/2014	4800	154.06	90.93	739488	436464	303024
Sub-Saharan Africa	Togo	Clothes	Online	M	12/29/2015	451010930	1/19/2016	3012	109.28	35.84	329151.36	107950.08	221201.28
Europe	Montenegro	Snacks	Offline	M	2/27/2010	220003211	3/18/2010	2694	152.58	97.44	411050.52	262503.36	148547.16
Europe	Greece	Household	Online	C	11/17/2016	702186715	12/22/2016	1508	668.27	502.54	1007751.16	757830.32	249920.84
Sub-Saharan Africa	Sudan	Cosmetics	Online	C	12/20/2015	544485270	1/5/2016	4146	437.2	263.33	1812631.2	1091766.18	720865.02
Asia	Maldives	Fruits	Offline	L	1/8/2011	714135205	2/6/2011	7332	9.33	6.92	68407.56	50737.44	17670.12
Europe	Montenegro	Clothes	Offline	H	6/28/2010	448685348	7/22/2010	4820	109.28	35.84	526729.6	172748.8	353980.8
Europe	Estonia	Office Supplies	Online	H	4/25/2016	405997025	5/12/2016	2397	651.21	524.96	1560950.37	1258329.12	302621.25
North America	Greenland	Beverages	Online	M	7/27/2012	414244067	8/7/2012	2880	47.45	31.79	136656	91555.2	45100.8
Sub-Saharan Africa	Cape Verde	Clothes	Online	C	9/8/2014	821912801	10/3/2014	1117	109.28	35.84	122065.76	40033.28	82032.48
Sub-Saharan Africa	Senegal	Household	Offline	L	8/27/2012	247802054	9/8/2012	8989	668.27	502.54	6007079.03	4517332.06	1489746.97
Australia and Oceania	Federated States of	Snacks	Online	C	9/3/2012	531023156	10/15/2012	407	152.58	97.44	62100.06	39658.08	22441.98
Europe	Bulgaria	Clothes	Online	L	8/27/2010	880999934	9/16/2010	6313	109.28	35.84	689884.64	226257.92	463626.72
Middle East and North A	Algeria	Personal Care	Online	H	2/20/2011	127468717	3/9/2011	9681	81.73	56.67	791228.13	548622.27	242605.86
Asia	Mongolia	Clothes	Online	L	12/12/2015	770478332	1/24/2016	515	109.28	35.84	56279.2	18457.6	37821.6
Central America and the	Grenada	Cereal	Online	H	10/28/2012	430390107	11/13/2012	852	205.7	117.11	175256.4	99777.72	75478.68
Central America and the	Grenada	Beverages	Online	M	1/30/2017	397877871	3/20/2017	9759	47.45	31.79	463064.55	310238.61	152825.94
Sub-Saharan Africa	Senegal	Beverages	Offline	M	10/22/2014	683927953	11/4/2014	8334	47.45	31.79	395448.3	264937.86	130510.44

图6-2 跨境电商销售数据

办公人员向ChatGPT发送请求消息：

请帮我分析如下跨境电商销售数据：Region，Country，Item Type，Sales Channel，Order Priority，Order Date，Order ID，Ship Date，Units Sold，Unit Price，Unit Cost，Total

Revenue,Total Cost,Total Profit

Middle East and North Africa,Libya,Cosmetics,Offline,M,10/18/2014,686800706,10/31/2014,8446,437.20,263.33,3692591.20,2224085.18,1468506.02

North America,Canada,Vegetables,Online,M,11/7/2011,185941302,12/8/2011,3018,154.06,90.93,464953.08,274426.74,190526.34

Middle East and North Africa,Libya,Baby Food,Offline,C,10/31/2016,246222341,12/9/2016,1517,255.28,159.42,387259.76,241840.14,145419.62

Asia,Japan,Cereal,Offline,C,4/10/2010,161442649,5/12/2010,3322,205.70,117.11,683335.40,389039.42,294295.98

…

ChatGPT 回答：

根据提供的跨境电商销售数据，我进行了分析并得出以下结果：

(1) 销售地区分布：根据“Region”列的数据，销售主要集中在中东、北非和北美地区。

(2) 产品类型销售情况：根据"Item Type"列的数据，销售中的主要产品类型是化妆品、蔬菜、婴儿食品和谷类。

(3) 销售渠道：根据 Sales Channel 列的数据，销售渠道包括线下和线上。

(4) 订单优先级：根据 Order Priority 列的数据，订单的优先级主要有 M 和 C 两种。

基于以上分析结果，我可以提供一些建议：

(1) 市场扩展：考虑进一步开拓"中东和北非"和北美地区以外的市场，以增加销售机会。了解其他地区的消费者需求和偏好，并针对其特点进行市场定位和推广策略。

(2) 产品优化：重点关注化妆品、蔬菜、婴儿食品和谷类等热门产品，进一步提高它们的销售量和市场份额。了解消费者对这些产品的需求和偏好，进行产品创新和品牌宣传，提高产品竞争力。

(3) 销售渠道优化：评估线下和线上销售渠道的表现，确定哪个渠道对于您的产品更具效益。针对不同渠道的特点和消费者行为，制定相应的营销策略和推广活动，提高销售渠道的效果和回报。

(4) 订单管理和优先级：分析不同优先级订单的处理时间和利润率，确保您的订单管理流程高效，并优先处理高利润订单。优化订单处理流程、提升供应链管理能力，以提高客户满意度和订单利润。

请注意，以上建议和解释仅基于提供的部分数据，并且仅作为参考。要进行更全面和准确的分析和建议，建议使用更多的数据，并深入了解您的业务模式和市场环境。

6.3 本章总结

首先，介绍了描述统计分析的主要指标，包括中心趋势度量、离散程度度量和数据分布等。

随后，重点介绍了 Pandas 中常用的描述统计方法，比如 mean()求平均值，std()求标准差等。通过多个示例展示了这些方法的使用。

接下来，通过两个案例进行了实际的数据统计分析：

(1) 使用 Pandas 中的描述统计方法分析了贵州茅台股票的开盘价、最高价、最低价、收盘价和成交量等指标。

(2) 借助 ChatGPT 对一个跨境电商企业的销售数据进行了统计分析，包括总销售额、不同国家的销售额占比和销售额的月度变化趋势等。

通过这两个案例的分析，进一步熟悉了使用 Python 进行数据统计的方法，以及 ChatGPT 在数据分析中提供思路和帮助的效果。

总之，通过本章的学习，掌握了使用 Python 进行数据统计分析的基本技能，也为后续的预测分析和建模打下了坚实的基础。

第 7 章

办公自动化中的数据可视化

在办公自动化中，数据分析可以帮助提高决策制定、问题解决和业务优化的效率和准确性。通过合理应用数据分析技术和工具，可以更好地理解和利用数据，从而提升工作效率和业务绩效。

7.1 Python 数据可视化库

在 Python 中，有许多强大的数据可视化库可供选择。以下是一些常用的 Python 数据可视化库：

（1）Matplotlib：Matplotlib 是一个常用的 Python 数据可视化库，它提供了广泛的绘图工具和函数，用于创建各种类型的图表和可视化。

（2）Seaborn：Seaborn 是建立在 Matplotlib 之上的统计数据可视化库，它提供了更高级的图表样式和绘图函数，能够快速创建各种统计图表，如分布图、核密度图和箱线图等。Seaborn 的设计目标是让数据可视化变得更加简单和美观。

（3）Plotly：Plotly 是一个交互式数据可视化库，它提供了丰富的图表类型和可交互性功能。Plotly 支持创建动态、可缩放和可导出的图表，可以用于创建交互式的金融图表、地理空间可视化和时间序列分析等。

这些 Python 数据可视化库都有自己的特点和优势，可以根据具体的需求和个人偏好选择合适的库。无论选择哪个库，数据可视化都是数据分析和数据沟通中的重要环节，能够帮助我们更好地理解和解释数据，并有效地传达数据见解。

7.2 使用 Matplotlib 绘制图表

Matplotlib 是最常用的 Python 可视化库，它是其他图表库的基础库，提供了丰富的功能和灵活性，可以满足各种需求，本章重点介绍 Matplotlib 库。

7.2.1 安装 Matplotlib

Matplotlib 安装可以使用如下 pip 指令：

```
pip install matplotlib
```

安装过程如图 7-1 所示。

```
命令提示符

C:\Users\tony>pip install matplotlib
Collecting matplotlib
  Using cached matplotlib-3.7.1-cp311-cp311-win_amd64.whl (7.6 MB
)
Requirement already satisfied: contourpy>=1.0.1 in c:\users\tony\
appdata\local\programs\python\python311\lib\site-packages (from m
atplotlib) (1.1.0)
Requirement already satisfied: cycler>=0.10 in c:\users\tony\appd
ata\local\programs\python\python311\lib\site-packages (from matpl
otlib) (0.11.0)
Requirement already satisfied: fonttools>=4.22.0 in c:\users\tony
\appdata\local\programs\python\python311\lib\site-packages (from
matplotlib) (4.40.0)
Requirement already satisfied: kiwisolver>=1.0.1 in c:\users\tony
\appdata\local\programs\python\python311\lib\site-packages (from
matplotlib) (1.4.4)
Requirement already satisfied: numpy>=1.20 in c:\users\tony\appda
ta\local\programs\python\python311\lib\site-packages (from matplo
tlib) (1.25.0)
Requirement already satisfied: packaging>=20.0 in c:\users\tony\a
ppdata\local\programs\python\python311\lib\site-packages (from ma
tplotlib) (23.1)
Requirement already satisfied: pillow>=6.2.0 in c:\users\tony\app
data\local\programs\python\python311\lib\site-packages (from matp
lotlib) (9.5.0)
Requirement already satisfied: pyparsing>=2.3.1 in c:\users\tony\
appdata\local\programs\python\python311\lib\site-packages (from m
atplotlib) (3.1.0)
Requirement already satisfied: python-dateutil>=2.7 in c:\users\t
```

图 7-1　安装过程

7.2.2　图表基本构成要素

如图 7-2 所示是一个折线图表，其中图表有标题，图表除了有 x 轴和 y 轴坐标外，也可以为 x 轴和 y 轴添加标题，x 轴和 y 轴有默认刻度，也可以根据需要改变刻度，还可以为刻度添加标题。图表中有类似的图形时可以为其添加图例，用不同的颜色标识出它们的区别。

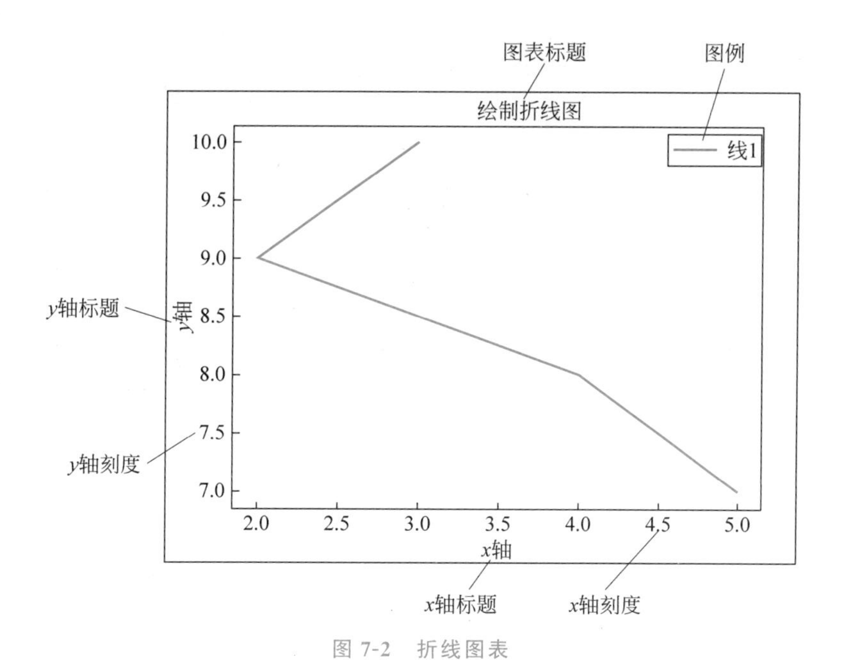

图 7-2　折线图表

7.2.3　绘制折线图

下面通过一个常用图表介绍 Matplotlib 库的使用。折线图是由线构成的，是比较简单的图表。

折线图示例代码如下：

```
import matplotlib.pyplot as plt
plt.rcParams['font.family'] = ['SimHei']                # 设置中文字体
plt.rcParams['axes.unicode_minus'] = False              # 设置负号显示
x = [-5, -4, 2, 1]                                      # x 轴坐标数据          ①
y = [7, 8, 9, 10]                                       # y 轴坐标数据          ②
# 绘制线段
plt.plot(x, y, 'b', label = '线 1', linewidth = 2)                              ③
plt.title('绘制折线图')                                  # 添加图表标题
plt.ylabel('y 轴')                                       # 添加 y 轴标题
plt.xlabel('x 轴')                                       # 添加 x 轴标题
plt.legend()                                            # 设置图例
# 以分辨率 72 来保存图片
plt.savefig('折线图', dpi = 72)                                                 ④

plt.show()                                              # 显示图形              ⑤
```

运行上述代码，会生成图片如图 7-3 所示。

代码解释如下：

- 代码第①行定义了 x 轴的坐标数据，即[−5，−4，2，1]。
- 代码第②行定义了 y 轴的坐标数据，即[7，8，9，10]。

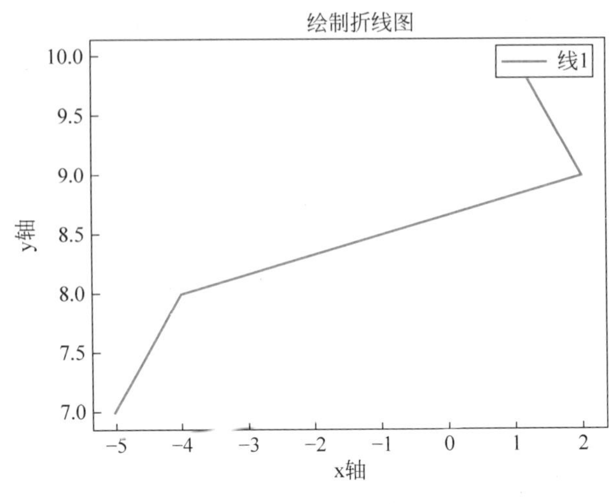

图 7-3　程序运行结果

- 代码第③行使用 plot()函数绘制折线图。'b'表示蓝色线条，label 用于指定图例标签，linewidth 设置线条的宽度。
- 代码第④行保存图形为名为“折线图”的文件，保存的分辨率为 72dpi。
- 代码第⑤行显示绘制的图形。

7.2.4　绘制柱状图

下面我们介绍如何使用 Matplotlib 绘制柱状图，示例代码如下：

```
import matplotlib.pyplot as plt
plt.rcParams['font.family'] = ['SimHei']                    # 设置中文字体
plt.rcParams['axes.unicode_minus'] = False                  # 设置负号显示

x1 = [1, 3, 5, 7, 9]                                        # x1 轴坐标数据
y1 = [5, 2, 7, 8, 2]                                        # y1 轴坐标数据

x2 = [2, 4, 6, 8, 10]                                       # x2 轴坐标数据
y2 = [8, 6, 2, 5, 6]                                        # y2 轴坐标数据

# 绘制柱状图
plt.bar(x1, y1, label = '柱状图 1')                            ①
plt.bar(x2, y2, label = '柱状图 2')                            ②
plt.title('绘制柱状图')                                        # 添加图表标题

plt.ylabel('y 轴')                                             # 添加 y 轴标题
plt.xlabel('x 轴')                                             # 添加 x 轴标题

plt.legend()                                                   # 设置图例
plt.show()
```

运行上述代码，绘制的柱状图如图 7-4 所示。

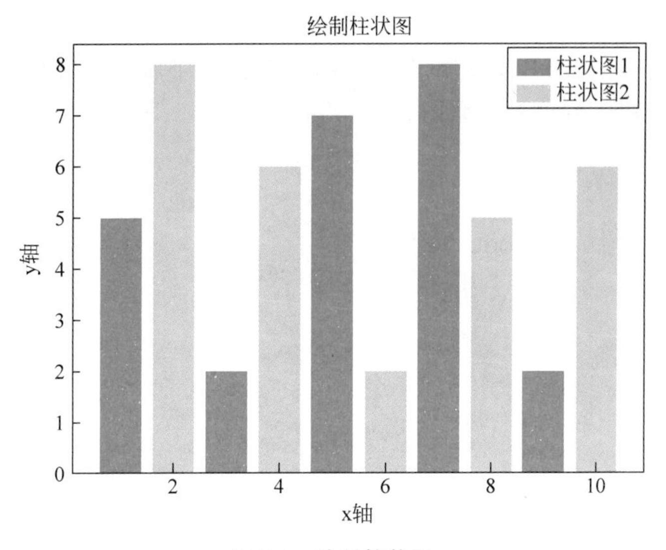

图 7-4 绘制柱状图

上述代码绘制了具有两种不同图例的柱状图。代码第①行和第②行通过 bar()函数绘制柱状图。

7.2.5 绘制饼状图

饼状图用来展示各分项在总和中的比例。饼状图有点特殊,它没有坐标。绘制饼状图代码示例如下：

```
import matplotlib.pyplot as plt
plt.rcParams['font.family'] = ['SimHei']                    # 设置中文字体
# 股票投资组合数据
portfolio = {
    'AAPL': 30,                                             # 苹果公司占比 30%
    'GOOGL': 20,                                            # 谷歌公司占比 20%
    'AMZN': 25,                                             # 亚马逊公司占比 25%
    'MSFT': 15,                                             # 微软公司占比 15%
    'FB': 10                                                # Facebook 公司占比 10%
}

# 提取数据和标签
stocks = list(portfolio.keys())                                ①
weights = list(portfolio.values())                             ②

# 绘制饼状图
plt.pie(weights, labels = stocks, autopct = '%1.1f%%')         ③

# 设置图表标题
plt.title('股票投资组合')

# 显示图形
```

```
plt.show()
```

上述代码使用 matplotlib 库绘制了一个饼状图，展示了股票投资组合中不同股票的比例关系。运行上述代码，绘制的饼状图如图 7-5 所示。

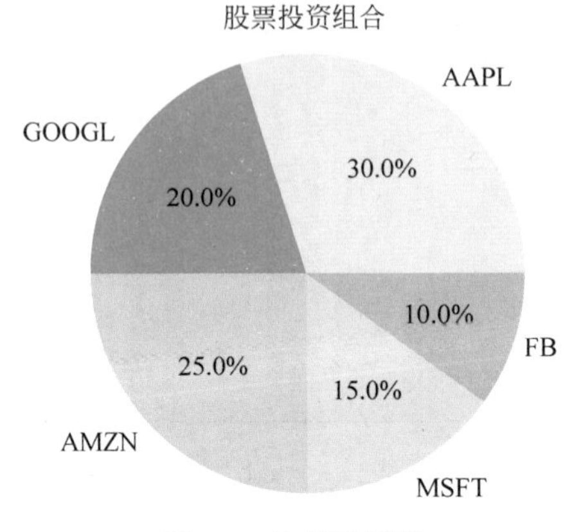

图 7-5　绘制饼状图

代码解释如下：

- 代码第①行将股票投资组合字典中的键（股票名称）提取为一个列表，即 list(portfolio.keys())。
- 代码第②行将股票投资组合字典中的值（占比）提取为一个列表，即 list(portfolio.values())。
- 代码第③行使用 plt.pie()函数绘制饼状图，传入占比数据(weights)和标签(stocks)，并使用 autopct 参数设置百分比的显示格式，其中%.1f%%是格式化字符串，%.1f 表示保留一位小数，%%显示一个百分号"%"。

7.2.6　绘制散点图

绘制散点图是一种常用的数据可视化方法，用于显示两个变量之间的关系。在 matplotlib 中，可以使用 plt.scatter()函数绘制散点图。绘制散点图代码示例如下：

```
import matplotlib.pyplot as plt
plt.rcParams['font.family'] = ['SimHei']                # 设置中文字体
plt.rcParams['axes.unicode_minus'] = False              # 设置负号显示

# 股票数据
closing_prices = [100, 110, 120, 115, 105]              # 收盘价数据
volume = [1000, 1500, 2000, 1800, 1200]                 # 成交量数据

# 绘制散点图
plt.scatter(closing_prices, volume)

# 设置图表标题和轴标签
plt.title('股票收盘价与成交量关系')
```

```
plt.xlabel('收盘价')
plt.ylabel('成交量')

# 显示图形
plt.show()
```

上述代码定义了两个变量 closing_prices 和 volume，分别表示股票的收盘价和成交量数据。然后，使用 plt.scatter()函数绘制散点图，并传入收盘价和成交量的数据。接下来，使用 plt.title()、plt.xlabel()和 plt.ylabel()函数分别设置图表标题、x 轴标签和 y 轴标签。最后，使用 plt.show()显示图形。

运行上述代码，绘制的散点图如图 7-6 所示。

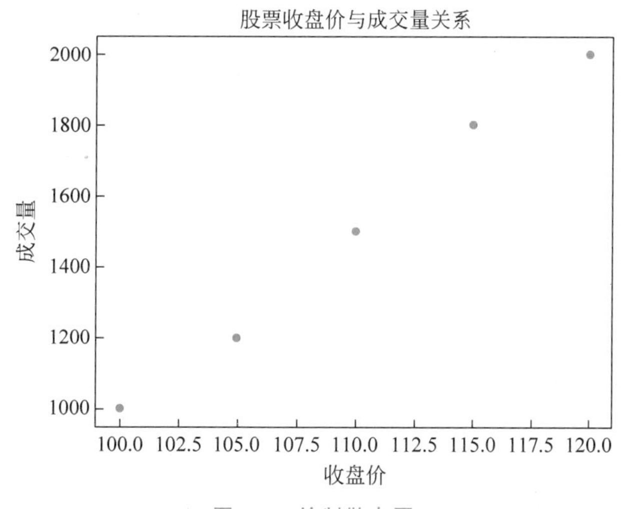

图 7-6　绘制散点图

7.2.7　绘制子图表

在一个画布中可以绘制多个子图表，设置子图表的位置函数是 subplot()，subplot()函数语法如下：

```
subplot(nrows, ncols, index, **kwargs)
```

其中，参数 nrows 是设置的总行数；参数 ncols 是设置的总列数；index 是要绘制的子图的位置，index 从 1 开始到 nrows × ncols 结束。注意，形如 subplot(2, 2,1)的函数也可以表示为 subplot(221)。

图 7-7 所示是 2×2 的子图表布局。

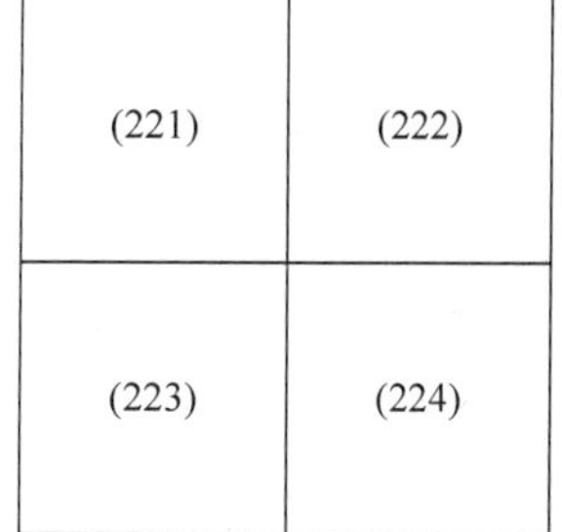

图 7-7　2×2 的子图表布局

子图表示例如下：

```
import matplotlib.pyplot as plt
import numpy as np
```

```
plt.rcParams['font.family'] = ['SimHei']                    # 设置中文字体
plt.rcParams['axes.unicode_minus'] = False                  # 设置负号显示

# 绘制柱状图
def drowsubbar():

    x1 = [1, 3, 5, 7, 9]                                    # x1 轴坐标数据
    y1 = [5, 2, 7, 8, 2]                                    # y1 轴坐标数据

    x2 = [2, 4, 6, 8, 10]                                   # x2 轴坐标数据
    y2 = [8, 6, 2, 5, 6]                                    # y2 轴坐标数据

    # 绘制柱状图
    plt.bar(x1, y1, label = '柱状图 1')
    plt.bar(x2, y2, label = '柱状图 2')

    plt.title('绘制柱状图')                                  # 添加图表标题

    plt.ylabel('y 轴')                                      # 添加 y 轴标题
    plt.xlabel('x 轴')                                      # 添加 x 轴标题

# 绘制饼状图
def drowsubpie():
    # 各种活动标题列表
    activies = ['工作', '睡', '吃', '玩']
    # 各种活动所占时间列表
    slices = [8, 7, 3, 6]
    # 各种活动在饼状图中的颜色列表
    cols = ['c', 'm', 'r', 'b']

    plt.pie(slices, labels = activies, colors = cols,
            shadow = True, explode = (0, 0.1, 0, 0), autopct = '%.1f%%')

    plt.title('绘制饼状图')

# 绘制折线图
def drowsubline():

    x = [5, 4, 2, 1]                                        # x 轴坐标数据
    y = [7, 8, 9, 10]                                       # y 轴坐标数据

    # 绘制线段
    plt.plot(x, y, 'b', label = '线 1', linewidth = 2)

    plt.title('绘制折线图')                                  # 添加图表标题

    plt.ylabel('y 轴')                                      # 添加 y 轴标题
```

```
    plt.xlabel('x 轴')                                    # 添加 x 轴标题

    plt.legend()                                          # 设置图例

# 绘制散点图
def drowssubscatter():

    n = 1024
    x = np.random.normal(0, 1, n)
    y = np.random.normal(0, 1, n)

    plt.scatter(x, y)

    plt.title('绘制散点图')

plt.subplot(2, 2, 1)                                      # 替换(221)          ①
drowsubbar()                                                                   ②

plt.subplot(2, 2, 2)                                      # 替换(222)
drowsubpie()

plt.subplot(2, 2, 3)                                      # 替换(223)
drowsubline()

plt.subplot(2, 2, 4)                                      # 替换(224)
drowssubscatter()

plt.tight_layout()                                        # 调整布局           ③
plt.show()
```

运行上述代码，绘制的子图如图 7-8 所示。

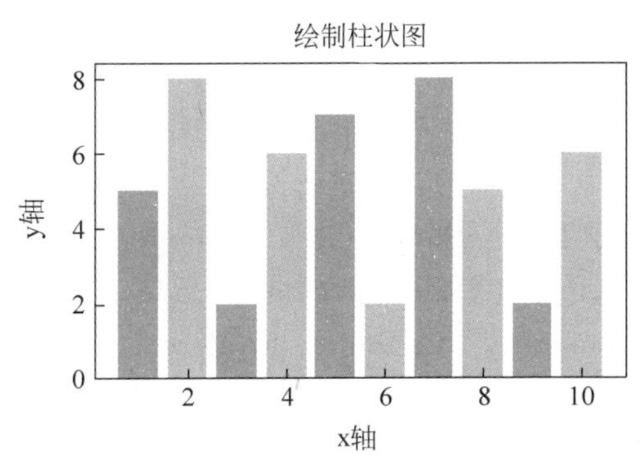

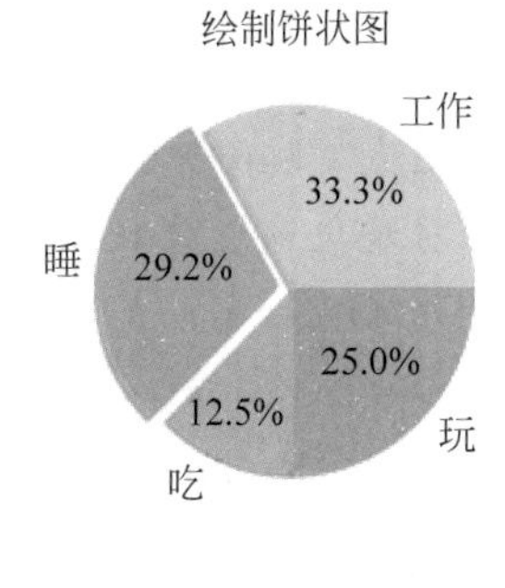

图 7-8　绘制子图

代码解释如下：

- 代码第①行调用 plt.subplot(2，2，1)函数设置要绘制的子图表的位置。
- 代码第②行调用自定义函数 drowsubbar()绘制柱状图。
- 代码第③行调整各个图表布局，使其都能正常显示，否则会出现子图表之间部分重

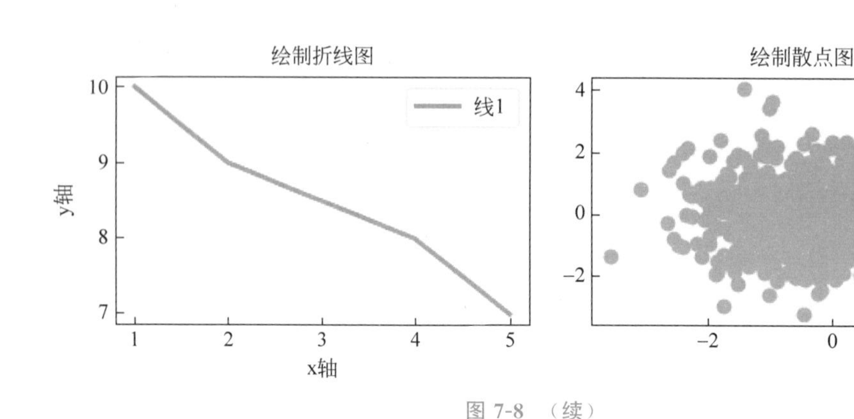

图 7-8 （续）

叠现象。

7.3 利用 ChatGPT 办公自动化数据可视化

在办公自动化场景下，数据可视化可以应用在多种报表和分析中，主要目的是能够更直观地展示数据洞察，辅助业务决策。

ChatGPT 可以帮助提供有关数据的洞察力和分析，但对于复杂的数据分析和可视化任务，专业的数据分析工具和库可能更适合。ChatGPT 可以作为一个辅助工具，帮助解决一些简单的数据分析和可视化问题。

7.3.1 示例 1：使用 ChatGPT 分析数据结构

为了实现数据的可视化，可以先分析一下数据结构，本示例使用的是跨境电商销售数据，文件内容读者可以参考图 6-2 所示。

下面利用 ChatGPT 对该数据结构进行分析。

办公人员向 ChatGPT 发送请求消息：

有如下跨境电商销售数据样本数据，帮我对数据的结构进行分析：

Row ID　Order ID　Order Date　Ship Date　Ship Mode　Customer ID　Customer Name　Segment　Country　City　State　Postal Code　Region　Product ID　Category　Sub-Category　Product Name　Sales　Quantity　Discount　Profit

1　CA-2016-152156　2016/11/8　2016/11/11　Second Class　CG-12520　Claire Gute　Consumer　United States　Henderson　Kentucky　42420　South

FUR-BO-10001798　Furniture　Bookcases　Bush Somerset Collection Bookcase 261.96　2　0　41.9136

2　CA-2016-152156　2016/11/8　2016/11/11　Second Class　CG-12520　Claire Gute　Consumer　United States　Henderson　Kentucky　42420　South

FUR-CH-10000454　Furniture　Chairs　Hon Deluxe Fabric Upholstered Stacking

Chairs，Rounded Back 731.94 3 0 219.582

ChatGPT 回答：

根据给出的样本数据，以下是对数据结构的分析：

(1) 列名(字段名)：数据中列出了多个列名，包括 Region、Country、Item Type、Sales Channel、Order Priority、Order Date、Order ID、Ship Date、Units Sold、Unit Price、Unit Cost、Total Revenue、Total Cost 和 Total Profit。

(2) 数据类型：可以根据列的内容推断出每个列的数据类型。例如，Region 和 Country 可能是字符串类型，Item Type 和 Sales Channel 可能也是字符串类型，Order Priority 可能是一个表示优先级的字符或字符串，Order Date 和 Ship Date 可能是日期或字符串类型，Units Sold、Unit Price、Unit Cost、Total Revenue、Total Cost 和 Total Profit 可能是数值类型。

(3) 数据记录：样本数据包含了两个数据记录。每个记录对应一次销售交易，其中包括了销售区域、国家、物品类型、销售渠道、订单优先级、订单日期、订单 ID、发货日期、销售数量、单价、单位成本、总收入、总成本和总利润等信息。

(4) 数据的层次结构：数据的最高层次是整个数据集，每个数据记录表示一个单独的销售交易。

(5) 数据间的关联：数据中的一些列可能存在关联关系。例如，Region 和 Country 可以通过国家与地区之间的关系相互关联，Order ID 可以用于唯一标识每个订单。

基于以上分析，你可以进一步探索和分析这些数据。你可以使用适当的数据分析工具和库来加载、处理和可视化这些数据，以获得更深入的见解和洞察力。

获得数据集都是英文，办公人员可以借助于 ChatGPT 翻译为中文。

办公人员向 ChatGPT 发送请求消息：

有如下跨境电商销售数据样本数据，帮我将如下数据翻译为中文：

Row ID Order ID Order Date Ship Date Ship Mode Customer ID Customer Name Segment Country City State Postal Code Region Product ID Category Sub-Category Product Name Sales Quantity Discount Profit

1 CA-2016-152156 2016/11/8 2016/11/11 Second Class CG-12520 Claire Gute Consumer United States Henderson Kentucky 42420 South

FUR-BO-10001798 Furniture Bookcases Bush Somerset Collection Bookcase 261.96 2 0 41.9136

2 CA-2016-152156 2016/11/8 2016/11/11 Second Class CG-12520 Claire Gute Consumer United States Henderson Kentucky 42420 South

FUR-CH-10000454 Furniture Chairs Hon Deluxe Fabric Upholstered Stacking Chairs，Rounded Back 731.94 3 0 219.582

ChatGPT 回答：

有如下跨境电商销售数据样本数据，帮我将如下数据翻译为中文：

Region,Country,Item Type,Sales Channel,Order Priority,Order Date,Order ID,Ship Date,Units Sold,Unit Price,Unit Cost,Total Revenue,Total Cost,Total Profit

Middle East and North Africa,Libya,Cosmetics,Offline,M,10/18/2014,686800706,10/31/2014,8446,437.20,263.33,3692591.20,2224085.18,1468506.02

North America,Canada,Vegetables,Online,M,11/7/2011,185941302,12/8/2011,3018,154.06,90.93,464953.08,274426.74,190526.34

ChatGPT 回答：

地区,国家,物品类型,销售渠道,订单优先级,订单日期,订单编号,发货日期,销售数量,单价,单位成本,总收入,总成本,总利润

中东和北非,利比亚,化妆品,线下,M,2014/10/18,686800706,2014/10/31,8446,437.20,263.33,3692591.20,2224085.18,1468506.02

北美洲,加拿大,蔬菜,在线,M,2011/11/7,185941302,2011/12/8,3018,154.06,90.93,464953.08,274426.74,190526.34

7.3.2 示例2：根据地区和时间展示销量的柱状图

根据地区和时间展示销量的柱状图可以获得地区和时间维度下的销量情况。以下是示例代码，使用 Python 的 Matplotlib 库来生成柱状图：

```
import pandas as pd
import matplotlib.pyplot as plt

plt.rcParams['font.family'] = ['SimHei']
plt.rcParams['axes.unicode_minus'] = False

data = pd.read_csv('data/1000 条跨境电商销售数据.csv')                    ①
data['Order Date'] = pd.to_datetime(data['Order Date'])                ②

fig = plt.figure(figsize=(10, 6))                                      ③
ax = fig.gca()

data.groupby(['Region', data['Order Date'].dt.year])['Units Sold'].sum().unstack().plot(kind
= 'bar', ax=ax)                                                         ④

plt.xlabel('地区')
plt.ylabel('销量')
plt.title('不同地区的销量')

plt.tight_layout()
plt.show()
```

运行上述代码，绘制的销量柱状图如图 7-9 所示。

代码解释如下：

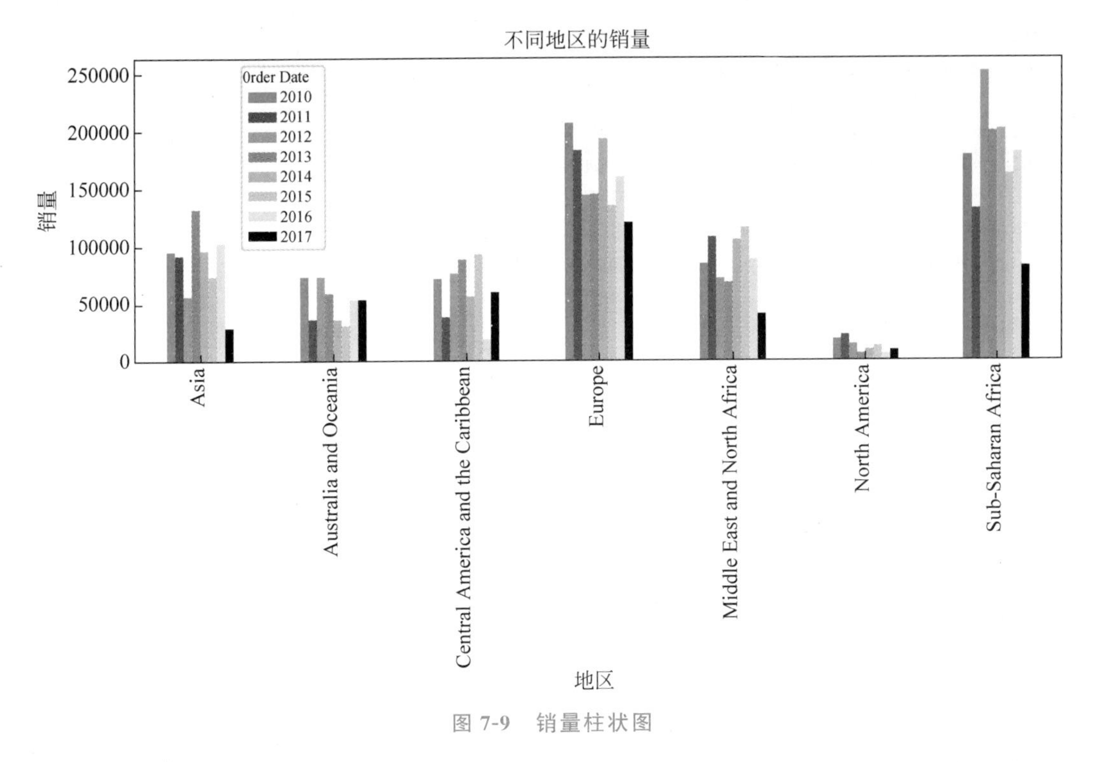

图 7-9 销量柱状图

- 代码第①行使用 pd.read_csv 函数读取 CSV 文件，并将数据加载到一个名为 data 的 DataFrame 中。
- 代码第②行将 data DataFrame 中的'Order Date'列的数据类型转换为日期时间类型，以便后续对日期进行处理和分组。
- 代码第③行代码创建了一个名为 fig 的 Figure 对象，并通过设置 figsize 参数指定了图形窗口的大小为宽度 10 英寸，高度 6 英寸。
- 代码第④行使用 data.groupby(['Region', data['Order Date'].dt.year])['Units Sold'].sum().unstack().plot(kind='bar', ax=ax)来进行数据分组和绘制柱状图。首先，对数据按照'Region'和年份进行分组，并计算每个地区每年的销量总和。然后，使用 unstack 函数将年份作为列，地区作为行，创建一个新的 DataFrame，其中每列代表一个年份，每行代表一个地区，值为销量总和。最后，使用 plot(kind='bar', ax=ax)将这个 DataFrame 绘制成柱状图，并将图形绘制在之前创建的 ax 对象上。

从图 7-9 可见 x 轴的地区存在一些问题：

(1) 英文，不方便观察。

(2) 文字太长，不便于显示。

由于这些数据来自“1000 条跨境电商销售数据.csv”文件，文件中的数据量很大，读者不可能全部将数据翻译，所以可以考虑在代码中建立一个翻译表。

修改代码如下：

```
import pandas as pd
import matplotlib.pyplot as plt

plt.rcParams['font.family'] = ['SimHei']
plt.rcParams['axes.unicode_minus'] = False

data = pd.read_csv('data/1000 条跨境电商销售数据.csv')
data['Order Date'] = pd.to_datetime(data['Order Date'])

fig = plt.figure(figsize=(10, 6))
ax = fig.gca()

sales_by_region = data.groupby(['Region', data['Order Date'].dt.year])['Units Sold'].sum().
unstack()
sales_by_region.plot(kind='bar', ax=ax)

# 地区名称的中英文对应字典
# 自定义地区名称的翻译字典
region_translation = {                                                        ①
    'Middle East and North Africa': '北非',
    'North America': '北美洲',
    'Asia': '亚洲',
    'Sub-Saharan Africa': '南非洲',
    'Europe': '欧洲',
    'Central America and the Caribbean': '中美洲',
    'Australia and Oceania': '大洋洲'
    # 添加更多地区的翻译
}

# 获取当前的 x 轴刻度标签
x_labels = ax.get_xticklabels()

# 替换刻度标签为中文名称
for label in x_labels:
    label.set_text(region_translation[label.get_text()])                    ②

ax.set_xticklabels(x_labels)

plt.xlabel('地区')
plt.ylabel('销量')
plt.title('不同地区的销量')

plt.tight_layout()
plt.show()
```

运行上述代码，绘制的销量柱状图如图 7-10 所示。

代码解释如下：

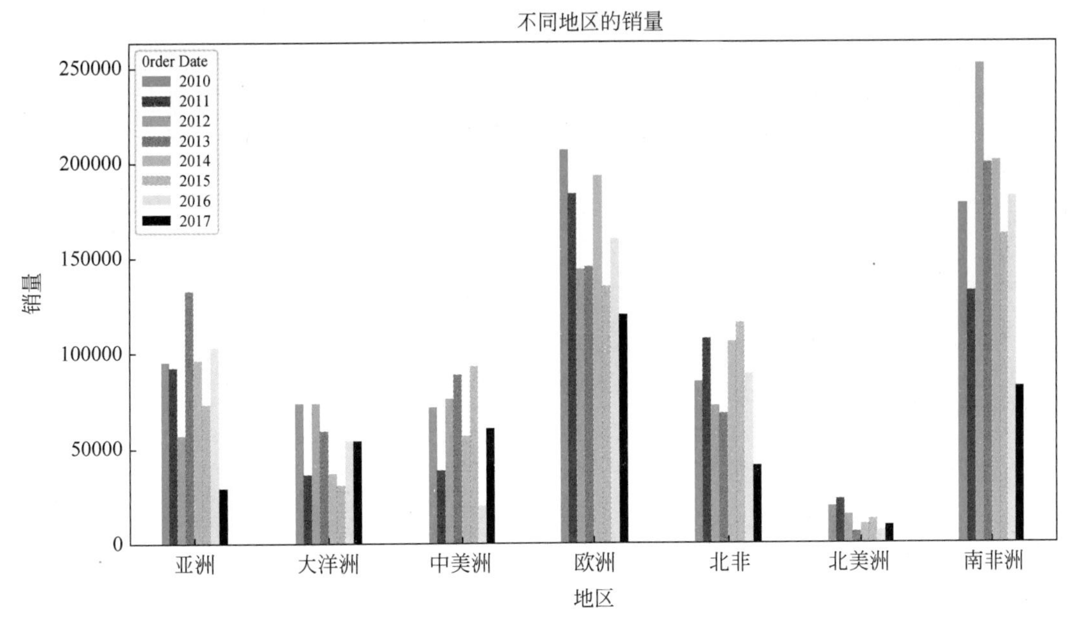

图 7-10 修改后的销量柱状图

- 代码第①行定义了地区名称的中英文对应字典 region_translation,将地区名称进行翻译。
- 代码第②行在替换刻度标签的循环中,通过 region_translation 字典获取对应的中文名称,并将其设置为刻度标签的文本。

7.3.3 示例 3:根据产品类型展示销售占比的饼图

根据时间展示销售趋势的折线图可以帮助我们了解销售额随着时间的变化趋势。以下是示例代码,使用 Python 的 Matplotlib 库来生成折线图:

```
import pandas as pd
import matplotlib.pyplot as plt

plt.rcParams['font.family'] = ['SimHei']                # 设置中文字体
plt.rcParams['axes.unicode_minus'] = False              # 设置负号显示
plt.rcParams['font.size'] = 13

# 读取 CSV 文件
data = pd.read_csv('data/1000 条跨境电商销售数据.csv')

fig = plt.figure(figsize = (10, 6))
ax = fig.gca()

# 根据产品类型展示销售占比的饼图
```

```
category_sales = data.groupby('Item Type')['Units Sold'].sum()        ①
category_sales.plot(kind='pie', autopct='%1.1f%%')                    ②
plt.ylabel('')
plt.title('不同产品类型的销售占比')
plt.show()
```

```
import pandas as pd
import matplotlib.pyplot as plt

plt.rcParams['font.family'] = ['SimHei']
plt.rcParams['axes.unicode_minus'] = False

data = pd.read_csv('data/1000 条跨境电商销售数据.csv')                  ①
data['Order Date'] = pd.to_datetime(data['Order Date'])                ②

fig = plt.figure(figsize=(10, 6))                                      ③
ax = fig.gca()

data.groupby(['Region', data['Order Date'].dt.year])['Units Sold'].sum().unstack().plot(kind
='bar', ax=ax)                                                         ④

plt.xlabel('地区')
plt.ylabel('销量')
plt.title('不同地区的销量')

plt.tight_layout()
plt.show()
```

运行上述代码，绘制的不同产品类型的销售占比饼图如图7-11所示。

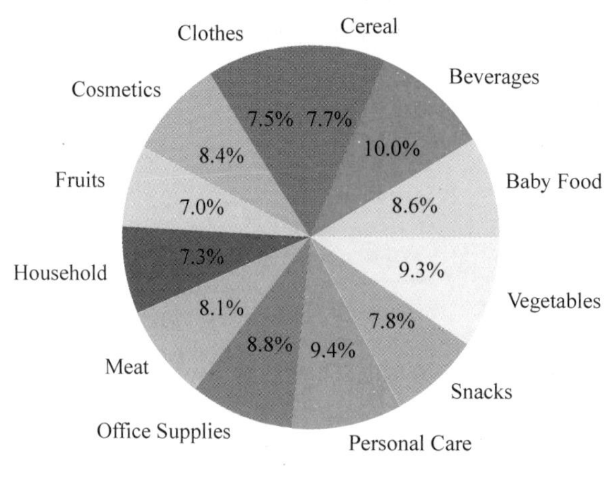

图7-11　不同产品类型的销售占比饼图

代码解释如下：

- 上述代码第①行中使用 groupby 函数按照产品类型（"产品类型"列）对销售数量（"Units Sold"列）进行求和，得到每个产品类型的销售总量。
- 代码第②行使用 plot 函数绘制饼图，设置显示百分比的格式为'%1.1f%%'。

从图 7-11 可见产品类型也都是英文，同样可以建立一个翻译表。

修改代码如下：

```
import pandas as pd
import matplotlib.pyplot as plt

plt.rcParams['font.family'] = ['SimHei']                    # 设置中文字体
plt.rcParams['axes.unicode_minus'] = False                  # 设置负号显示
plt.rcParams['font.size'] = 13

# 读取 CSV 文件
data = pd.read_csv('data/1000 条跨境电商销售数据.csv')

# 产品类型的英文对应中文翻译字典
category_translation = {
    'Baby Food': '婴儿食品',
    'Beverages': '饮料',
    'Cereal': '谷类食品',
    'Clothes': '服装',
    'Cosmetics': '化妆品',
    'Fruits': '水果',
    'Household': '家居用品',
    'Meat': '肉类',
    'Office Supplies': '办公用品',
    'Personal Care': '个人护理品',
    'Snacks': '零食',
    'Vegetables': '蔬菜'
}

# 将产品类型英文转换为中文
data['产品类型'] = data['Item Type'].map(category_translation)

# 根据产品类型展示销售占比的饼图
category_sales = data.groupby('产品类型')['Units Sold'].sum()

# 绘制饼图
plt.pie(category_sales, labels = category_sales.index, autopct = '%1.1f%%')

# 设置图表标题
plt.title('不同产品类型的销售占比')

# 显示饼图
plt.show()
```

运行上述代码，绘制的不同产品类型的销售占比饼图如图 7-12 所示。

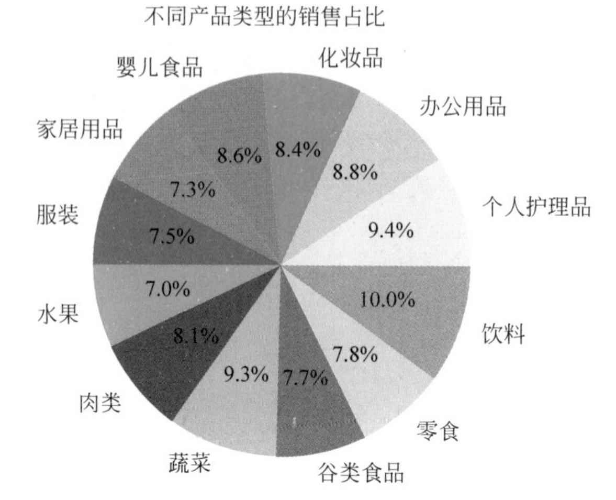

图 7-12　修改后的不同产品类型的销售占比饼图

7.3.4　示例 4：销售渠道销售占比饼图

以下是根据销售渠道展示销售占比的饼图的示例代码：

```
import pandas as pd
import matplotlib.pyplot as plt

plt.rcParams['font.family'] = ['SimHei']                    # 设置中文字体
plt.rcParams['axes.unicode_minus'] = False                  # 设置负号显示

# 读取 CSV 文件
data = pd.read_csv('data/1000 条跨境电商销售数据.csv')
#
# 销售渠道销售占比饼图
channel_sales = data.groupby('Sales Channel')['Total Revenue'].sum()
channel_sales.plot(kind = 'pie', autopct = '%1.1f%%', startangle = 90, title = '销售渠道销售
占比')
plt.axis('equal')
plt.show()
```

运行上述代码，绘制的销售渠道销售占比饼图如图 7-13 所示。

7.3.5　示例 5：根据时间展示销售趋势的折线图

根据时间展示销售趋势的折线图可以帮助我们了解销售额随着时间的变化趋势。以下是示例代码，使用 Python 的 Matplotlib 库来生成折线图：

```
import pandas as pd
import matplotlib.pyplot as plt

plt.rcParams['font.family'] = ['SimHei']                    # 设置中文字体
plt.rcParams['axes.unicode_minus'] = False                  # 设置负号显示
```

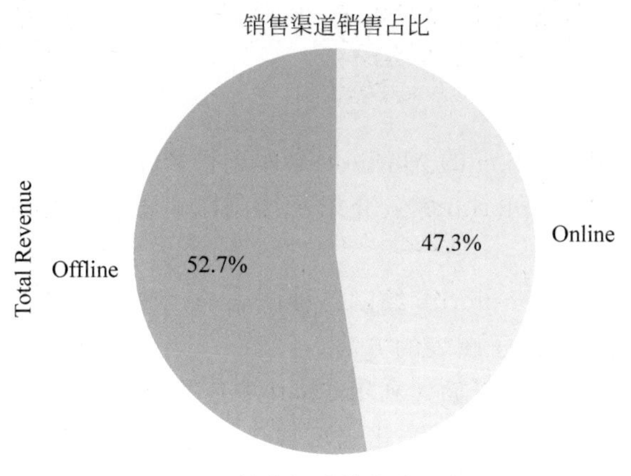

图 7-13　销售渠道销售占比饼图

```
# 读取 CSV 文件
data = pd.read_csv('data/1000 条跨境电商销售数据.csv')

fig = plt.figure(figsize=(10, 6))
ax = fig.gca()

# 销售趋势折线图
data['Order Date'] = pd.to_datetime(data['Order Date'])
monthly_sales = data.groupby(data['Order Date'].dt.to_period('M'))['Total Revenue'].sum()
monthly_sales.plot(kind='line', marker='o', xlabel='日期', ylabel='销售额', title='销售
趋势')
plt.show()
```

运行上述代码,绘制的销售趋势的折线图如图 7-14 所示。

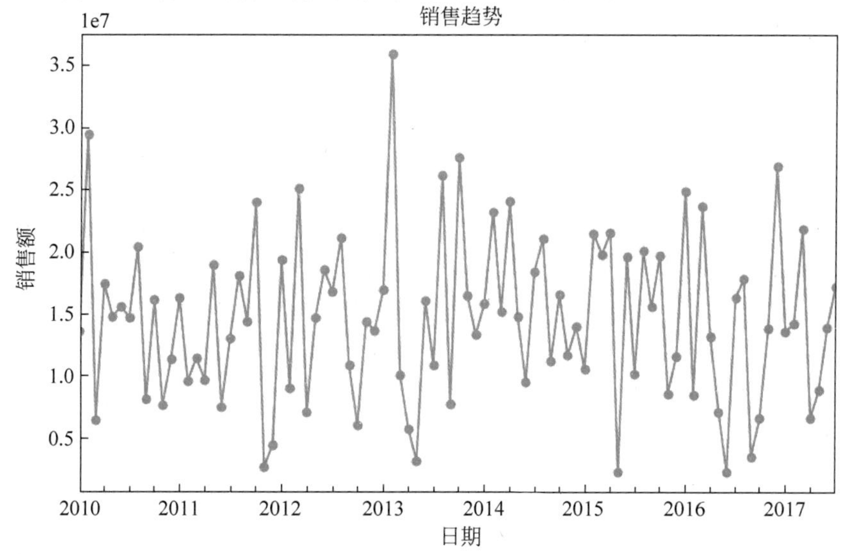

图 7-14　销售趋势的折线图

7.4 本章总结

本章主要介绍了使用 Python 的 Matplotlib 库进行数据可视化的方法。

首先，安装并导入了 Matplotlib 库。介绍了绘制图表的基本构成要素，如图例、标题和坐标轴等。

随后，详细讲解了使用 Matplotlib 绘制各种图表的代码示例，包括折线图、柱状图、饼图和散点图等。同时介绍了绘制子图表的方法。

接下来，通过多个实例展示了如何利用 ChatGPT 进行数据可视化分析：

(1) 使用 ChatGPT 分析数据结构，指出可视化的维度。

(2) 根据 ChatGPT 提供的思路，绘制了地区和时间为维度的销量柱状图。

(3) 绘制了按产品类型展示销售占比的饼图。

(4) 绘制了销售渠道占比的饼图。

(5) 最后，绘制了时间序列的销售趋势折线图。

通过与 ChatGPT 的互动，可以事半功倍地完成数据可视化分析。

总体上，通过学习 Matplotlib 的用法，并辅助 ChatGPT，掌握了使用 Python 进行数据可视化的基本技能。这为后续的数据分析、模型诊断和结果展示提供了重要支持。

第 8 章

ChatGPT 辅助 Excel 自动化

ChatGPT 是一个基于自然语言处理的语言模型，可以作为一个辅助工具，帮助实现 Excel 自动化的目标。在本章中，将探讨如何结合 ChatGPT 与 Excel 来提高数据处理和分析的效率。

8.1 xlwings 库实现 Excel 自动化

对于访问存储在 Excel 文件中的数据，办公人员可以使用多个 Python 库，如 xlrd/xlwt、openpyxl、xlwings 和 pywin32 等。其中，xlwings 库是一种简单而强大的选择。它具有以下优点：

(1) 可以调用 VBA 中的宏函数，实现复杂的 Excel 操作。

(2) 在 VBA 中也可以调用 Python 模块函数，实现 Excel 和 Python 的混合编程。

(3) 提供了丰富的接口，方便与 Pandas、NumPy 和 Matplotlib 等库进行集成。

(4) 在批量处理数据时具有高效性能。

xlwings 安装可以使用如下 pip 指令：

```
pip install xlwings
```

8.1.1 xlwings 库中对象层次关系

使用 xlwings 库首先需要了解使用 xlwings 库中对象层次结构，图 8-1 所示的是 xlwings 库中对象层次关系。从图中可见 App 是 Excel 应用程序对象，我们可以通过 App 对象打开、关闭和保存 Excel 程序文件。一个 App 对象可以包含多个 Book 对象，Book 就是工作簿对象。一个 Excel 文件就是一个工作簿 Book 对象。一个 Book 对象可以包含多 Sheet 工作表对象。一个 Sheet 对象中又可以包含多个单元格区域 Range 对象。

8.1.2 示例 1：打开 Excel 文件读取单元格数据

安装完成后，开发人员就可以使用 xlwings 库来访问和操作 Excel 文件中的数据了。

在这个例子中，将使用 xlwings 库来打开一个名为“学生信息.xlsx”的 Excel 文件，并读

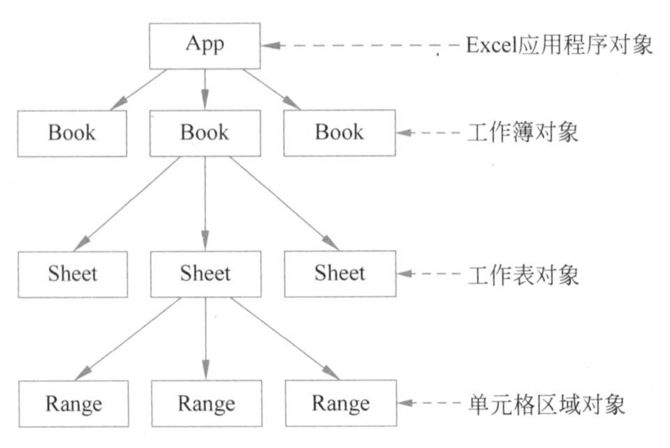

图 8-1　xlwings 库对象层次关系

取其中的 B2 单元格内容。"学生信息.xlsx"文件内容如图 8-2 所示。

学生信息.xlsx - Excel

B2　张三

	A	B	C	D	E	F	G
1	学号	姓名	生日	年龄	成绩	年级	
2	100122014	张三	31/12/1999	21	85	一年级	
3	100232015	李四	1-12-1999	200	60	三年级	
4	100122012	王五	2019-02-06	24	100	3年级	
5	100342013	董六	2019-02-07	23	300	1年级	
6		赵八	2019-02-09	23	-10	7年级	
7	100232015	周五	2020-01-20	27		9年纪	
8							

Sheet1　130%

图 8-2　学生信息.xlsx 文件内容

示例代码如下：

```
import xlwings as xw                                          ①

# 设置程序不可见运行
app = xw.App(visible = False, add_book = False)               ②
f = r'data/学生信息.xlsx'                                       ③
# 打开 Excel 文件返回一个工作簿对象
wb = app.books.open(f)

# 通过工作表名返回工作表对象
```

```
sheet1 = wb.sheets['Sheet1']                                    ④
# 通过工作表索引返回工作表对象
sheet2 = wb.sheets[0]
# 返回活动工作表对象
sheet3 = wb.sheets.active                                       ⑤
# 返回单元格 B2 对象
rng = sheet1.range('B2')                                        ⑥
# 打印单元格 B2 内容
print('单元格 B2:', rng.value)
# 返回单元格 B2 对象
rng = sheet1.range((2, 2))                                      ⑦
print('单元格 B2:', rng.value)

# 返回表头
rng = sheet1.range('a1:f1')                                     ⑧
print('返回表头:', rng.value)
# 返回姓名列
rng = sheet1.range('b1:b7')                                     ⑨
print('姓名'列:', rng.value)

# 返回二维表
rng = sheet1.range('a1:f7')                                     ⑩
print(rng.value)

# 返回二维数组
L = rng.value

print(L)


# 关闭工作簿对象
wb.close()
# 退出 Excel 应用程序
app.quit()
print('结束.')
```

示例运行后，在控制台输出结果如下：

```
单元格 B2: 张三
单元格 B2: 张三
返回表头: ['学号', '姓名', '生日', '年龄', '成绩', '年级']
姓名列: ['姓名', '张三', '李四', '王五', '董六', '赵八', '周五']
[['学号', '姓名', '生日', '年龄', '成绩', '年级'], [100122014.0, '张三', '31/12/1999', 21.0, 85.0,
'一年级'], [100232015.0, '李四', '1-12-1999', 200.0, 60.0, '三年级'], [100122012.0, '王五',
datetime.datetime(2019, 2, 6, 0, 0), 24.0, 100.0, '3 年级'], [100342013.0, '董六', datetime.
datetime(2019, 2, 7, 0, 0), 23.0, 300.0, '1 年级'], [None, '赵八', datetime.datetime(2019, 2,
9, 0, 0), 23.0, -10.0, '7 年级'], [100232015.0, '周五', datetime.datetime(2020, 1, 20, 0, 0),
27.0, None, '9 年纪']]
结束。
```

代码解释如下：

- 代码第①行导入 xlwings 库名别名为 xw。
- 代码第②行创建 App 对象，该对象采用不可见方式运行，在 App 构造函数中参数 visible 是设置 App 是否采用可见方式运行，不可见运行时我们看不到启动 Excel，Excel 在后台运行的。add_book 参数是发创建新的工作簿。
- 代码第④行通过工作表名返回工作表对象，我们还可以通过工作表索引返回工作表对象。由于只有一个工作表，所以 sheet1 和 sheet2 实际是通过一个工作表。
- 代码第⑤行是通过 sheets 的 active 属性返回处于活动的工作表。另外，books 也有 active 属性，即返回活动的工作簿对象。由于只有一个工作表，所以 sheet 也是活动的工作表，即 sheet1、sheet2 和 sheet3 都是一个工作表对象。
- 代码第⑥行获得 B2 单元格对象，它是 Range 类型。通过 Range 对象的 value 属性可以获得单元格内容。
- 代码第⑦行使用元组(2, 2)指定单元格，与使用字符串 B2(不区分大小写)一样。
- 代码第⑧行 a1: f1 指定一个单元格范围，返回学生信息表的表头，它是一个一维列表对象。
- 代码第⑨行 b1: b7 指定一个单元格范围，返回姓名列，它也是一个一维列表对象。
- 代码第⑩行 a1: f7 指定范围是整个学生信息表。它是一个二维列表。

8.1.3 示例 2：如何获得表格区域

8.1.2 节示例中，选择学生信息表区域是通过 a1: f7 指定的，很显然这是硬编码("写死")方式指定区域的，但是如果是一个未知表格如何通过程序代码动态获得它的区域呢？xlwings 有两种方式获得表格区域：

(1) 通过单元格获得所在的区域，在这个函数中，首先使用 range 函数选择一个单元格，这里选择的是 B2 单元格。然后，使用 current_region 属性获得该单元格所在的区域。最后，通过 address 属性获取区域的地址。

(2) 从单元格扩展至表格区域，在这个函数中，首先也同样选择一个单元格，然后使用 expand 函数将单元格扩展至表格区域。通过指定参数为'table'，可以确保选择的区域是以表格形式扩展的。最后，通过 address 属性获取表格区域的地址。

示例代码如下：

```
import xlwings as xw

# 设置程序不可见运行
app = xw.App(visible = False, add_book = False)
f = r'data/学生信息.xlsx'
# 打开 Excel 文件返回一个工作簿对象
wb = app.books.open(f)

# 通过工作表名返回工作表对象
sheet1 = wb.sheets['Sheet1']
```

```
# 函数 1、通过单元格获得所在的区域
rng = sheet1.range('A1').current_region                          ①

L1 = rng.value                                                   ②

# 打印二维数组 L1
print(" 打印二维数组 L1 ------------ ")
for x in L1:                                                     ③
    print(x)

# 函数 2、从单元格扩展至表格区域
rng = sheet1.range('A1').options(expand = 'table')    # expand = 'table'是默认参数,表示向下和
                                                      # 向右扩展    ④
# rng = sheet1.range('A1').options(expand = 'down')         # 向下扩展
# rng = sheet1.range('A1').options(expand = 'right')        # 向右扩展

L2 = rng.value

# 打印二维数组 L2
print(" 打印二维数组 L2 ------------ ")
# 打印二维数组 L
for x in L2:
    print(x)

# 关闭工作簿对象
wb.close()
# 退出 Excel 应用程序
app.quit()
print('结束。')
```

示例运行后,在控制台输出结果如下:

```
打印二维数组 L1 ------------
['学号', '姓名', '生日', '年龄', '成绩', '年级']
[100122014.0, '张三', '31/12/1999', 21.0, 85.0, '一年级']
[100232015.0, '李四', '1 - 12 - 1999', 200.0, 60.0, '三年级']
[100122012.0, '王五', datetime.datetime(2019, 2, 6, 0, 0), 24.0, 100.0, '3 年级']
[100342013.0, '小六', datetime.datetime(2019, 2, 7, 0, 0), 23.0, 300.0, '1 年级']
[None, '赵八', datetime.datetime(2019, 2, 9, 0, 0), 23.0, - 10.0, '7 年级']
[100982015.0, '周五', datetime.datetime(2020, 1, 20, 0, 0), 27.0, None, '9 年纪']
打印二维数组 L2 ------------
['学号', '姓名', '生日', '年龄', '成绩', '年级']
[100122014.0, '张三', '31/12/1999', 21.0, 85.0, '一年级']
[100232015.0, '李四', '1 - 12 - 1999', 200.0, 60.0, '三年级']
[100122012.0, '王五', datetime.datetime(2019, 2, 6, 0, 0), 24.0, 100.0, '3 年级']
[100342013.0, '小六', datetime.datetime(2019, 2, 7, 0, 0), 23.0, 300.0, '1 年级']
结束。
```

代码解释如下:

- 代码第①行获得 A1 单元格所在表格的区域,其中 current_region 属性是当前区域。

- 代码第②行获得表格区域的内容，返回值是一个二维列表。
- 代码第③行是遍历 L1 列表中元素，x 是从 L1 列表中取出的元素。
- 代码第④行是扩展 A1 单元格，其中 options(expand='table')表示对 A1 单元格向下和向右扩展，参数 expand 取值有'down'、'down'和'table'，其中'table'是默认值。

8.1.4 示例 3：获得表格行数和列数

有的时候办公人员需要知道一个单元格区域的行数和列数，在 xlwings 库中，可以使用 columns 和 rows 属性来获取一个单元格区域列和行的集合。这样，就可以方便地获取区域的行数和列数。

示例代码如下：

```
import xlwings as xw

# 设置程序不可见运行
app = xw.App(visible = False, add_book = False)
f = r'data/学生信息.xlsx'
# 打开 Excel 文件返回一个工作簿对象
wb = app.books.open(f)

# 通过工作表名返回工作表对象
sheet1 = wb.sheets['Sheet1']

# 函数 1、通过单元格获得所在的区域
print('-------- 函数 1 选择区域 ------- ')
rng1 = sheet1.range('A1').current_region
rows = rng1.rows.count                                    # 获取区域行数          ①
print('行数', rows)

columns = rng1.columns.count                              # 获取区域列数          ②
print('列数', columns)

print('-------- 函数 2 选择区域 ------- ')
rng2 = sheet1.range("a1").expand()

rows = rng2.rows.count                                    # 获取区域行数          ③
print('行数', rows)

columns = rng2.columns.count                              # 获取区域列数          ④
print('列数', columns)

# 关闭工作簿对象
wb.close()
# 退出 Excel 应用程序
app.quit()

print('结束。')
```

示例运行后，在控制台输出结果如下：

```
--------函数 1 选择区域-------
行数 7
列数 6
--------函数 2 选择区域-------
行数 5
列数 6
结束。
```

代码解释如下：

- 代码第①行通过函数 1 获得单元格区域行数，从运行结果可见该区域行数是 7。
- 代码第②行通过函数 1 获得单元格区域列数，从运行结果可见该区域列数是 6。
- 代码第③行通过函数 2 获得单元格区域行数，从运行结果可见该区域列数是 5。
- 代码第④行通过函数 2 获得单元格区域列数，从运行结果可见该区域列数是 6。

8.1.5　示例 4：转置表格

有的时候开发人员需要将一个表格转置，即行变为列，列变为行。要在 xlwings 中实现表格的转置，可以使用 transpose()函数。该函数可以将一个范围对象的行和列进行交换，实现行变为列，列变为行的效果。

示例代码如下：

```
import xlwings as xw

# 设置程序不可见运行
app = xw.App(visible = False, add_book = False)
f = r'data/学生信息.xlsx'
# 打开 Excel 文件返回一个工作簿对象
wb = app.books.open(f)

# 通过工作表名返回工作表对象
sheet1 = wb.sheets['Sheet1']

rng1 = sheet1.range('A1').current_region

# 转置表格区域
rng2 = rng1.options(transpose = True)                    ①

# 返回二维数组
L = rng2.value
print(" 打印二维数组 L------------ ")
for x in L:
    print(x)

# 关闭工作簿对象
wb.close()
# 退出 Excel 应用程序
```

```
app.quit()

print('结束。')
```

示例运行后，在控制台输出结果如下：

```
打印二维数组 L------------
['学号', 100122014.0, 100232015.0, 100122012.0, 100342013.0, None, 100982015.0]
['姓名', '张三', '李四', '王五', '小六', '赵八', '周五']
['生日', '31/12/1999', '1-12-1999', datetime.datetime(2019, 2, 6, 0, 0), datetime.datetime
(2019, 2, 7, 0, 0), datetime.datetime(2019, 2, 9, 0, 0), datetime.datetime(2020, 1, 20, 0, 0)]
['年龄', 21.0, 200.0, 24.0, 23.0, 23.0, 27.0]
['成绩', 85.0, 60.0, 100.0, 300.0, -10.0, None]
['年级', '一年级', '三年级', '3 年级', '1 年级', '7 年级', '9 年纪']
结束。
```

代码解释如下：

- 代码第①行通过 options 函数实现表格区域转置，options 函数用来设置单元格，其中 transpose=True 是转置区域。

8.1.6 示例 5：单元格默认数据类型

8.1.5 节示例运行结果发现几个小问题：

(1) 张三学号是 100122014，但是读取之后变成了 100122014.0。

(2) 我希望带有日期单元格是 datetime 类型。

(3) 空单元格转化为 None。

在 xlwings 中，开发人员可以使用 option 函数来设置单元格读取的格式，以解决 8.1.5 节示例提到的问题。

示例代码如下：

```
from datetime import date

import xlwings as xw

app = xw.App(visible = False, add_book = False)
f = r'data/学生信息.xlsx'
# 打开 Excel 文件返回一个工作簿对象
wb = app.books.open(f)

# 通过工作表名返回工作表对象
sheet1 = wb.sheets['Sheet1']

rng1 = sheet1.range('a1:f7')                                        ①
rng2 = rng1.options(numbers = int, dates = date, empty = 'NA')      ②

# 返回二维数组
L = rng2.value
print(" 打印二维数组 L------------ ")
```

```
for x in L:
    print(x)

# 关闭工作簿对象
wb.close()
# 退出 Excel 应用程序
app.quit()

print('结束。')
```

示例运行后，在控制台输出结果如下：

```
打印二维数组 L------------
['学号', '姓名', '生日', '年龄', '成绩', '年级']
[100122014, '张三', '31/12/1999', 21, 85, '一年级']
[100232015, '李四', '1-12-1999', 200, 60, '三年级']
[100122012, '王五', datetime.date(2019, 2, 6), 24, 100, '3 年级']
[100342013, '小六', datetime.date(2019, 2, 7), 23, 300, '1 年级']
['NA', '赵八', datetime.date(2019, 2, 9), 23, -10, '7 年级']
[100982015, '周五', datetime.date(2020, 1, 20), 27, 'NA', '9 年纪']
结束。
```

代码解释如下：

- 代码第①行获取 a1：f7 区域。
- 代码第②行为 range 对象设置参数，其中 numbers=int 设置 Excel 中的数字转换为 Python 中的 int 类型；dates=datetime.date 设置 Excel 中的日期转换为 Python 中的 datetime.date 类型；empty='NA'指定了空值表示为 NA 也可以标记为 NaN，NaN 在数据分析中表示空值，则 Excel 中的空单元格标记为 NA。

8.1.7　示例 6：写入单元格数据

刚刚介绍了读取单元格的示例，接下来介绍写入数据到单元格的示例。如图 8-3①所示，单个数据可以写入单元格中。一维列表数据可以写入行或列中，如图 8-3②和图 8-3③所示。另外，数据二维列表数据可以写入一个区域里，如图 8-4 所示。

示例代码如下：

```
import xlwings as xw

# 设置程序不可见运行
app = xw.App(visible = False, add_book = True)                ①
# 创建一个新的工作簿对象,并且返回该工作表工作簿对象
wb = xw.Book()

sheet = wb.sheets.active
sheet.range('a1').value = 'Hello xlwings'                     ②

#  写入一维列表
sheet.range("a2:c2").value = [1, 2, 3]                        ③
```

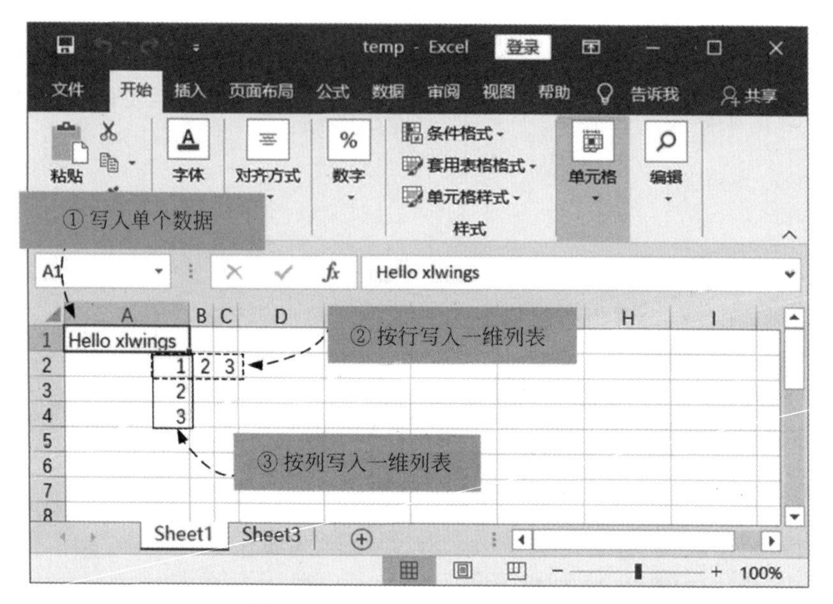

图 8-3　写入单个、一维列表数据

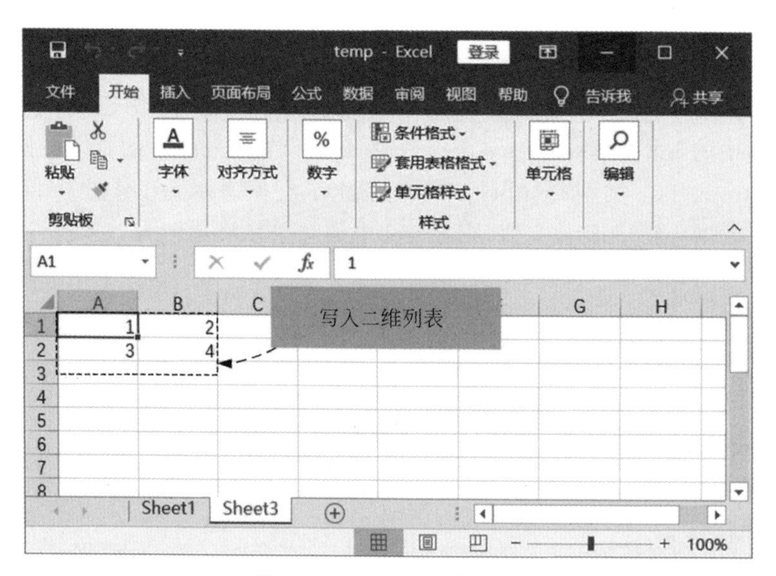

图 8-4　写入二维列表数据

```
wb.sheets['Sheet1'].autofit('rows')                    # rows 或 r          ④
wb.sheets['Sheet1'].autofit('c')                       # columns 或 c

sheet.range("a2:a4").options(transpose = True).value = [1, 2, 3]    ⑤

# 添加工作表
sheet3 = wb.sheets.add(name = 'Sheet3', after = 'Sheet1')          ⑥
```

```
# 写入二维列表
sheet3.range('A1').value = [[1, 2], [3, 4]]                            ⑦
# 替换写法 sheet3.range('C5').value = [[1, 2], [3, 4]]

f = r'data/temp.xlsx'
# 保存文件
wb.save(path = f)                                                      ⑧

# 关闭工作簿对象
wb.close()
# 退出 Excel 应用程序
app.quit()
print('结束。')
```

代码解释如下：

- 代码第①行创建 Excel 应用程序对象，注意构造函数中 add_book 参数设置为 True，表明可以添加工作簿。
- 代码第②行是在当前工作表的 A1 单元格设置字符串 Hello xlwings。
- 代码第③行给 a2:c2 区域赋值，从图 8-4 可见 a2:c2 是横向摆放的连续的三个单元格。因此赋值时需要一个一维列表。
- 代码第④行通过工作表的 autofit 函数设置行或列自动缩放。其中参数 rows 或 r 是设置行自动缩放，如果是 columns 或 c 是设置列自动缩放。
- 代码第⑤行是给 a2:a4 区域赋值。默认情况下单元格是横向摆放的。如果要纵向摆放，可以在 options 函数中，使用 transpose=True 进行设置。transpose=True 表示转置单元格区域，即由横向变为纵向。
- 代码第⑥行通过工作簿对象的 add 函数添加工作表，name 参数设置工作表名，after='Sheet1'参数是在 Sheet1 工作表之后添加工作表。类似的参数还有 before，表示在指定的工作表之前添加工作表。
- 代码第⑦行将二维列表数据写入到一个区域里，这个区域的左上角是 A1 单元格。这个区域会根据赋值内容自动扩展。
- 代码第⑧行通过 save 函数保存文件，path 参数指定保存的文件路径。

8.1.8 示例 7：设置单元格样式

xlwings 可以设置单元格样式，下面通过一个示例介绍如何设置单元格区域样式。该示例如图 8-5 所示，其中，表格中文字设置为粗体；成绩列设置保留两位小数；生日列设置格式为 yyyy-mm-dd，即四位年、两位月和两位日，并用横线(-)连接。

示例代码如下：

```
from datetime import date
import xlwings as xw
# 设置程序不可见运行
app = xw.App(visible = False, add_book = False)
```

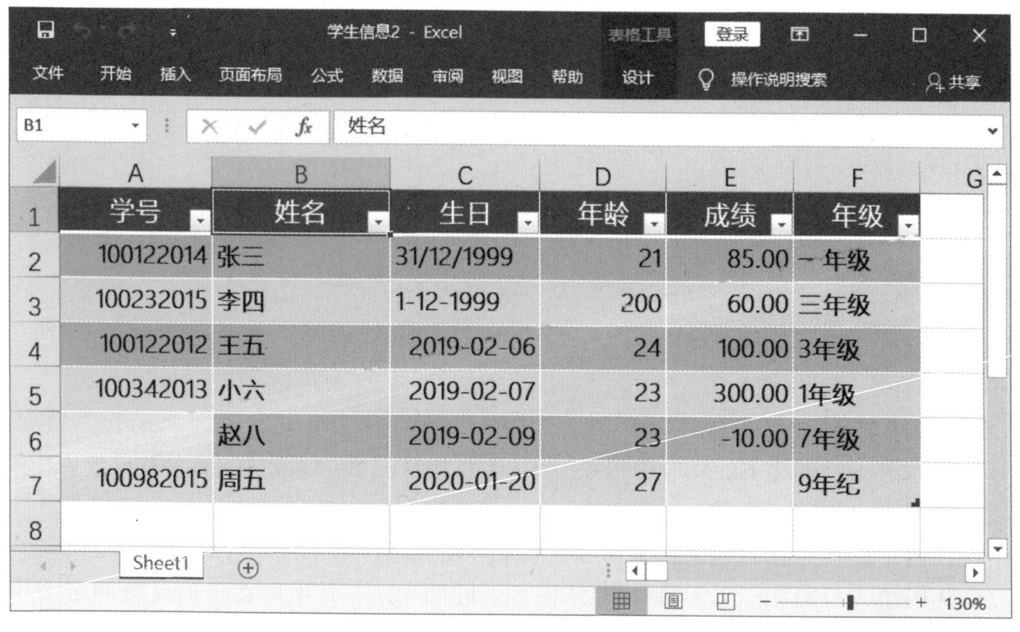

学号	姓名	生日	年龄	成绩	年级
100122014	张三	31/12/1999	21	85.00	一年级
100232015	李四	1-12-1999	200	60.00	三年级
100122012	王五	2019-02-06	24	100.00	3年级
100342013	小六	2019-02-07	23	300.00	1年级
	赵八	2019-02-09	23	-10.00	7年级
100982015	周五	2020-01-20	27		9年纪

图 8-5　设置单元格样式示例

```
f = r'data/学生信息.xlsx'
# 打开 Excel 文件返回一个工作簿对象
wb = app.books.open(f)

# 通过工作表名返回工作表对象
sheet1 = wb.sheets['Sheet1']

END_ROW_NO = rng.last_cell.row + 1                      # 结束行号
END_COL_NO = rng.last_cell.column + 1                   # 结束列号

# 按行遍历
for row in range(2, END_COL_NO):                                        ①
   # 按列遍历
   for col in range(1, END_COL_NO):                                     ②

      # 获得单元格对象
      cell = sheet1.range((row, col))                                   ③
      # 如果是[生日]列设置日期格式为"yyyy-mm-dd"
      if col == 3:
         cell.number_format = 'yyyy-mm-dd'                              ④
      cell.font.size = 10                               # 设置字体的大小  ⑤
      cell.font.bold = True                             # 设置为粗体     ⑥
      # 如果是成绩列设置数字格式
      if col == 5:
         cell.number_format = '0.00'                                    ⑦

      # 取出单元格数据
      data = cell.options(numbers = int, dates = date).value
      # 判断单元格是否为空值
```

```
            if data is None:
                # 设置 range 的颜色
                cell.color = (255, 255, 0)                          # 设置为黄色            ⑧

    # 保存修改后的文件另存为[文件学生信息 2.xlsx]
    f = r'data/学生信息 2.xlsx'
    wb.save(path = f)
    # 关闭工作簿对象
    wb.close()
    # 退出 Excel 应用程序
    app.quit()
    print('结束。')
```

代码解释如下：

- 代码第①和②行是两个嵌套 for 循环，用来遍历表格单元格，注意开始的行是第 2 行，因为第 1 行是表头，开始列号是 1，而不是 0。
- 代码第③行通过元组(row, col)参数获得单元格区域对象。
- 代码第④行是设置单元格区域日期格式，如果单元格中是日期则按照四位年、两位月和两位日格式显示。
- 代码第⑤行是设置单元格区域字体大小。
- 代码第⑥行是设置单元格区域字体为粗体。
- 代码第⑦行是设置单元格区数字格式，如果单元格中是数字，则保留两位小数格式显示。
- 代码第⑧行是设置单元格式背景为黄色，其中(255, 255, 0)是用三元组表示的颜色。

8.1.9 示例 8：调用 VBA 宏批量删除重复数据

xlwings 可以调用 VBA 宏实现批量删除重复数据。如图 8-6 所示，其中学号字段有很多重复的。如果需要删除这些重复的学号的学生信息，就要通过在学号(第 2 列)中查找重复数据，然后删除行数据。

VBA(Visual Basic for Applications)是 Visual Basic 的一种宏语言，主要用来扩展 Microsoft Office 软件功能。

删除重复数据 Python 实现代码如下：

```
import xlwings as xw
```

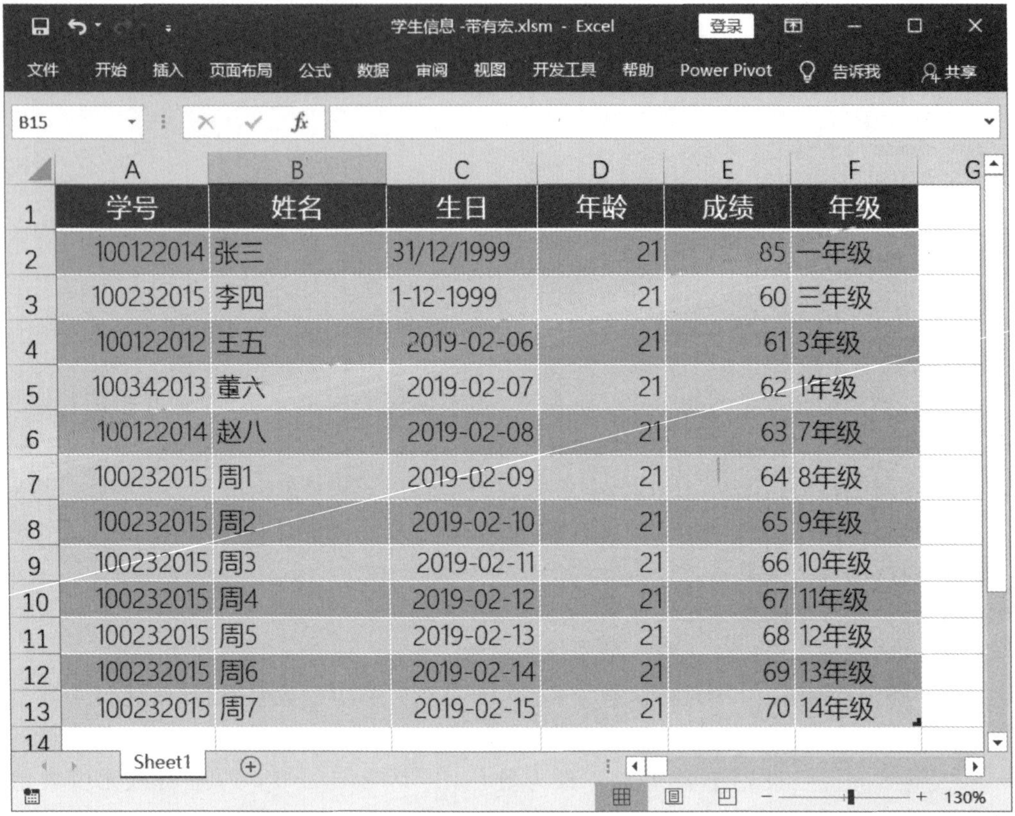

学号	姓名	生日	年龄	成绩	年级
100122014	张三	31/12/1999	21	85	一年级
100232015	李四	1-12-1999	21	60	三年级
100122012	王五	2019-02-06	21	61	3年级
100342013	董六	2019-02-07	21	62	1年级
100122014	赵八	2019-02-08	21	63	7年级
100232015	周1	2019-02-09	21	64	8年级
100232015	周2	2019-02-10	21	65	9年级
100232015	周3	2019-02-11	21	66	10年级
100232015	周4	2019-02-12	21	67	11年级
100232015	周5	2019-02-13	21	68	12年级
100232015	周6	2019-02-14	21	69	13年级
100232015	周7	2019-02-15	21	70	14年级

图 8-6　重复学号数据

```
# 设置程序不可见运行
app = xw.App(visible = False, add_book = False)
f = r'data/学生信息 - 带有宏.xlsm'

# 打开 Excel 文件返回一个工作簿对象
wb = app.books.open(f)                                          ①

# 通过工作表索引返回工作表对象
sheet1 = wb.sheets[0]

rng1 = sheet1.range('A1').current_region

# 获得 VBA 宏对象
run_macro = app.macro('MyModule1.Duplicates_Rows')              ②
run_macro(rng1, 1)                                              ③

f = r'data/学生信息 - 删除重复数据后.xlsm'

wb.save(path = f)
#
```

```
# # 关闭工作簿对象
wb.close()
# # 退出 Excel 应用程序
app.quit()

print('结束。')
```

代码解释如下：

- 代码第①行中打开学生信息表文件，该文件是 xlsm 类型，它是带有宏的 Excel 文件。
- 代码第②行获得 VBA 宏对象 macro，它是 xlwings 库提供的对象。创建 macro 对象的构造函数 macro('MyModule1. Duplicates_Rows')，其中字符串参数指定了 VBA 模块和模块中的函数（Function）或子过程（Sub）。具体地，MyModule1 是 VBA 中的模块名，Duplicates_Rows 是删除重复数据的子过程。
- 代码第③行 run_macro(rng1, 1)是通过 macro 对象调用 VBA 中的宏，其中 rng1 和 1 是宏子过程接收的参数。

删除重复数据 VBA 模块实现代码如下：

```
'删除重复的行数据
'参数 rng 是要删除数据的区域
'参数 col_no 查找重复数据列

Sub Duplicates_Rows(rng, col_no)                                    ①
'
'

With ActionSheet

'RemoveDuplicates 是 Excel 提供删除重复数据函数

   rng.RemoveDuplicates Columns: = Array(col_no)                    ②

End With

End Sub
```

代码第①行是在 MyModule1. bas 模块文件中定义的子过程，其中有两个参数。

代码第②行是在子过程中通过 VBA 提供的 RemoveDuplicates 函数删除重复数据。

8.1.10 示例 9：插入单元格和单元格区域

插入单元格和单元格区域可以通过 xlwings 的 Range 对象的 insert()函数实现。例如，图 8-7 展示了一个员工信息表。

如何在员工信息表中插入单元格和单元格区域示例代码如下：

```
import xlwings as xw
```

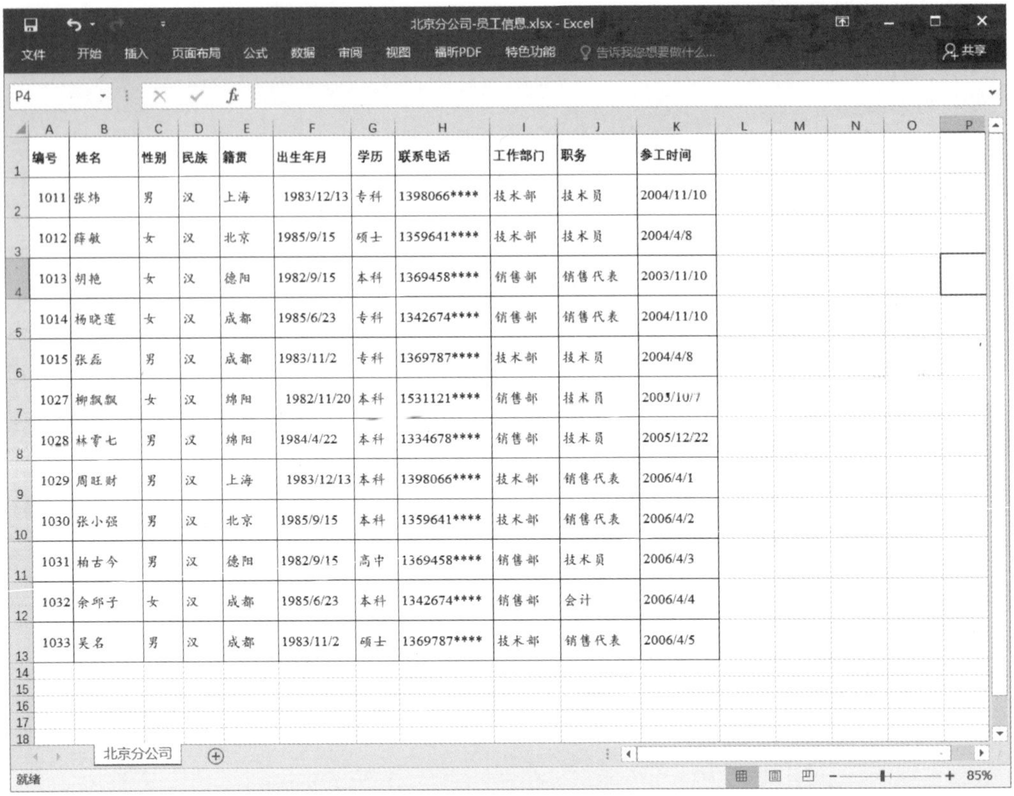

编号	姓名	性别	民族	籍贯	出生年月	学历	联系电话	工作部门	职务	参工时间
1011	张炜	男	汉	上海	1983/12/13	专科	1398066****	技术部	技术员	2004/11/10
1012	薛敏	女	汉	北京	1985/9/15	硕士	1359641****	技术部	技术员	2004/4/8
1013	胡艳	女	汉	德阳	1982/9/15	本科	1369458****	销售部	销售代表	2003/11/10
1014	杨晓莲	女	汉	成都	1985/6/23	专科	1342674****	销售部	销售代表	2004/11/10
1015	张磊	男	汉	成都	1983/11/2	专科	1369787****	技术部	技术员	2004/4/8
1027	柳飘飘	女	汉	绵阳	1982/11/20	本科	1531121****	销售部	技术员	2003/10/7
1028	林雪七	男	汉	绵阳	1984/4/22	本科	1334678****	销售部	技术员	2005/12/22
1029	周旺财	男	汉	上海	1983/12/13	本科	1398066****	技术部	销售代表	2006/4/1
1030	张小强	男	汉	北京	1985/9/15	本科	1359641****	技术部	销售代表	2006/4/2
1031	柏古今	男	汉	德阳	1982/9/15	高中	1369458****	销售部	技术员	2006/4/3
1032	余邱子	女	汉	成都	1985/6/23	本科	1342674****	销售部	会计	2006/4/4
1033	吴名	男	汉	成都	1983/11/2	硕士	1369787****	技术部	销售代表	2006/4/5

图 8-7　员工信息表

```
app = None
try:
    # 创建 App 对象
    f = r'data/北京分公司-员工信息.xlsx'

    app = xw.App(visible = True, add_book = False)
    wb = app.books.open(f)
    sheet = wb.sheets['北京分公司']
    sheet.range('B1').insert(shift = 'down')            # 在 b1 单元格上方插入单元格,单元格下移
    sheet.range('b1').value = '大家好'                   # 在 b1 单元格添加数据
    sheet.range('b1').insert(shift = 'down')
    sheet.range('b1').value = '大家好'
    sheet.range('b1').insert(shift = 'down')
    sheet.range('b1').value = '大家好'
    sheet.range('c1:e1').insert(shift = 'down')         # 在 c1:e1 单元格区域上方插入单元格区域,
                                                        # 整个区域下移
    sheet.range("c1:e1").value = ['刘备', '关羽', '张飞']  # 在 c1:e1 单元格中添加区域内容
    sheet.range('f1:f3').insert(shift = 'right')        # 在 f1:f3 单元格区域左方插入单元格区域,
                                                        # 整个区域右移
    sheet.range("f1:f3").value = [[100], [200], [6]]    # 在 f1:f3 单元格中添加区域内容
```

```
    f = r'data/北京分公司 - 员工信息 2.xlsx'
    wb.save(path = f)                                    # 保存文件
    wb.close()                                           # 关闭工作簿对象
finally:
    app.quit()                                           # 退出 Excel 应用程序
print('写入完成。')
```

上述代码运行结果如图 8-8 所示。

	A	B	C	D	E	F	G	H	I	J	K	L
1	编号	大家好	刘备	关羽	张飞	100	出生年月	学历	联系电话	工作部门	职务	参工时间
2	1011	大家好	性别	民族	籍贯	200	1983/12/13	专科	1398066****	技术部	技术员	2004/11/10
3	1012	大家好	男	汉	上海	6	1985/9/15	硕士	1359641****	技术部	技术员	2004/4/8
4	1013	姓名	女	汉	北京	1982/9/15	本科	1369458****	销售部	销售代表	2003/11/10	
5	1014	张炜	女	汉	德阳	1985/6/23	专科	1342674****	销售部	销售代表	2004/11/10	
6	1015	薛敏	女	汉	成都	1983/11/2	专科	1369787****	技术部	技术员	2004/4/8	
7	1027	胡艳	男	汉	成都	1982/11/20	本科	1531121****	销售部	技术员	2005/10/7	
8	1028	杨晓莲	女	汉	绵阳	1984/4/22	本科	1334678****	销售部	技术员	2005/12/22	
9	1029	张磊	男	汉	绵阳	1983/12/13	本科	1398066****	技术部	销售代表	2006/4/1	
10	1030	柳飘飘	男	汉	上海	1985/9/15	本科	1359641****	技术部	销售代表	2006/4/2	
11	1031	林零七	男	汉	北京	1982/9/15	高中	1369458****	销售部	技术员	2006/4/3	
12	1032	周旺财	男	汉	德阳	1985/6/23	本科	1342674****	销售部	会计	2006/4/4	
13	1033	张小强	女	汉	成都	1983/11/2	硕士	1369787****	技术部	销售代表	2006/4/5	
14		柏古今	男	汉	成都							
15		余邦子										
16		吴名										

图 8-8 员工信息表

8.1.11 示例 10：删除单元格和单元格区域

删除单元格和单元格区域，可以使用 xlwings 的 Range 对象 delete()函数实现。示例代码如下：

```
# coding = utf - 8
# 13.2.3 删除单元格和单元格区域

import xlwings as xw

app = None
try:
```

```
    # 创建 App 对象
    f = r'data/北京分公司－员工信息 2.xlsx'

    app = xw.App(visible = True)
    wb = app.books.open(f)
    sheet = wb.sheets['北京分公司']
    sheet.range('b1').delete()          # 在删除 b1 单元格,下方单格上移
    sheet.range('b1').delete()
    sheet.range('b1').delete()
    sheet.range('c1:e1').delete()       # 删除 c1:e1 单元格区域下方单元格区域上移
    sheet.range('f1:f3').delete()       # 删除 f1:f3 单元格区域,删除后右侧单元格左移

    f = r'data/北京分公司－员工信息 3.xlsx'
    wb.save(path = f)                           # 保存文件
    wb.close()                                  # 关闭工作簿对象
finally:
    app.quit()                                  # 退出 Excel 应用程序
print('写入完成。')
```

上述代码读取了“北京分公司-员工信息 2.xlsx”文件并删除若干单元格和单元格区域，然后保存为“北京分公司-员工信息 3.xlsx”。

8.1.12 示例 11：插入工作表

插入工作表，可以使用工作表集合的 add()函数实现，插入工作表的示例代码如下：

```
import xlwings as xw

app = None
try:
    # 创建 App 对象
    app = xw.App(visible = False, add_book = True)   # add_book 参数设置为 True
    # 创建一个新的工作簿对象,并且返回该工作表工作簿对象
    wb = xw.Book()
    sheet = wb.sheets.active
    sheet.name = '北京分公司'                    # 为工作表改名                    ①
    sheet.range('a1').value = '北京分公司同事大家好!'
    # 在"北京分公司"工作表之前添加"上海分公司"工作表
    sheet2 = wb.sheets.add(name = '上海分公司', after = '北京分公司')               ②
    sheet2.range('a1').value = '上海分公司同事大家好!'
    # 在"北京分公司"工作表之后添加"天津分公司"工作表
    sheet3 = wb.sheets.add(name = '天津分公司', before = '北京分公司')              ③
    sheet3.range('a1').value = '天津分公司同事大家好!'

    f = r'data/插入工作表.xlsx'
    wb.save(path = f)                           # 保存文件
    wb.close()                                  # 关闭工作簿对象
finally:
    app.quit()                                  # 退出 Excel 应用程序
print('写入完成。')
```

上述代码运行结果如图 8-9 所示，可见有三个工作表。

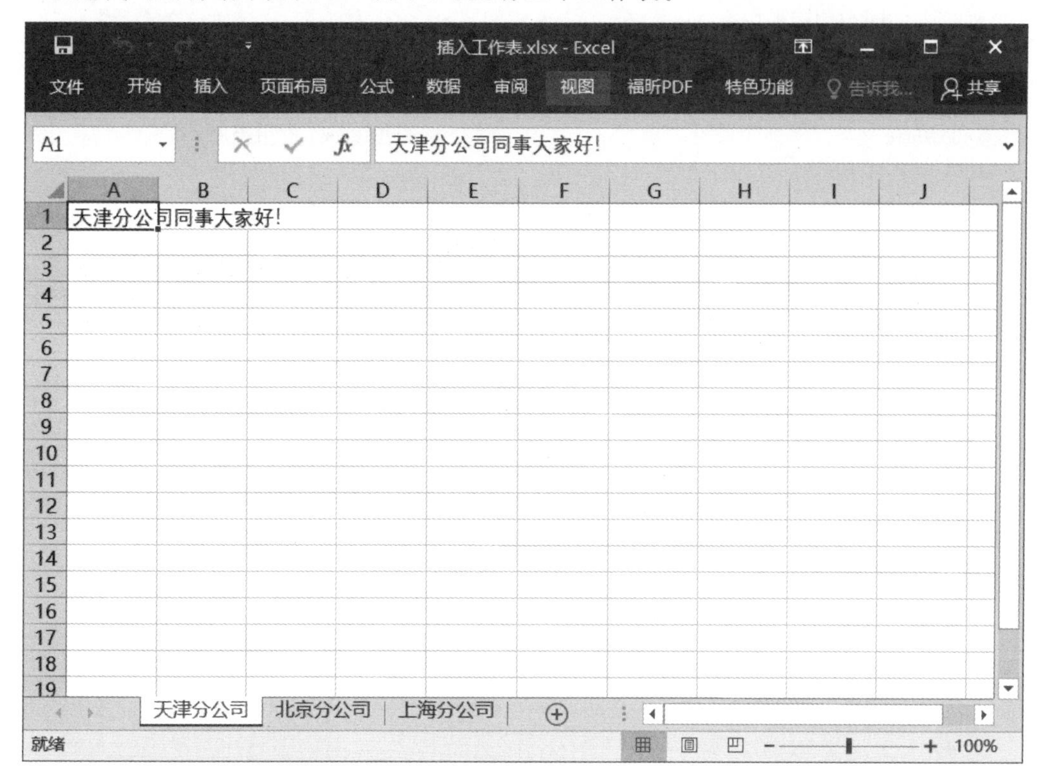

图 8-9　运行结果

上述代码运行时，首先会新建工作簿，默认会有一个工资表，代码第①行将工作表修改为"北京分公司"。

代码第②行在"北京分公司"工作表之前添加"上海分公司"工作表。

代码第③行在"北京分公司"工作表之后添加"天津分公司"工作表。

8.1.13　示例 12：删除工作表

删除工作表，可以使用工作表集合的 delete()函数实现，删除工作表的示例代码如下：

```
import xlwings as xw

app = None
try:
    # 创建 App 对象
    app = xw.App(visible = False, add_book = True)   # add_book 参数设置为 True
    # 创建一个新的工作簿对象，并且返回该工作表工作簿对象
    f = r'data/插入工作表.xlsx'
    wb = app.books.open(f)                           # 打开 Excel 文件返回一个工作簿对象
    wb.sheets['北京分公司'].delete()                  # 删除"北京分公司"工作表
    wb.sheets['上海分公司'].delete()
```

```
    wb.sheets.add()                              # 添加一个空的工作表
    f2 = r'data/删除工作表.xlsx'
    wb.save(path = f2)                           # 保存文件
    wb.close()                                   # 关闭工作簿对象
finally:
    app.quit()                                   # 退出 Excel 应用程序
print('写入完成。')
```

上述代码运行结果如图 8-10 所示，可见有两个工作表。

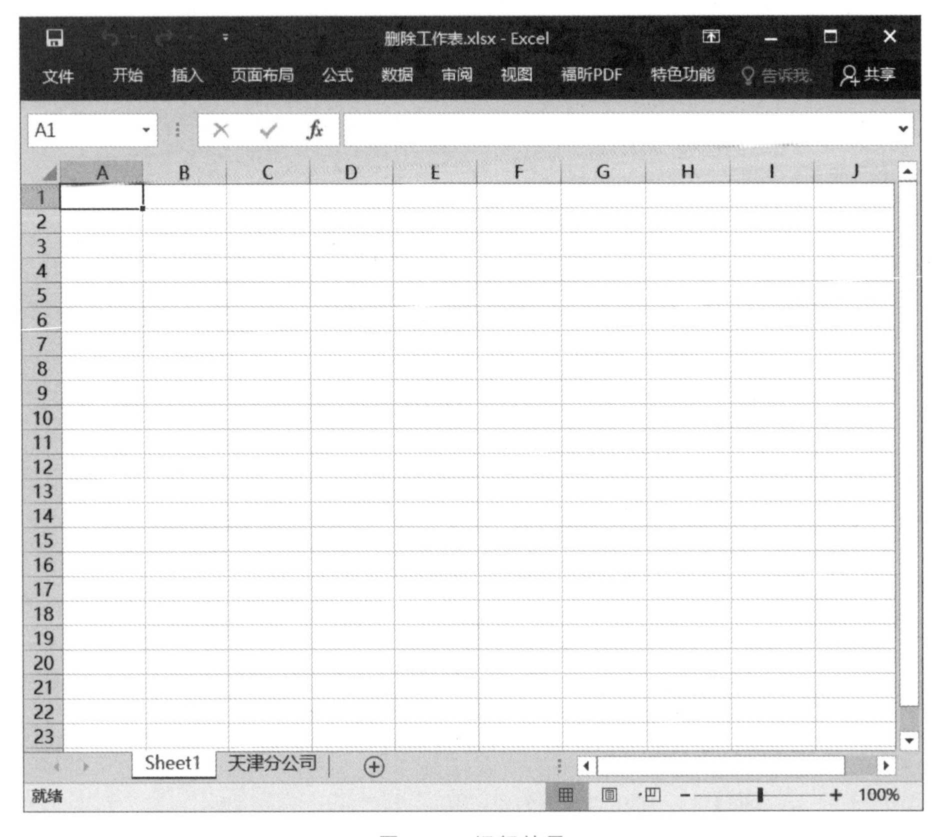

图 8-10　运行结果

8.2　pywin32 库批量处理 Excel 文件

有时我们希望对 Excel 文件有更多的控制，使用 pywin32 库，pywin32 可以轻松访问 Window 的组件对象模型（COM）并通过 Python 控制 Microsoft 应用程序。pywin32 更适用于操控 Microsoft 应用程序，如批量文件打开、保存和格式转换等。

在命令提示符下安装 pywin32 库的 pip 指令如下：

```
pip install pywin32
```

在 Windows 平台安装过程如图 8-11 所示。

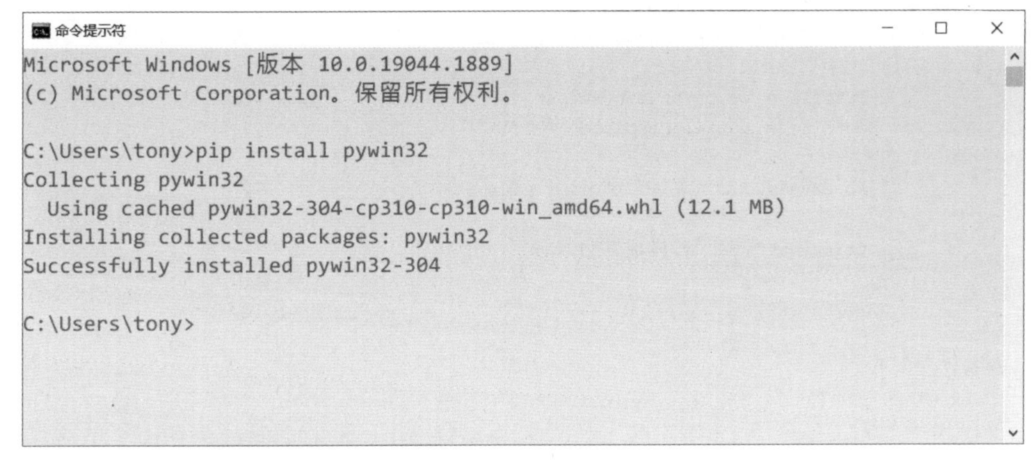

图 8-11 安装过程

下面通过几个示例介绍如何使用 pywin32 库批量处理 Excel 文件。

8.2.1 示例 13：转换.xls 文件为.xlsx 文件

由于 Excel 文件主要有两种后缀名：

(1).xls，是 Excel 1997-2003 版本的格式；xls 它是二进制的复合文档类型的结构。

(2).xlsx，是用新的基于 XML 的压缩文件格式，使其占用空间更小，运算速度快。

读者或许有过这样的经历：将换.xls 文件为.xlsx 文件，通常会使用 Excel 程序将.xls 文件打开，然后再另存为.xlsx 文件即可。如果批量转换，那么这种做法是不可取的。

示例代码如下：

```
import os
import win32com.client                                          ①

# 指定输入文件夹
input_dir = r'<您的输入文件夹>'

# 指定输出文件夹
output_dir = r'<您的输出文件夹>'

try:
    excelapp = win32com.client.Dispatch('Excel.Application')    ②
    excelapp.Visible = False                                    ③
    excelapp.DisplayAlerts = False                              ④

    # 遍历输入文件夹
    for root, dirs, files in os.walk(input_dir):                ⑤
        for name in files:
            if name.endswith('.xls'):                           ⑥
                infile = os.path.join(root, name)               ⑦
```

```
                filename = os.path.splitext(name)[0]                    ⑧

                wb = excelapp.Workbooks.Open(infile)                    ⑨

                outfile = os.path.join(output_dir, filename + '.xlsx') ⑩
                outfile = outfile.replace('/', '\\')

                wb.SaveAs(outfile, FileFormat = 51)                     ⑪

                print(outfile, '转换成功')

                wb.Close()                                              ⑫

finally:
    excelapp.Quit()

print('全部转换完成')
```

上述代码运行结果会在输出目录看到转换成功的.csv文件。

代码解释如下：

- 代码第④行关闭Excel的提示和警告信息。
- 代码第⑤行用os.walk递归遍历输入文件夹。
- 代码第⑥行判断文件名是否以.xls结尾，是则进行转换。
- 代码第⑦行拼接输入Excel完整路径。
- 代码第⑧行从文件名中除去扩展名。
- 代码第⑨行打开输入工作簿对象。
- 代码第⑩行拼接输出CSV路径和文件名。
- 代码第⑪行调用SaveAS方法，格式指定为51，保存为.xlsx文件。
- 代码第⑫行关闭工作簿，释放资源。

8.2.2 示例14：转换Excel文件为.csv文件

Excel文件和csv文件都是电子表格文件，一般的Excel软件本身提供了将Excel文件转换为csv文件功能。

本节实现将Excel文件批量转换为.csv文件，这个示例与8.2.1节示例非常相似，区别主要在于另存为文件时格式有所不同，示例代码如下：

```
import os
import csv
import win32com.client

# 指定输入文件夹
input_dir = r'<您的输入文件夹>'

# 指定输出文件夹
```

```
output_dir = r'<您的输出文件夹>'


try:
    excelapp = win32com.client.Dispatch('Excel.Application')
    excelapp.Visible = False

    for root, dirs, files in os.walk(input_dir):
        for name in files:
            if name.endswith('.xls'):
                infile = os.path.join(root, name)
                filename = os.path.splitext(name)[0]

                wb = excelapp.Workbooks.Open(infile)

                # 另存为 CSV 文件
                outfile = os.path.join(output_dir, filename + '.csv')
                wb.SaveAs(outfile, FileFormat = 6)                  ①

                print(outfile, '转换成功')

                wb.Close()

finally:
    excelapp.Quit()

print('全部转换完成')
```

上述代码第①行调用 wb.SaveAs()函数时，需要指定 FileFormat=6。

上述示例运行结果不再赘述。

8.2.3 示例 15：拆分 Excel 文件程序

有的时候可以将一个 Excel 文件按照工作表，拆分为几个 Excel 文件。例如，图 8-12 所示的“股票历史交易数据.xlsx”文件。

从图 8-12 所示的文件可见，文件中包括 4 个工作表，将每一个工作表放到一个 Excel 文件中，文件按照工作表名字命名。

示例实现代码如下：

```
import os
import xlwings as xw

# 原始 Excel 文件路径
original_file = r"<您的输入文件路径>"
# 输出文件夹路径
output_folder = r"<您的输出文件夹>"
# 创建输出文件夹(如果不存在)
os.makedirs(output_folder, exist_ok = True)                                ①
```

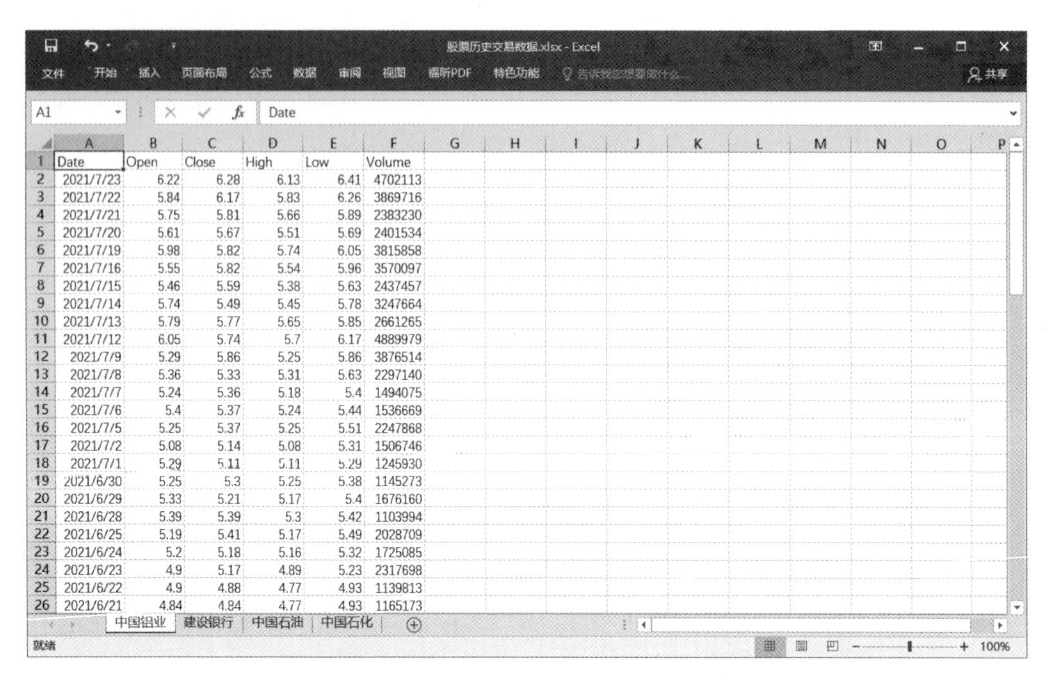

Date	Open	Close	High	Low	Volume
2021/7/23	6.22	6.28	6.13	6.41	4702113
2021/7/22	5.84	6.17	5.83	6.26	3869716
2021/7/21	5.75	5.81	5.66	5.89	2383230
2021/7/20	5.61	5.67	5.51	5.69	2401534
2021/7/19	5.98	5.82	5.74	6.05	3815858
2021/7/16	5.55	5.82	5.54	5.96	3570097
2021/7/15	5.46	5.59	5.38	5.63	2437457
2021/7/14	5.74	5.49	5.45	5.78	3247664
2021/7/13	5.79	5.77	5.65	5.85	2661265
2021/7/12	6.05	5.74	5.7	6.17	4889979
2021/7/9	5.29	5.86	5.25	5.86	3876514
2021/7/8	5.36	5.33	5.31	5.63	2297140
2021/7/7	5.24	5.36	5.18	5.4	1494075
2021/7/6	5.4	5.37	5.24	5.44	1536669
2021/7/5	5.25	5.37	5.25	5.51	2247868
2021/7/2	5.08	5.14	5.08	5.31	1506746
2021/7/1	5.29	5.11	5.11	5.29	1245930
2021/6/30	5.25	5.3	5.25	5.38	1145273
2021/6/29	5.33	5.21	5.17	5.4	1676160
2021/6/28	5.39	5.39	5.3	5.42	1103994
2021/6/25	5.19	5.41	5.17	5.49	2028709
2021/6/24	5.2	5.18	5.16	5.32	1725085
2021/6/23	4.9	5.17	4.89	5.23	2317698
2021/6/22	4.9	4.88	4.77	4.93	1139813
2021/6/21	4.84	4.84	4.77	4.93	1165173

图 8-12 “股票历史交易数据.xlsx”文件

```
# 打开原始 Excel 文件
workbook = xw.Book(original_file)                                          ②

try:
    # 遍历每个工作表
    for sheet in workbook.sheets:
        # 获取工作表名字
        sheet_name = sheet.name
        # 创建新的 Excel 文件
        new_workbook = xw.Book()
        # 将当前工作表复制到新的 Excel 文件中
        sheet.api.Copy(Before = new_workbook.sheets[0].api)                ③
        # 删除默认的 Sheet1 工作表
        new_workbook.sheets['Sheet1'].delete()                             ④
        # 保存新的 Excel 文件,文件名为工作表名字
        output_file = os.path.join(output_folder, f"{sheet_name}.xlsx")    ⑤
        new_workbook.save(output_file)                                     ⑥
        new_workbook.close()                                               ⑦
finally:
    # 关闭原始 Excel 文件
    workbook.close()

print('完成。')
```

代码解释如下：

- 代码第①行使用 os.makedirs()函数创建输出文件夹，如果文件夹已存在，则不会引发异常(exist_ok=True)。

- 代码第②行使用 xlwings 库的 Book()函数打开原始 Excel 文件，创建一个表示 Excel 工作簿的对象。
- 代码第③行 sheet.api.Copy(Before=new_workbook.sheets[0].api)：将当前工作表复制到新的 Excel 工作簿中，Before 参数表示插入位置，这里将其插入到新工作簿的第一个位置。
- 代码第④行删除新工作簿中的默认工作表 Sheet1。
- 代码第⑤行构建输出文件的完整路径，将输出文件夹路径和工作表名称拼接起来。
- new_workbook = xw.Book()：创建一个新的 Excel 工作簿对象，用于存储当前工作表的数据。
- 代码第⑥行保存新的 Excel 工作簿到指定的输出文件中。
- 代码第⑦行 new_workbook.close()：关闭新的 Excel 工作簿对象。

8.2.4　示例 16：合并 Excel 文件

既然有拆分 Excel 文件的需求，自然也会有合并 Excel 文件的需求。例如，将图 8-13 所示的输入目录下的 Excel 文件进行合并，合并后的 Excel 文件的工作表的名与文件名一致。

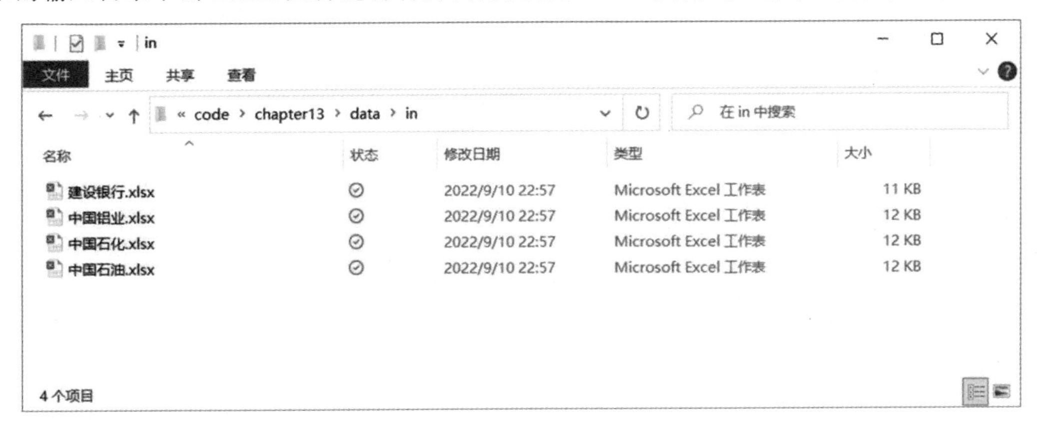

图 8-13　合并后的 Excel 文件

合并示例实现代码如下：

```
import os
import xlwings as xw

# 输入目录路径
input_folder = r"<您的输入文件夹>"
# 合并后的输出文件路径
output_file = r"<合并后的输出文件路径>"
# 创建一个新的 Excel 工作簿对象
merged_workbook = xw.Book()
```

```
try:
    # 遍历输入目录中的所有文件
    for file_name in os.listdir(input_folder):
        file_path = os.path.join(input_folder, file_name)
        if os.path.isfile(file_path) and file_name.endswith(".xlsx"):
            # 打开每个 Excel 文件
            workbook = xw.Book(file_path)
            # 获取文件名(不包含扩展名)
            sheet_name = os.path.splitext(file_name)[0]
            # 将工作表复制到合并后的工作簿中
            workbook.sheets[0].api.Copy(Before = merged_workbook.sheets[0].api)
            # 将工作表名称设置为文件名
            merged_workbook.sheets[0].name = sheet_name
            # 关闭当前打开的 Excel 文件
            workbook.close()

    # 删除默认的 Sheet1 工作表
    merged_workbook.sheets['Sheet1'].delete()

    # 保存合并后的 Excel 文件
    merged_workbook.save(output_file)
    print("合并完成。")

finally:
    # 关闭合并后的 Excel 工作簿
    merged_workbook.close()
```

8.3 ChatGPT 如何辅助 Excel 自动化最佳实践

ChatGPT 可以在以下几方面辅助 Excel 的自动化：

(1) 生成代码片段：在需要读取、写入、插入或删除等操作时，可以直接让 ChatGPT 根据需求生成代码片段，无须自己编写所有代码。

(2) 提供编程思路：当遇到比较复杂的自动化需求时，可以请教 ChatGPT 提供实现思路，比如 Excel 文件的批量处理等。

(3) 解释代码错误：在编写自动化代码时出现错误，可以将错误提示提供给 ChatGPT，请其分析错误原因并提出解决思路。

(4) 优化代码：编写完成自动化代码后，让 ChatGPT 审核代码，提出代码优化和改进建议。

(5) 生成注释文档：让 ChatGPT 自动为编写的自动化程序生成注释文档，提高代码可读性。

(6) 提供最佳实践：学习 Excel 自动化最佳实践，避免重复工作。

(7) 回答 Excel 相关问题：遇到 Excel 使用和自动化方面的问题时，可以直接询问 ChatGPT，获得解答。

综上所述,ChatGPT 可以从编程思路、代码实现和调试优化等全方位辅助 Excel 的自动化,使之事半功倍。

8.3.1 示例 17:ChatGPT 辅助生成代码片段

下面通过一个具体的示例介绍如何使用 ChatGPT 辅助生成代码片段。

示例背景:

假设用户是一个销售数据分析员,每天需要从不同的 Excel 文件中读取销售数据,并计算每月总销售额。用户希望使用 ChatGPT 辅助生成代码片段,以便快速读取数据并进行计算。

示例步骤:

用户向 ChatGPT 发送如下提问:

我想要一个代码片段,用于在 Excel 文件中写入数据。

ChatGPT 回答如下:

当然! 请提供一下你要写入的数据和目标单元格的位置。

用户向 ChatGPT 发送如下提问:

我要写入的数据是一个列表:[1,2,3,4,5],目标单元格位置是"A1:E1"。

ChatGPT 回答如下:

以下是生成的代码片段,用于在 Excel 文件中写入指定数据到目标单元格:

```
import xlwings as xw
# 打开 Excel 文件
book = xw.Book("data.xlsx")
sheet = book.sheets[0]
# 要写入的数据
data = [1, 2, 3, 4, 5]
# 目标单元格位置
target_range = sheet.range("A1:E1")
# 写入数据到目标单元格
target_range.value = data
# 保存并关闭 Excel 文件
book.save()
book.close()
```

8.3.2 示例 18:ChatGPT 辅助提供编程思路

下面通过一个具体的示例介绍如何使用 ChatGPT 辅助提供编程思路。

示例背景：

假设用户是一家跨国公司的财务分析师，需要每月从不同分公司的 Excel 文件中提取销售数据，并进行汇总和分析。用户希望使用 ChatGPT 的编程思路来实现这个复杂的自动化需求。

示例步骤：

用户向 ChatGPT 发送如下提问：

我面临一个比较复杂的自动化需求，需要批量处理多个 Excel 文件中的数据，有什么实现思路可以提供吗？

ChatGPT 回答如下：

当需要批量处理多个 Excel 文件时，可以考虑以下实现思路：

（1）遍历文件列表：首先，你可以使用 Python 的 os 模块或其他文件操作库来获取待处理的 Excel 文件列表。

（2）打开和关闭文件：使用 xlwings 库或其他合适的库，遍历文件列表，逐个打开 Excel 文件，并在处理完数据后关闭文件，以确保资源的正确释放。

（3）读取和处理数据：在每个打开的 Excel 文件中，根据需要读取数据范围，并进行相应的数据处理操作，如计算、筛选、格式转换等。

（4）结果存储和输出：在处理完数据后，将结果存储到适当的数据结构（如列表或数据框架）中，并根据需求选择将结果输出到文件、数据库或其他目标。

（5）错误处理：在实现过程中，要注意添加适当的错误处理机制，以应对可能出现的异常情况，如文件不存在、数据格式错误等。

请注意，实现复杂的自动化需求需要结合具体的情况和要求进行细化和定制化。以上是一个基本的实现思路，你可以根据具体需求进行调整和扩展。

用户向 ChatGPT 发送如下提问：

非常感谢！这个实现思路对我很有帮助。我会根据这个思路来开发我的批量处理任务。

ChatGPT 回答如下：

很高兴能帮到你！如果你还有其他的需求或问题，请随时告诉我。我会尽力提供帮助。

8.3.3 示例 19：ChatGPT 辅助解释代码错误

下面通过一个具体的示例介绍如何使用 ChatGPT 辅助解释代码错误。

示例步骤：

用户向 ChatGPT 发送如下提问：

我在编写自动化代码时遇到了一个错误，但我不太清楚错误的原因和如何解决。能帮我解释一下吗？

ChatGPT 回答如下：

当然！请将你遇到的错误信息提供给我，我会尽力解释错误原因并给出解决思路。

用户向 ChatGPT 发送如下提问：

错误信息是「AttributeError：'Sheet' object has no attribute 'rangs'」。

ChatGPT 回答如下：

这个错误信息表明在 Sheet 对象上找不到 rangs 属性。可能是因为你在代码中打错了属性名称。rangs 可能应该是 range，请检查一下你的代码中是否有类似的拼写错误。

ChatGPT 回答如下：

我明白了，我的代码中确实打错了属性名称。非常感谢你的解释！

8.3.4　示例 20：ChatGPT 辅助优化代码

下面通过一个具体的示例介绍如何使用 ChatGPT 辅助优化代码。

示例步骤：

用户向 ChatGPT 发送如下提问：

我已经编写了一个自动化代码来处理 Excel 数据，但我觉得代码还有改进的空间。你能帮我优化一下吗？

ChatGPT 回答如下：

当然！请将你的代码提供给我，我将审查并提供代码优化和改进建议。

用户向 ChatGPT 发送如下提问：

这是我的自动化代码：

```
import xlwings as xw

# 打开 Excel 文件
book = xw.Book("data.xlsx")
sheet = book.sheets[0]

# 获取数据范围
data_range = sheet.range("A1:C10")

# 进行数据处理
for row in data_range.rows:
    row[2].value = row[0].value + row[1].value

# 保存并关闭 Excel 文件
book.save()
book.close()
```

ChatGPT 回答如下：

你的代码看起来已经很不错了！在优化方面，我注意到你使用了循环来逐行处理数据。在 xlwings 库中，你可以直接操作整个数据范围，而无须逐行处理。以下是一个优化的代码片段：

```
import xlwings as xw

# 打开 Excel 文件
book = xw.Book("data.xlsx")
sheet = book.sheets[0]

# 获取数据范围
data_range = sheet.range("A1:C10")

# 进行数据处理(优化)
data_range.columns[2].value = data_range.columns[0].value + data_range.columns[1].value

# 保存并关闭 Excel 文件
book.save()
book.close()
```

在优化后的代码中，我使用了数据范围的列操作，直接对第三列进行赋值运算，避免了逐行处理的循环。这样可以提高代码的执行效率和简洁性。

用户向 ChatGPT 发送如下提问：

非常感谢你的建议！这个优化后的代码看起来更加简洁和高效。

ChatGPT：

很高兴能帮到你！如果你还有其他的问题或需要进一步的帮助，请随时告诉我。我会尽力提供帮助。

8.4 本章总结

本章主要介绍了使用 Python 实现 Excel 自动化的两种方法：

(1) xlwings 库：该库提供了非常方便的 Excel 对象模型，可以实现读取、写入、插入和删除等 Excel 基本操作。给出了诸多示例，涵盖了单元格、表格区域和工作表等对象的处理。

(2) pywin32 库：该库可以进行 Excel 文件的批量处理，实现文件格式转换、拆分和合并等操作，极大地提升了办公效率。

此外，本章还给出了许多 ChatGPT 在 Excel 自动化中的应用实例。

通过学习本章内容，可以掌握使用 Python 实现 Excel 自动化的方法，大幅提升办公效率。同时，也可以看到 ChatGPT 是一个非常出色的编程助手，可以极大地提高自动化程序的开发效率。

第9章

ChatGPT 辅助 Word 自动化

ChatGPT 是一个基于自然语言处理的语言模型，可以作为一个辅助工具，帮助实现 Word 自动化的目标。本章将探讨如何将 ChatGPT 与 Word 结合，这在 Word 自动化的开发和应用中发挥着重要的作用。

在 Python 中，可以使用不同的库来访问和操作 Word 文件。常用的库包括 python-docx 和 pywin32。

（1）python-docx：是应用最普遍的 Word 文档处理库，它的优势是跨平台，可以在 Windows 和 macOS 平台处理 Word 文档，缺点是不能处理老版本的 Word 文件格式，即只能够处理.docx 格式文件，但不能处理.doc 格式文件。

（2）pywin32：调用 Windows 底层 API 实现对 Word 文档操作，因此不支持跨平台，只能在 Windows 平台使用。

9.1 使用 python-docx 库

python-docx 是一个功能强大的库，用于创建、读取和修改 Word 文档。它提供了丰富的 API，可以访问和操作 Word 文档的各个部分，如段落、表格和标题等。

要使用 python-docx 库，首先需要安装它。可以使用 pip 指令进行安装：

```
pip install python-docx
```

安装完成后，就可以在 Python 脚本中导入该库，并开始对 Word 文档进行操作。

9.1.1 python-docx 库中的那些对象

python-docx 库提供了一些对象来操作 Word 文档，这些对象都是与 Word 文档相关内容对应的。python-docx 库采用层次结构管理这些对象，如图 9-1 所示。

这些对象说明如下：

- Document：Word 文档对象，表示整个 Word 文档。文档中会包含若干段落（Paragraph）或表格（Table）等对象。
- Paragraph：对应 Word 文档中的段落。

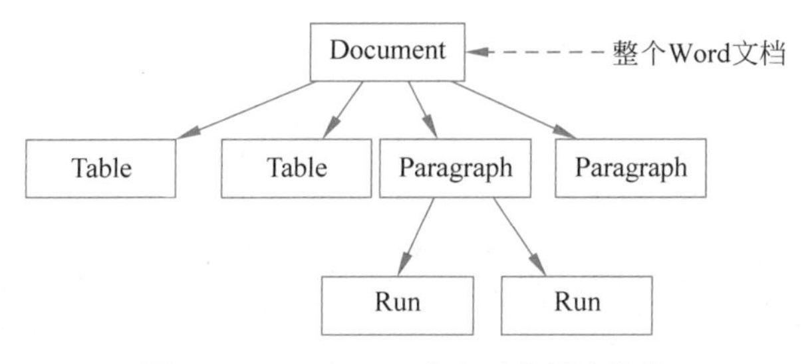

图 9-1 python-docx 库中对象层次结构

- Table：Word 文档中的表格，一个表格中还包含行、列和单元格等对象。
- Run：每一个 Run 对象是包含字体、样式等信息的文本片段。一个段落对象包含若干个 Run 对象。如图 9-2 所示，①和②属于不同的 Run 对象，从图中可见它们有不同样式。

此外，还有节(Section)、样式(Style)和内置形状(Inline_shape)等对象。

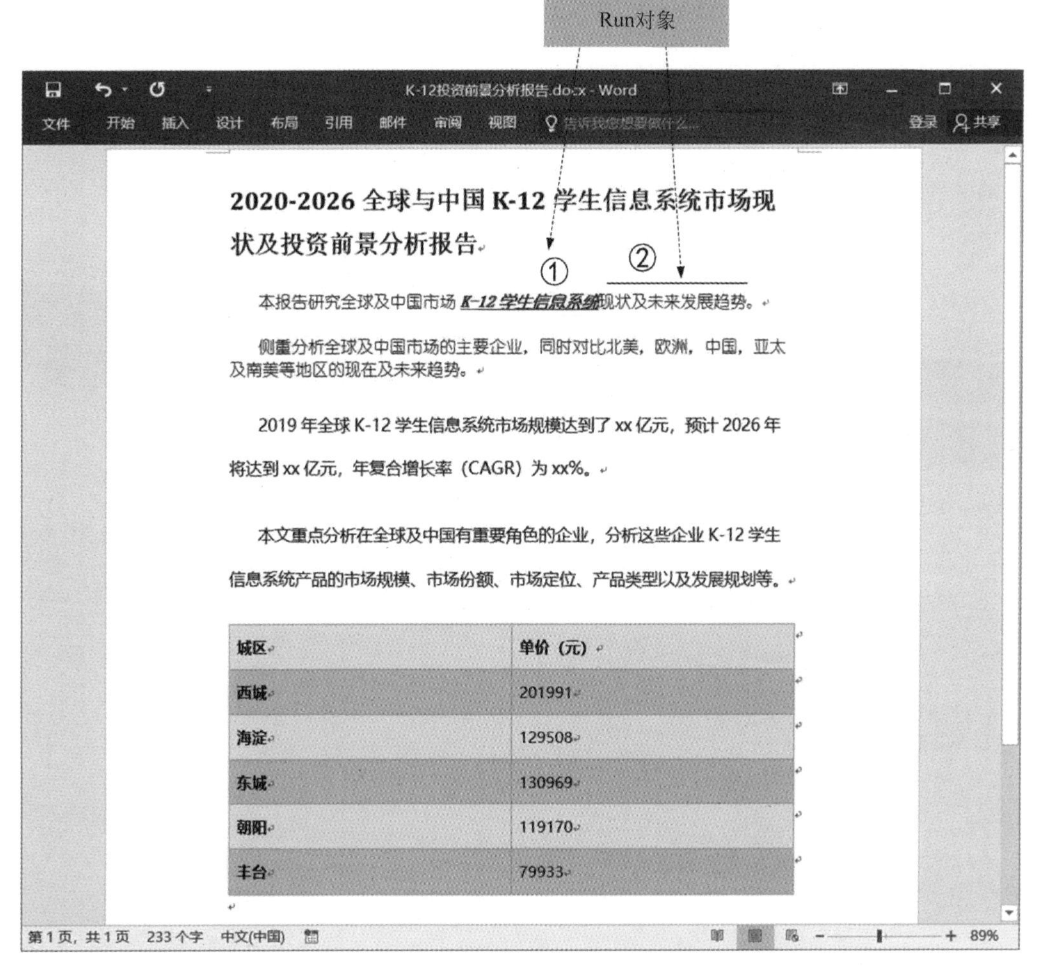

图 9-2 python-docx 库中对象

9.1.2 示例1：打开和读取Word文档

使用python-docx库，可以打开一个Word文档并读取其中的内容，图9-3所示的是"K-12投资前景分析报告.docx"文件，该文件可以在本书配套代码中找到。

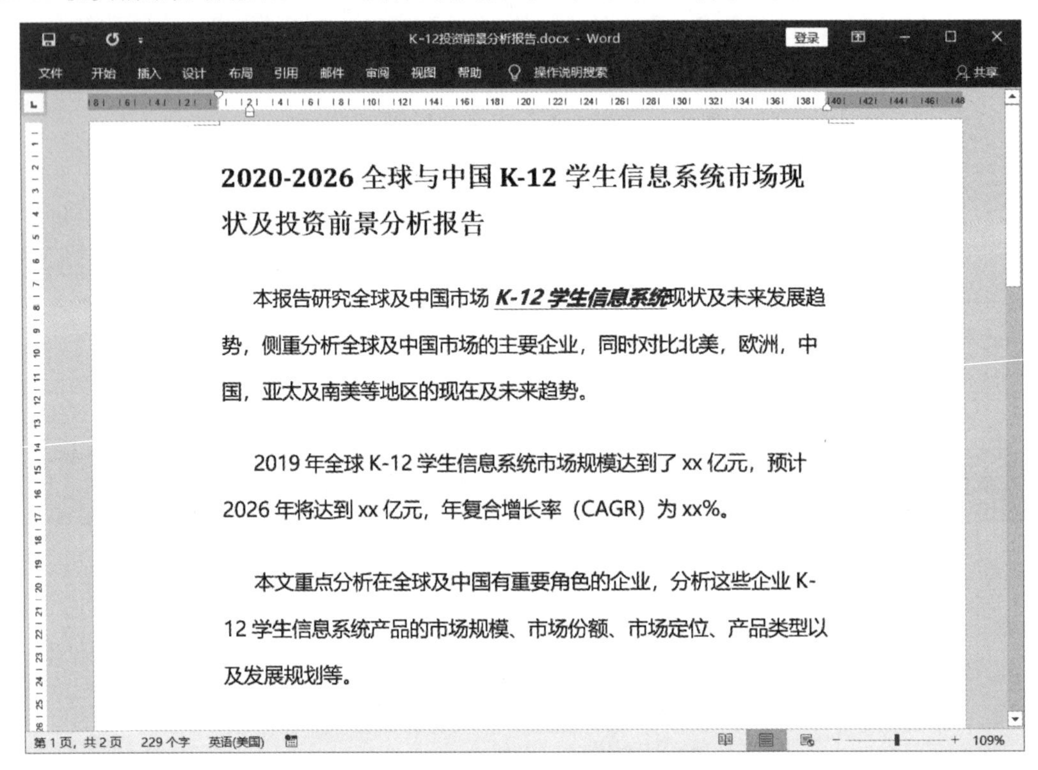

图9-3 K-12投资前景分析报告.docx文件

示例代码如下：

```
from docx import Document                                          ①

document = Document(r'data/K-12投资前景分析报告.docx')              ②
all_paras = document.paragraphs                                    ③

print('段落个数:', len(all_paras))

# 遍历所有段落
for para in all_paras:                                             ④
    text = para.text                                               ⑤
    # 去掉空白
    text = text.strip()                                            ⑥
    # 如果是空白则跳过
    if text == '':                                                 ⑦
        continue
    print(text)
```

```
    print("--------------")
print('完成。')
```

示例运行后，在控制台输出结果如下：

```
段落个数：10
2020-2026全球与中国K-12学生信息系统市场现状及投资前景分析报告
--------------
本报告研究全球及中国市场K-12学生信息系统现状及未来发展趋势，侧重分析全球及中国市场的
主要企业，同时对比北美，欧洲，中国，亚太及南美等地区的现在及未来趋势。
--------------
2019年全球K-12学生信息系统市场规模达到了xx亿元，预计2026年将达到xx亿元，年复合增长率
(CAGR)为xx%。
--------------
本文重点分析在全球及中国有重要角色的企业，分析这些企业K-12学生信息系统产品的市场规模、
市场份额、市场定位、产品类型以及发展规划等。
--------------
主要企业包括：
--------------
Skyward
--------------
Power School
--------------
Illuminate Education
--------------
Tyler Technologies
--------------
完成。
```

代码解释如下：

- 代码第①行从docx模块导入Document类。
- 代码第②行通过Document类创建文档对象。Document类有两个构造函数，一个是有字符串参数的构造函数，用于打开已经存在的Word文档，构造函数的参数是要打开的文件路径，本例属于此种情况；另外一个是无参数的构造函数，主要用于创建空的Word文档情况。
- 代码第③行通过文档对象paragraphs属性获得所有段落（Paragraph）对象。从docx模块导入Document类。
- 代码第④行遍历所有段落对象。
- 代码第⑤行para.text获得段落中的文本字符串。
- 代码第⑥行去除前后字空白，包括：空格、制表符、换行符号和回车符号等。
- 代码第⑦行跳过空行段落。

9.1.3 示例2：写入数据到Word文档

本节介绍使用python-docx库来实现向Word文档中写入数据，如图9-4所示，本例写入的Word文档内容，其中有文本和图片等内容。

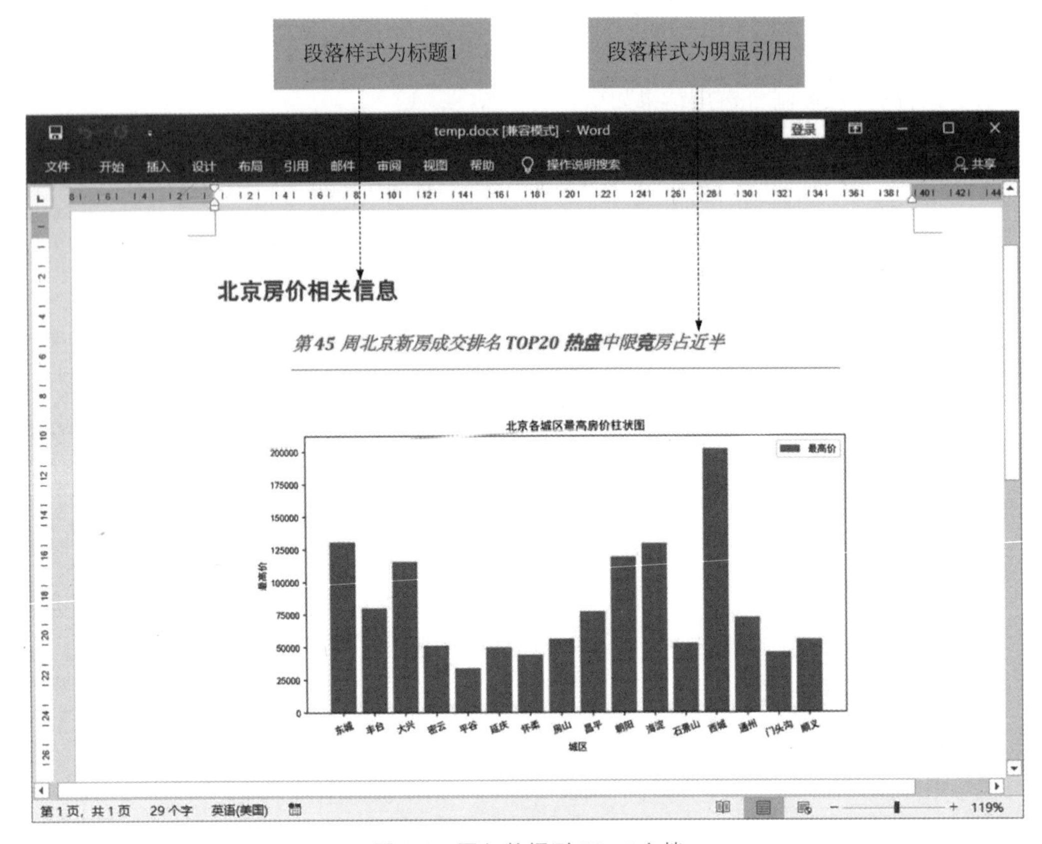

图 9-4 写入数据到 Word 文档

示例实现代码如下：

```
from docx import Document
from docx.shared import Inches

# 创建文档对象
document = Document()                                                    ①

# 添加段落
document.add_heading('北京房价相关信息', level=1)                           ②
# 添加段落
document.add_paragraph('第45周北京新房成交排名TOP20热盘中限竞房占近半', style='Intense
Quote')                                                                  ③
# 添加图片
document.add_picture('data/北京各城区最高房价柱状图.png', width=Inches(6.0))    ④

# 保存文件
document.save(r'data/temp.docx')                                         ⑤

print("保存文档成功.")
```

代码解释如下：

- 代码第①行创建文档对象，注意 Document 构造函数是无参数的，这种文档对象用于创建一个新的空白文档。
- 代码第②行通过 add_heading 函数在文档后面追加标题样式的段落，level 参数是设置标题级别，其他的取值范围是 0～9。
- 代码第③行是添加普通段落，style 参数是设置段落的样式为'Intense Quote(明显引用)，明显引用样式和标题 1 都是 Word 内置样式，如图 9-5 所示。
- 代码第④行 add_picture 函数是在文档中追加图片，该函数的第一个参数是图片路径，第二个参数 width 是设置图片的宽度，Inches(6.0)是设置宽度值为 6 英寸。
- 代码第⑤行通过文档对象保存文件。

图 9-5 Word 内置段落样式

9.1.4 示例 3：在 Word 文档中添加表格

9.1.3 节示例通过 python-docx 库添加了文本和图片，本节介绍如何通过程序在 Word 文档中添加一个表格，如图 9-6 所示。

示例代码如下：

```
from docx import Document

# 打开文档
document = Document('data/temp.docx')

records = [                                                    ①
    ('西城', 201991),
    ('海淀', 129508),
    ('东城', 130969),
    ('朝阳', 119170),
```

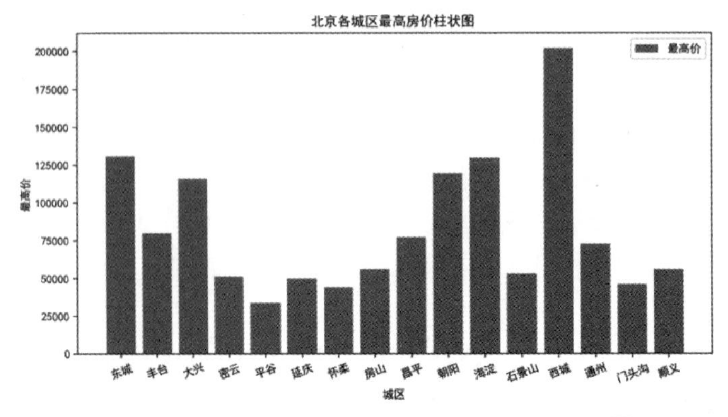

城区	单价（元）
西城	201991
海淀	129508
东城	130969
朝阳	119170
丰台	79933

图 9-6　添加表格

```
    ('丰台', 79933),
]

# 中等深浅网格 1 - 着色 5
table = document.add_table(rows = 1, cols = 2, style = 'Medium Grid 1 Accent 5')    ②
hdr_cells = table.rows[0].cells                                                     ③
hdr_cells[0].text = '城区'                                                          ④
hdr_cells[1].text = '单价(元)'                                                      ⑤

for addr_dist, price in records:                                                    ⑥
    row_cells = table.add_row().cells
    row_cells[0].text = addr_dist                                                   ⑦
    row_cells[1].text = str(price)                                                  ⑧

document.save('data/temp.docx')
print("保存文档成功.")
```

代码解释如下：

- 代码第①行声明列表对象 records，该对象用来保存表格中的数据。records 列表对象中每一个元素是一个元组对象，它对应表格中一行数据。
- 代码第②行通过 doc 对象的 add_table 函数在文档后追加表格。其中参数 rows 设置表格的行数；col 参数设置表格的列数；style 参数设置表格的样式，Medium Grid 1 Accent 5'样式是 Word 内置的表格样式，即“中等深浅网格 1-着色 5”。
- 代码第③行中表达式 table.rows 获得表格的所有行，table.rows[0]表达式则返回表格的第一行。表达式 table.rows[0].cells 则返回表格第一行的所有单元格对象。

- 代码第④行和第⑤行是设置表格的表头。
- 代码第⑥行通过 for 循环遍历列表对象 records，从 records 取出的每一个元素是一个二元组，并且将元组中的两个元素分别赋值给变量 addr_dist 和 price。
- 代码第⑦行和第⑧行是设置表格中单元格。

9.1.5 示例 4：设置文档样式

9.1.3 节示例中的段落字体都是默认字体，看起来很难看，开发人员可以使用 python-docx 设置文档对象的 styles 属性，设置文档的默认字体。

示例代码如下：

```
from docx import Document
from docx.oxml.ns import qn
from docx.shared import Inches
from docx.shared import Pt

# 创建文档对象
document = Document()
# 定义样式
style = document.styles['Normal']                                    ①
# 设置英文字体
style.font.name = 'Times New Roman'                                  ②
style.font.size = Pt(12)
# 设置中文字体
style.element.rPr.rFonts.set(qn('w:eastAsia'), '幼圆')               ③
records = [
    ('西城', 201991),
    ('海淀', 129508),
    ('东城', 130969),
    ('朝阳', 119170),
    ('丰台', 79933),
]

# 添加段落
p = document.add_paragraph('第 45 周北京新房成交排名 TOP20 热盘中限竞房占近半')

# 添加图片
document.add_picture('data/北京各城区最高房价柱状图.png', width = Inches(6.0))

# 添加表格
table = document.add_table(rows = 1, cols = 2, style = 'Medium Grid 1 Accent 5')
hdr_cells = table.rows[0].cells
hdr_cells[0].text = '城区'
hdr_cells[1].text = '单价(元)'

for addr_dist, price in records:
    row_cells = table.add_row().cells
    row_cells[0].text = addr_dist
    row_cells[1].text = str(price)
# 保存文件
document.save(r'data/temp.docx')
```

```
print("保存文档成功.")
```

代码解释如下：

- 代码第①行获得文档对象的默认样式对象。
- 代码第②行是设置英文字体名，name 属性必须要设置。
- 代码第③行是设置中文字体为“幼圆”，必须采用 style.element.rPr.rFonts.set(qn('w:eastAsia'), '幼圆')的形式字体设置才能生效。

9.1.6 示例 5：修改文档样式

下面再介绍一个示例，该示例通过程序代码修改已经存在的文档样式，示例实现代码如下：

```
from docx import Document
from docx.oxml.ns import qn
from docx.shared import Pt

document = Document(r'data/K-12 投资前景分析报告.docx')
all_paras = document.paragraphs

# 遍历所有段落
for paragraph in document.paragraphs:                                    ①

    # 遍历段落中 runs 对象
    for run in paragraph.runs:                                           ②
        run.font.size = Pt(12)                                           ③
        run.font.name = 'Times New Roman'

        run.element.rPr.rFonts.set(qn('w:eastAsia'), '微软雅黑')          ④

document.save(r'data/K-12 投资前景分析报告 2.docx')

print("结束")
```

代码解释如下：

- 代码第①行获得所有段落，并遍历这些段落。
- 代码第②行是遍历一个段落中所有的 Run 对象。
- 代码第③、④行是设置 Run 对象的字体和字号等样式。

9.2 使用 pywin32 库处理 Word 文档

在第 8 章已经使用过 pywin32 库转换 Excel 文档格式，pywin32 库也可以转换 Word 文档，本节将介绍如何使用 pywin32 库批量处理 Word 文档示例。

9.2.1　示例6：批量转换.doc文件为.docx文件

在办公中读者经常会遇到需要将.doc文件为.docx文件，示例实现代码如下：

```
import os
from win32com import client as wc                          # 导入模块                    ①

查找 dir 目录下 ext 后缀名的文件列表
# dir 参数是文件所在目录,ext 参数是文件后缀名

def findext(dir, ext):                                                                  ②
    allfile = os.listdir(dir)                                                           ③

    # 返回过滤器对象
    files_filter = filter(lambda x: x.endswith(ext), allfile)                           ④
    # 从过滤器对象提取列表
    list2 = list(files_filter)                                                          ⑤
    return list2                                           # 返回过滤后条件文件名


if __name__ == '__main__':

    #   设置输入目录
    indir = r'C:\Users\tony\OneDrive...\in'
    #   设置输出目录
    outdir = r'C:\Users\tony\OneDrive\...\out'

    wordapp = wc.Dispatch("Word.Application")              # 创建 Word 应用程序对象      ⑥

    # 查找 indir 目录中所有.doc 文件
    list2 = findext(indir, '.doc')

    for name in list2:
        infile = os.path.join(indir, name)                 # 将目录和文件名连接起来
    name = name.replace('.doc', '.docx')
        outfile = os.path.join(outdir, name)
        document = wordapp.Documents.Open(infile)          # 打开 Word 文件              ⑦
        document.SaveAs(outfile, FileFormat = 12)                                       ⑧

        print(outfile, "转换 OK。")
    document.Close(0)                                      # 关闭 Word 文件 0 表示不保存变更 ⑨
    wordapp.Quit()                                         # 退出 Word 应用              ⑩

print("完成。")
```

代码解释如下：

- 代码第①行是从 pywin32 库导入 win32com 模块。
- 代码第②行是定义 findext 函数，该函数用于从指定目录查找指定后缀名的所有文件，其中参数 dir 是文件所在目录，ext 参数是文件后缀名。
- 代码第③行通过 Python 自带的 os 模块中 listdir(dir)函数返回 dir 目录下所有文件名。

- 代码第④行 filter 是过滤函数，它可以将 allfile 列表按照指定的过滤条件进行过滤，返回符合条件的过滤器对象。
- 代码第⑤行从过滤器对象返回列表对象，由于 filter 过滤器函数返回的不是一个列表对象，而是一个过滤器对象，因此想要获得列表，还需要使用 list 函数进行转换。
- 代码第⑥行通过 Dispatch 函数创建 Word 应用程序对象。
- 代码第⑦行打开 Word 应用程序，注意，打开文件的路径不能使用相对路径。
- 代码第⑧行通过 SaveAs 函数另存文件为.docx 格式文件，其中参数 outfile 是要保存文件名，参数 FileFormat 是设置另存的文件格式，12 表示另存的文件格式是 wdFormatXMLDocument，即.docx 格式文件。另外，需要注意保存文件的路径不能使用相对路径。
- 代码第⑨行关闭文件，Close 函数中的 0 表示不保存变更。因为我们并没有修改文件内容，只是打开文件另存为 docx 文件后就关闭文件了。
- 代码第⑩行退出 Word 应用程序。

在文件另存时，常量 12 表示 docx 格式。如何知道 12 表示的是.docx 格式的文件呢？其中这个文件格式常量是在 VBA 文档中定义的，读者可以在如图 9-7 所示的页面中找到常量与文件格式的对应关系。

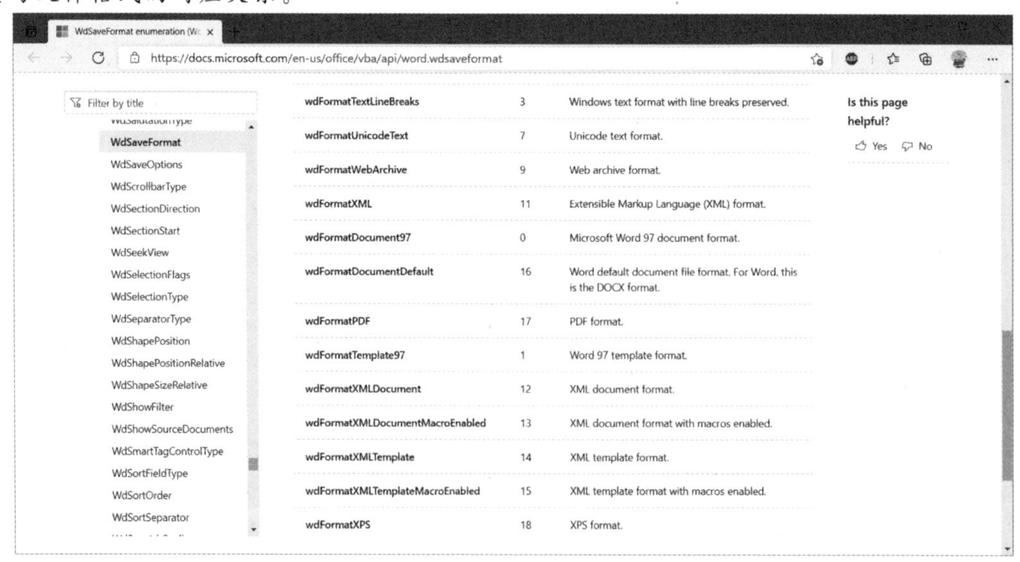

图 9-7 常量与文件格式的对应关系

9.2.2　示例7：采用模板批量生成证书文件

假设你需要每个月根据员工的绩效评定结果生成相应的获奖证书。为了减轻工作量，你希望使用模板技术来自动化这个过程。

具体而言，你已经准备好一个名为"证书模板.docx"的Word文档，其中包含了证书的布局、样式和格式，但是还缺少具体的获奖人姓名、日期和颁奖人姓名或头衔等信息。

为了批量生成证书，你需要从保存员工信息的Excel文件中获取获奖人的姓名，并将其填写到证书模板中相应的位置。然后，根据每个员工的信息生成一个独立的证书文件，如图9-8所示。

图9-8　证书模板文件

生成Word文档的模板技术有python-docx-template库。使用python-docx-template库之前我们需要做好两件事情。

1. 安装python-docx-template库

安装python-docx-template库，可以使用pip指令或PyCharm工具安装。pip指令如下：

```
pip install docxtpl
```

2. 准备模板文件

准备模板文件不仅仅是设计文件就可以了，还需要把文件中的动态内容标识出来。如图 9-9 所示，动态内容使用{{变量}}标识出来，变量部分会通过程序传递过来，传递过来的也可以是一个表达式，模板引擎会计算之后填到模板文件中。

图 9-9　标识模板文件

示例实现代码如下：

```
from datetime import datetime

import xlwings as xw
from docxtpl import DocxTemplate                                    ①

# 读取 Excel 文件获得员工数据
def readdata():                                                     ②
    # 设置程序不可见运行
    app = xw.App(visible = False, add_book = False)
    f = r'data/员工信息.xlsx'
    print('打开文件:', f)
    wb = app.books.open(f)

    # 通过工作表名返回工作表对象
    sheet1 = wb.sheets[0]
```

```
    # 选择姓名单元格区域
    rng = sheet1.range('B2').expand('down')

    # 单元格区域数组
    names = rng.value

    # 关闭工作簿对象
    wb.close()
    # 退出 Excel 应用程序
    app.quit()

    print('关闭文件:', f)
    # 返回姓名列表
    return names


if __name__ == '__main__':
    # 获得员工姓名列表
    emps = readdata()
    date = datetime.now().strftime('%Y-%m-%d')                      ③
    #  设置输出目录
    outdir = r'C:\Users\tony\OneDrive\...\out'

    for emp in emps:                                                ④
        tpl = DocxTemplate('data/证书模板.docx')                      ⑤

        # 传递给模板的字典对象
        context = {}                                                ⑥
        context['name'] = emp                                       ⑦
        context['title'] = '关总经理'
        context['date'] = date                                      ⑧

        # 渲染模板生成 docx 文档
        tpl.render(context)                                         ⑨

        file = ('{0}/证书-{1}.docx'.format(outdir, emp))
        tpl.save(file)                                              ⑩
        print('{0}证书生成完成。'.format(emp))

    print('完成。')
```

代码解释如下：

- 代码第①行从 docxtpl 库导入 DocxTemplate 对象。
- 代码第②行定义 readdata 函数，用来从 Excel 文件中读取员工信息，返回员工名字的列表对象。
- 代码第③行获得当前日期，并且格式化为四位为年，两位日和两位月并用"-"短横线连接的日期格式。
- 代码第④行遍历 emps 员工信息列表对象。

- 代码第⑤行创建 DocxTemplate 模板对象，构造函数是模板文件路径。
- 代码第⑥行是创建字典对象 context，该对象用来将参数传递给模板。
- 代码第⑦、⑧行通过键将数据参数放到字典中，注意字典的键名与模板中{{变量}}的变量一致。
- 代码第⑨行通过 render 函数渲染模板，渲染动作是生成文档对象。
- 代码第⑩行将渲染成文档对象保存为 docx 文件。

示例代码运行后，会在输出目录生成多个 docx 文件，如图 9-10 所示。如果打开其中刚刚生成的文件，则如图 9-11 所示。

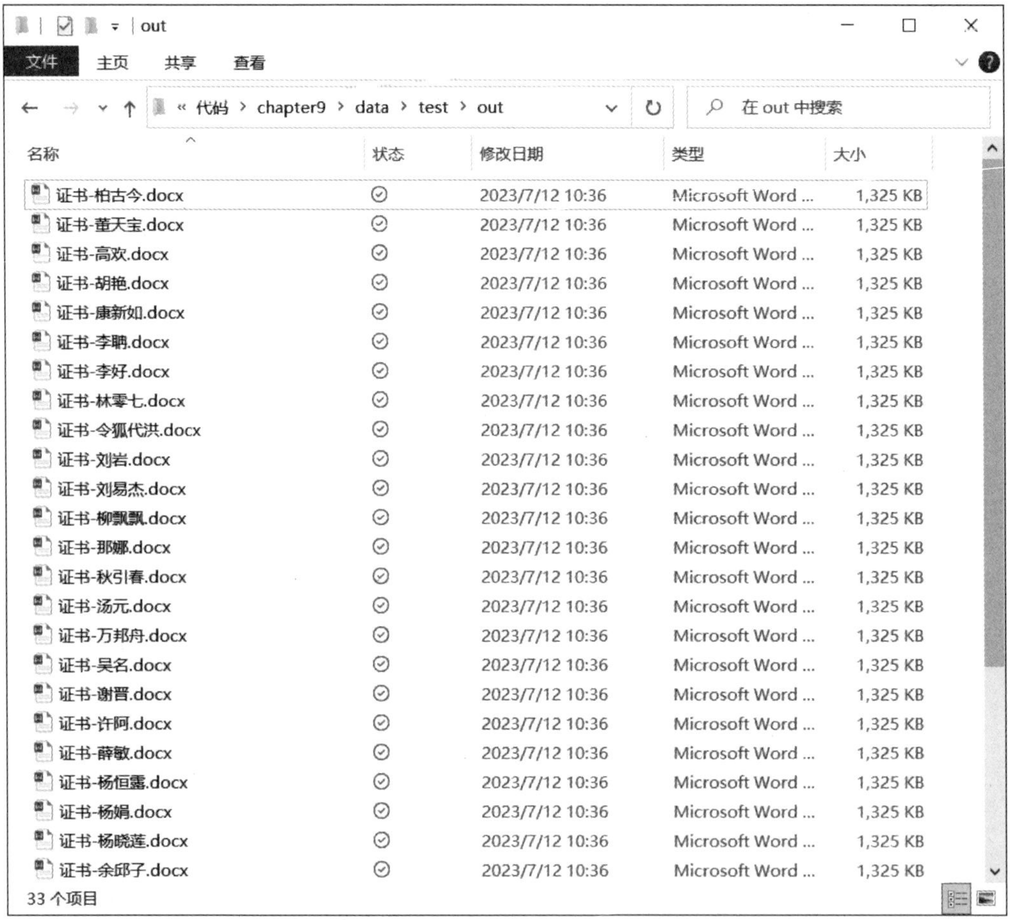

图 9-10 批量生成的多个 docx 文件

9.2.3 示例 8：批量统计文档页数和字数

假设你需要统计分公司提供的大量 Word 文件的页码数和字数，传统的方法是逐个打开文件并手动统计，但这种方式非常耗时且容易出错。

图 9-11 生成好的 docx 文件

为了提高效率，可以使用 Python 中的 pywin32 库来读取文档的信息，包括页码数和字数。

示例实现代码如下：

```
import os
from win32com.client import Dispatch                                        ①


# 查找 dir 目录下 ext 后缀名的文件列表
# dir 参数是文件所在目录,exts 参数是指定文件后缀名列表
def findext(dir, exts):                                                     ②
    allfile = os.listdir(dir)
    # 返回过滤器对象
    files_filter = filter(lambda x: os.path.splitext(x)[1] in exts, allfile) ③
    # 从过滤器对象提取列表
    list2 = list(files_filter)
    return list2                                  # 返回过滤后条件文件名


if __name__ == '__main__':

    #  设置输入目录
    indir = r'C:\Users\tony\OneDrive\...\test\in'
    # 通过 findext 函数查找指定目录下的.doc 和.docx 文件
```

```
    list2 = findext(indir, ['.doc', '.docx'])

    # 打开 Word 文档
    wordapp = Dispatch('Word.Application')                              ④
    wordapp.Visible = False                                             ⑤

    # 遍历文件列表
    for name in list2:
        infile = os.path.join(indir, name)          # 将目录和文件名连接起来
        document = wordapp.Documents.Open(infile)   # 打开 Word 文件
        # 重新编排页面
        document.Repaginate()                                           ⑥
        pagenum = document.ComputeStatistics(2)                         ⑦
            pagenum = document.ComputeStatistics(6)
            # 2     页数
            # 1     行数
            # 3     字符数
            # 4     段落数
            # 6     亚洲语言字符数
            # 0     单词数

        print('文{0}文件:页数是:{1},字符数:{2}'.format(name, pagenum, wordnum))

        document.Close()                            # 关闭 Word 文档

wordapp.Quit()                                      # 退出 Word 应用
print('完成。')
```

代码解释如下：

- 代码第①行是从 pywin32 库导入 win32com 模块。
- 代码第②行定义 findext 函数，注意该函数与 7.2.1 节 findext 函数的区别，该 findext 函数可以判断多种类型文件。而 7.2.1 节 findext 函数只能判断一种特定格式文件。本节 findext 中参数 dir 是文件所在目录，exts 参数是指定多种文件后缀名列表。
- 代码第③行比较复杂，其中表达式 os.path.splitext(x)用于截取文件名和文件后缀名，它返回的是一个列表，列表第一个元素是文件名，列表的第二个元素是文件后缀名。所以表达式 os.path.splitext(x)[1]会返回表文件后缀名。os.path.splitext(x)[1] in exts 表达式是判断文件后缀名是否包含在 exts 列表中。
- 代码第④行打开指定的 Word 文档。
- 代码第⑤行设置文档不可见。
- 代码第⑥行通过 Repaginate 函数重新编排页面，有很多原因会导致页数的变化，因此在获得页数之前有必要重新编排页面。
- 代码第⑦行通过 ComputeStatistics 函数返回文档页数，其中参数 2 是指定获得页数。这些常量也是在 VBA 中定义的，类似的常量还有 4 表示段落数，6 表示亚洲语

言字符数等。

示例代码运行后，在控制台输出结果如下：

```
文 K-12 投资前景分析报告.doc 文件:页数是:2,字符数:207
文 K-12 投资前景分析报告.docx 文件:页数是:2,字符数:207
文 temp.docx 文件:页数是:1,字符数:44
文第一章 Linux 简介.doc 文件:页数是:1,字符数:722
文第一章 Linux 简介.docx 文件:页数是:1,字符数:722
文第一章 Linux 简介 2.doc 文件:页数是:1,字符数:722
文证书模板.docx 文件:页数是:1,字符数:29
完成。
```

9.2.4 示例9：批量转换Word文件为PDF文件

假设你需要将大量的Word文件（包括.doc和.docx格式）批量转换为PDF文件。你的任务是实现自动化的转换过程，以节省时间和工作量。

为了达到这个目标，你可以使用Python中的pywin32库与Microsoft Word应用程序进行交互，并利用Word应用程序的功能将Word文档保存为PDF格式。

示例实现代码如下：

```
import os
from win32com import client as wc                    # 导入模块

# 查找 dir 目录下 ext 后缀名的文件列表
# dir 参数是文件所在目录,exts 参数是指定文件后缀名列表

def findext(dir, exts):
    allfile = os.listdir(dir)
    # 返回过滤器对象
    files_filter = filter(lambda x: os.path.splitext(x)[1] in exts, allfile)
    # 从过滤器对象提取列表
    list2 = list(files_filter)
    return list2                                      # 返回过滤后条件文件名


if __name__ == '__main__':

    #  设置输入目录
    indir = r'C:\Users\tony\...\data\test\in'
    #  设置输出目录
    outdir = r'C:\Users\tony\...\test\out'

    wordapp = wc.Dispatch("Word.Application")         # 创建 Word 应用程序对象

    # 查找 indir 目录中所有.doc 文件
    # 通过 findext 函数查找指定目录下的.doc 和.docx 文件
    list2 = findext(indir, ['.doc', '.docx'])
```

```
    for name in list2:
        # 将目录和文件名连接起来
        infile = os.path.join(indir, name)
        # 将文件后缀名.docx 替换为.pdf
        name = name.replace('.docx', '.pdf')
        # 将文件后缀名.docx 替换为.pdf
        name = name.replace('.doc', '.pdf')
        outfile = os.path.join(outdir, name)
        document = wordapp.Documents.Open(infile)  # 打开 Word 文件
        document.SaveAs(outfile, FileFormat = 17)                         ①
        print(outfile, "转换 OK。")
        document.Close(0)                          # 关闭 Word 文件
    wordapp.Quit()                                 # 退出 Word 应用
  print("完成。")
```

代码解释如下：

- 代码第①行 SaveAs 函数将 Word 文件另存为 PDF 格式文件其中参数是 17。文件格式与常量的对应关系，读者请参考图 9-7。

9.3 ChatGPT 如何辅助 Word 自动化最佳实践

ChatGPT 可以在 Word 自动化中发挥辅助作用，提高工作效率和准确性。下面是 ChatGPT 在 Word 自动化方面的一些应用场景。

(1) 生成代码片段：ChatGPT 可以根据需求生成用于操作 Word 文档的代码片段，包括创建、打开、保存文档，插入文本、图片、表格等操作。

(2) 提供编程思路：当面临复杂的 Word 自动化需求时，可以向 ChatGPT 请教，获取实现思路，如批量处理多个 Word 文档、搜索替换文本等。

(3) 解释代码错误：在编写 Word 自动化代码时出现错误，可以将错误信息提供给 ChatGPT，让其解释错误原因并给出解决思路。

(4) 优化代码：完成自动化代码后，可以请 ChatGPT 审核代码，提供代码优化和改进的建议，以提高代码质量和执行效率。

(5) 生成注释文档：ChatGPT 可以根据编写的自动化程序生成注释文档，包括函数用途、参数说明和代码逻辑解释，提高代码的可读性和可维护性。

(6) 提供最佳实践：学习 Word 自动化的最佳实践，包括处理段落、样式和表格等，以提升自动化任务的效率和准确性。

(7) 回答 Word 相关问题：在使用 Word 和自动化方面遇到问题时，可以直接向 ChatGPT 提问，获得解答和指导。

通过 ChatGPT 的辅助，用户可以通过与 ChatGPT 的对话，从生成代码片段到提供编程思路、解释代码错误、优化代码、生成注释文档和获取最佳实践等方面获得全方位支持，提升 Word 自动化的开发和应用效果。ChatGPT 作为一个智能助手，在 Word 自动化方面发挥着重要的作用。

9.3.1 示例10：ChatGPT辅助生成代码片段

下面通过一个具体的示例介绍如何使用ChatGPT辅助生成代码片段。

示例背景：

用户是一位办公室职员，经常需要处理大量的Word文档。为了提高工作效率，用户希望能够自动化一些常见的操作，例如插入特定文本和表格。用户希望利用ChatGPT的辅助来生成相应的代码片段，以便快速实现这些自动化任务。

示例步骤：

用户向ChatGPT发送如下提问：

我需要一个代码片段来在Word文档中插入一段文本和一个表格，请问你可以帮我生成吗？

ChatGPT回答如下：

当然！请告诉我你要插入的文本内容和表格的行数和列数。

用户向ChatGPT发送如下提问：

我要插入的文本是"Hello, ChatGPT!"，表格需要有3行和4列。

ChatGPT回答如下：

好的，这是生成的代码片段：

```
import docx

# 打开 Word 文档
doc = docx.Document("document.docx")

# 插入文本
doc.add_paragraph("Hello, ChatGPT!")

# 插入表格
table = doc.add_table(rows = 3, cols = 4)

# 设置表格内容
table.cell(0, 0).text = "Row 1, Column 1"
table.cell(0, 1).text = "Row 1, Column 2"
table.cell(0, 2).text = "Row 1, Column 3"
table.cell(0, 3).text = "Row 1, Column 4"
```

```
table.cell(1, 0).text = "Row 2, Column 1"
table.cell(1, 1).text = "Row 2, Column 2"
table.cell(1, 2).text = "Row 2, Column 3"
table.cell(1, 3).text = "Row 2, Column 4"

table.cell(2, 0).text = "Row 3, Column 1"
table.cell(2, 1).text = "Row 3, Column 2"
table.cell(2, 2).text = "Row 3, Column 3"
table.cell(2, 3).text = "Row 3, Column 4"

# 保存并关闭 Word 文档
doc.save("document.docx")
```

这个代码片段会打开名为"document.docx"的Word文档，在文档中插入指定的文本和表格，并保存文档。你可以根据需要进行修改。

9.3.2 示例11：ChatGPT辅助提供编程思路

下面通过一个具体的示例介绍如何使用ChatGPT辅助提供编程思路。

示例背景：

用户是一位研究员，需要处理大量的实验数据并生成报告。用户希望能够自动化生成报告的过程，包括从数据源中提取数据、生成统计图表和插入分析结果等。用户希望利用ChatGPT来获取一些编程思路，以便更好地实现这个自动化任务。

示例步骤：

用户向ChatGPT发送如下提问：

我正在尝试自动化生成实验报告的过程，但不确定如何从数据源中提取数据并生成统计图表。你能给我一些编程思路吗？

ChatGPT回答如下：

当然！首先，你可以考虑使用合适的Python库来处理数据，例如Pandas和Matplotlib。以下是一些编程思路的示例：

(1) 从数据源中提取数据：

- 使用Pandas库来读取数据源文件，例如CSV或Excel文件。
- 利用Pandas提供的数据处理功能，选择和过滤所需的数据。

(2) 生成统计图表：

- 使用Matplotlib库来创建各种类型的图表，如柱状图、折线图、散点图等。

- 利用 Pandas 提供的数据处理功能，对数据进行预处理和整理，以便生成适当的图表。

(3) 插入分析结果：

- 使用 Python 的文档处理库，如 Python-Docx，来打开和操作 Word 文档。
- 将统计图表插入到 Word 文档中的适当位置，并根据需要添加分析结果的文字描述。

这些是一些基本的编程思路，具体实现方式可以根据数据源格式、分析要求和报告格式进行调整。如果你有特定的问题或需要更详细的指导，请告诉我，我会尽力提供帮助。

9.3.3 示例 12：ChatGPT 辅助解释代码错误

下面通过一个具体的示例介绍如何使用 ChatGPT 辅助解释代码错误。

示例背景：

用户是一位开发人员，正在进行 Word 自动化的代码开发。在代码编写过程中，用户遇到了一个错误，并希望 ChatGPT 能够辅助解释错误的原因和提供解决思路。用户希望通过对话形式与 ChatGPT 进行交流，以获得代码错误的解释和修复建议。用户已经提供了相关的代码和错误信息，并期待 ChatGPT 的帮助。

示例步骤：

用户向 ChatGPT 发送如下提问：

我在我的 Word 自动化代码中遇到了一个错误，代码如下：

```
import docx
def insert_text(document, text):
   paragraph = document.add_paragraph(text)
   return paragraph

doc = docx.Document("document.docx")
insert_text(doc, "Hello, ChatGPT!")
doc.save("document.docx")
```

但是运行时出现了以下错误：

```
AttributeError: 'Document' object has no attribute 'add_paragraph'
```

我不太明白这个错误是什么意思，能否帮我解释一下？

ChatGPT 回答如下：

这个错误是因为 Document 对象没有名为 add_paragraph 的属性。根据错误信息，你可以尝试使用 Document 对象的 add_paragraph()方法来插入段落。修改代码如下：

```
import docx

def insert_text(document, text):
    paragraph = document.add_paragraph(text)
    return paragraph

doc = docx.Document("document.docx")
insert_text(doc, "Hello, ChatGPT!")
doc.save("document.docx")
```

这样修改后，你的代码应该可以正常运行了。

用户向 ChatGPT 发送如下提问：

非常感谢你的解释！我明白错误的原因了，并且根据你给出的解决思路修改了代码。现在代码可以正常运行了。

9.3.4 示例 13：ChatGPT 辅助优化代码

下面通过一个具体的示例介绍如何使用 ChatGPT 辅助优化代码。

示例步骤：

用户向 ChatGPT 发送如下提问：

我编写了以下代码来插入一段文本和设置字体样式：

```
import docx

def insert_text(document, text, font_name, font_size):
    paragraph = document.add_paragraph(text)
    run = paragraph.runs[0]
    font = run.font
    font.name = font_name
    font.size = docx.shared.Pt(font_size)
    return paragraph

doc = docx.Document("document.docx")
insert_text(doc, "Hello, ChatGPT!", "Arial", 12)
```

```
doc.save("document.docx")
```

我想知道是否有任何可以优化和改进的地方。

ChatGPT 回答如下:

你的代码看起来已经很不错了！但我有一些建议可以进一步优化：

(1) 建议将字体样式的设置提取为一个单独的函数，以便在需要时重复使用。

(2) 可以考虑添加异常处理机制，以捕获可能出现的异常情况并提供更友好的错误提示。

(3) 考虑使用更具有可读性和可维护性的变量名，以便他人阅读代码时更容易理解代码的作用。

以下是修改后的代码：

```
import docx

def insert_text(document, text, font_name, font_size):
    paragraph = document.add_paragraph(text)
    set_font_style(paragraph, font_name, font_size)
    return paragraph

def set_font_style(paragraph, font_name, font_size):
    run = paragraph.runs[0]
    font = run.font
    font.name = font_name
    font.size = docx.shared.Pt(font_size)

try:
    doc = docx.Document("document.docx")
    insert_text(doc, "Hello, ChatGPT!", "Arial", 12)
    doc.save("document.docx")
except Exception as e:
    print("An error occurred:", str(e))
```

这些修改可以增加代码的可读性、可维护性和鲁棒性。

用户向 ChatGPT 发送如下提问：

非常感谢你的优化建议！我会按照你给出的建议进行修改，以提高代码的质量和效率。

9.4 本章总结

本章主要介绍了使用 Python 实现 Word 自动化的方法，以及 ChatGPT 在 Word 自动化中的应用。

首先，通过 python-docx 库学习了 Word 基本操作，包括打开文档、读取内容、写入数据、添加表格和设置样式等。这为后续打造 Word 自动化程序奠定了基础。

然后，利用 pywin32 库实现了 Word 文档的批量处理，包括文档格式转换、根据模板批量生成文档和统计文档信息等。这极大地提升了办公效率。

在整个学习过程中，ChatGPT 发挥了巨大作用：

（1）可以快速生成 Word 自动化代码片段，辅助编程。

（2）可以提供解决方案的思路，设计自动化流程。

（3）可以解释代码错误，帮助程序调试。

（4）可以优化代码，提高程序稳定性和效率。

综上所述，通过学习本章内容，可以掌握使用 Python 实现 Word 自动化的方法，并充分利用 ChatGPT 这个“超级编程伙伴”，将办公效率和工作质量提升到一个新高度。

第10章

ChatGPT辅助PPT自动化

ChatGPT可以作为一个辅助工具来实现PPT自动化的目标。在本章中，我们将探讨如何利用ChatGPT与PPT结合，这在PPT自动化的开发和应用中发挥着重要的作用。

在Python中，可以使用不同的库来访问和操作PPT文件。常用的库包括python-pptx和pywin32。

(1) python-pptx：是应用最普遍的PPT文档处理库，它的优势是跨平台，可以在Windows和macOS平台处理PPT文档，缺点是不能处理老版本的PPT文档格式，即只能够处理.pptx格式文件，但不能处理.ppt格式文件。

(2) pywin32：调用Windows底层API实现对PPT文档操作，因此pywin32不支持跨平台，只能在Windows平台使用。

10.1 访问PowerPoint文件库——python-pptx

python-pptx是一个用于创建、修改和读取Microsoft PowerPoint文件的Python库。它提供了丰富的功能，使开发者能够在Python中对PPT文件进行各种操作。

要开始使用python-pptx库，首先需要安装它。读者可以使用pip包管理器来安装python-pptx，运行以下命令：

```
pip install python - pptx
```

目前，python-pptx库还不完全支持Python 3.11版本。所以导致pptx库在该版本上加载时会发生错误。为了解决这个问题，你可以尝试在Python 3.10或更早的版本上运行代码。

10.1.1 PowerPoint中的基础概念

在开始使用python-pptx进行PPT自动化之前，了解PowerPoint中的一些基础概念是很重要的。下面是一些常见的PowerPoint概念：

（1）PPT文档对象，一个PPT应用可以启动多个PPT文档。

（2）幻灯片对象，一个PPT文档包含多个幻灯片对象，如图10-1所示。

（3）幻灯片母版，使用母版可以方便更换PPT文档主题。一个PPT文档可以包含多个母版对象。

（4）幻灯片母版版式，如图10-2所示，在母版中包含多个版式，版式又称排版或布局，用于生成和创建幻灯片页面。

（5）占位符，如图10-2所示，一个在母版的版式中包含多个占位符。在创建幻灯片时，占位符会用实际的具体内容填充。

（6）形状，相当于Photoshop中的图层概念，形状可以是幻灯片页中的任何内容，包括图片、边框、表格和图表等。图10-1包含两个形状，分别是幻灯片的主标题和副标题。另外，母版中的占位符也属于形状的一种。

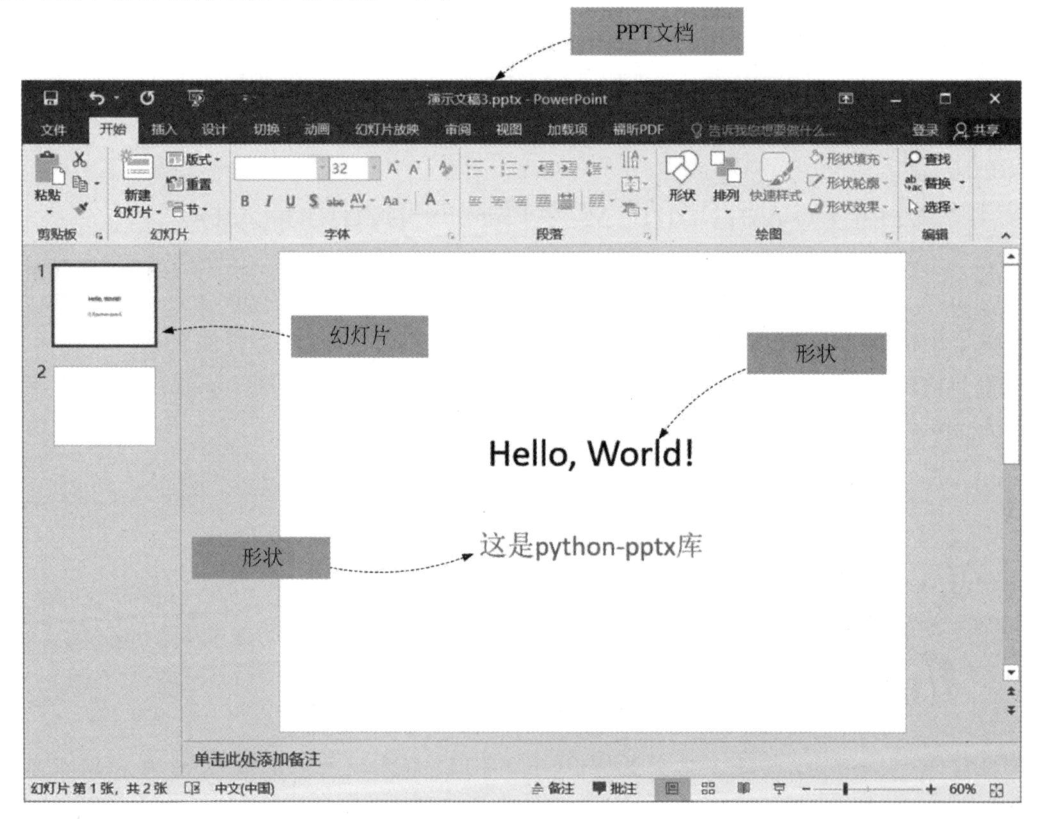

图10-1 PPT中幻灯片视图

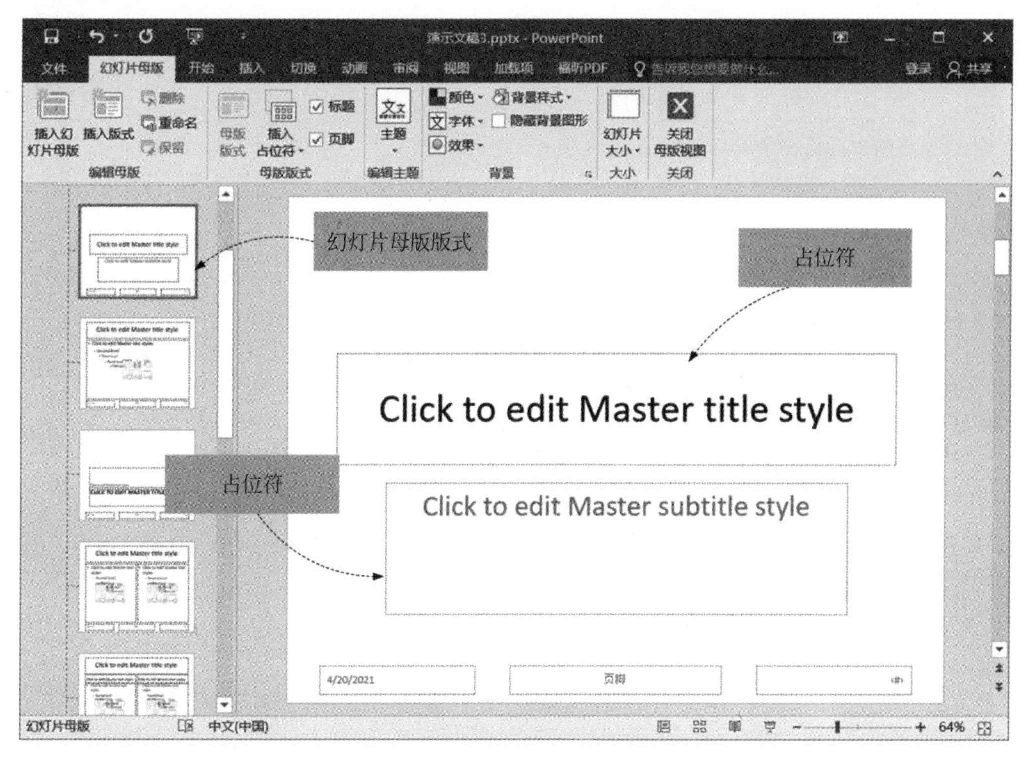

图 10-2 PPT 中幻灯片母版视图

10.1.2 python-pptx 库中的那些对象

python-pptx 库提供了一些对象用来操作 PPT 文档。这些对象都是与 PPT 文档相关概念相对应的。这些库主要的对象如下：

- Presentation：PPT 文档对象。
- Slide：幻灯片对象。
- Slides：幻灯片对象集合。
- SlideLayout：幻灯片母版的一个版式。
- SlideShape：形状对象。
- SlideShapes：幻灯片形状对象集合。
- SlidePlaceholder：占位符对象。
- Table：表格对象。
- Chart：图表对象。

10.1.3 示例 1：创建 PPT 文档

本节通过一个示例介绍如何使用 python-pptx 库创建一个 PPT 文档，示例代码如下：

```
from pptx import Presentation                                    ①
```

```
# 创建空 PPT 文档对象
ppt = Presentation()                                                    ②

# 选择母版中的第一个幻灯片版式,它是带有标题的版式
title_slide_layout = ppt.slide_layouts[0]                               ③

#  在 PPT 添加一页幻灯片
slide = ppt.slides.add_slide(title_slide_layout)                        ④

# 获得幻灯片的标题
title = slide.shapes.title                                              ⑤
# 获得幻灯片中第 2 个占位符
subtitle = slide.placeholders[1]                                        ⑥
# 设置标题文本
title.text = 'Hello, World! '                                           ⑦

# 设置副标题文本
subtitle.text = '这是 python - pptx 库'                                  ⑧

f = r'data/temp.pptx'
# 保存文件
ppt.save(f)                                                             ⑨

print('完成。')
```

代码解释如下：

- 代码第①行从 pptx 模块导入 Presentation 类。
- 代码第②行通过 Presentation 类创建 PPT 文档对象。Presentation 类有两个构造函数，一个是有字符串参数的构造函数，用于打开已经存在的 Word 文档，构造函数的参数是要打开的文件路径，另外一个是无参数构造函数，用来创建空的 PPT 文档，本例属于此种情况。
- 代码第③行选择母版中的第一个幻灯片版式作为创建幻灯片的母版。表达式 ppt.slide_layouts 可以获得母版中的所有版式集合。这个模板是 PPT 默认的母版，它有 11 个版式，如图 10-3 所示，第一个幻灯片版式是具有主标题和副标题的版式。
- 代码第④行按照母版中第 2 个版式创建一页幻灯片，然后添加到 PPT 文档中。返回值 slide 是创建的幻灯片对象。
- 代码第⑤行是获得幻灯片标题对象，它是一个占位符 SlidePlaceholder 对象也是主标题形状对象。
- 代码第⑥行获得幻灯片中第 2 个占位符对象，它也是副标题形状对象。
- 代码第⑦行通过形状的 text 属性设置标题文本。
- 代码第⑧行通过形状的 text 属性设置副标题文本。
- 代码第⑨行保存 PPT 文档。

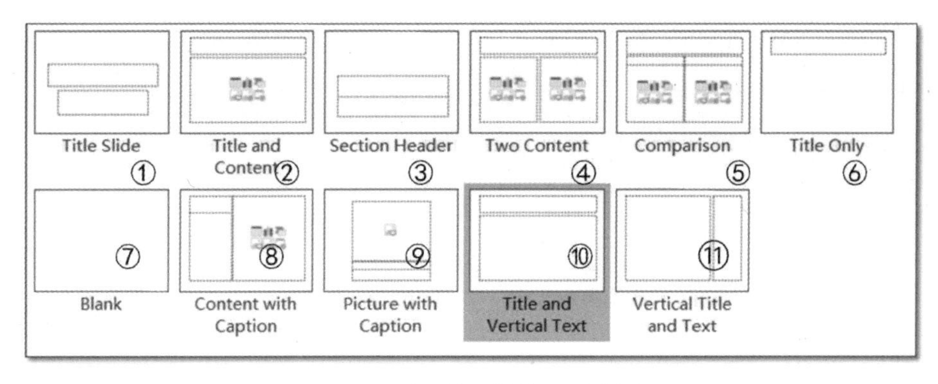

图 10-3 默认的母版的 11 个版式

10.1.4 示例 2：添加更多的幻灯片

本节介绍通过 python-pptx 库在现有的 PPT 文档（如图 10-4 所示）中添加两个新的幻灯片。第一个幻灯片只包含标题，而第二个幻灯片包含了标题和一张图片。

图 10-4 带图片的幻灯片

示例实现代码如下：

```
from docx.shared import Cm
```

```
SLD_LAYOUT_TITLE_ONLY = 5                    # 只有标题的版式

from pptx import Presentation

f = r'data/temp.pptx'
# 打开 PPT 文档
ppt = Presentation(f)                                                    ①

# 选择母版中的第六个幻灯片版式,只有标题的版式
title_slide_layout = ppt.slide_layouts[SLD_LAYOUT_TITLE_ONLY]            ②

#  添加一页幻灯片
print('添加一页幻灯片。')
slide = ppt.slides.add_slide(title_slide_layout)                         ③

# 获得幻灯片的标题
title = slide.shapes.title

# 设置标题文本
title.text = '这是一个只有标题的版式'

image_url = r'data\北京各城区最高房价柱状图.png'

#  在幻灯片中添加图片
slide.shapes.add_picture(image_file = image_url,                         ④
                         left = Cm(0),
                         top = Cm(4.54),
                         width = Cm(25.4),
                         height = Cm(12.7))
# 保存文件
ppt.save(f)
print('完成。')
```

代码解释如下：

- 代码第①行创建 PPT 文档对象，注意 Presentation 构造函数是有参数的，参数是要打开的文件路径。
- 代码第②行是选择母版中的第六个幻灯片版式，该版式是只有标题的版式。
- 代码第③行是添加一页幻灯片。
- 代码第④行通过幻灯片形状集合对象(slide.shapes)的 add_picture 函数在幻灯片中添加图片，其中参数 image_file 是指定图片的路径；参数 left、top、width 和 height 分别是图片的左边距、顶边距、宽度和高度，Cm 是厘米单位。

10.1.5 示例 3：在 PPT 文档中添加表格

本节通过一个示例介绍如何添加表格。示例如图 10-5 所示，在 PPT 文档中追加了只有一个标题的幻灯片，并且在幻灯片中添加了一个图表。

示例代码如下：

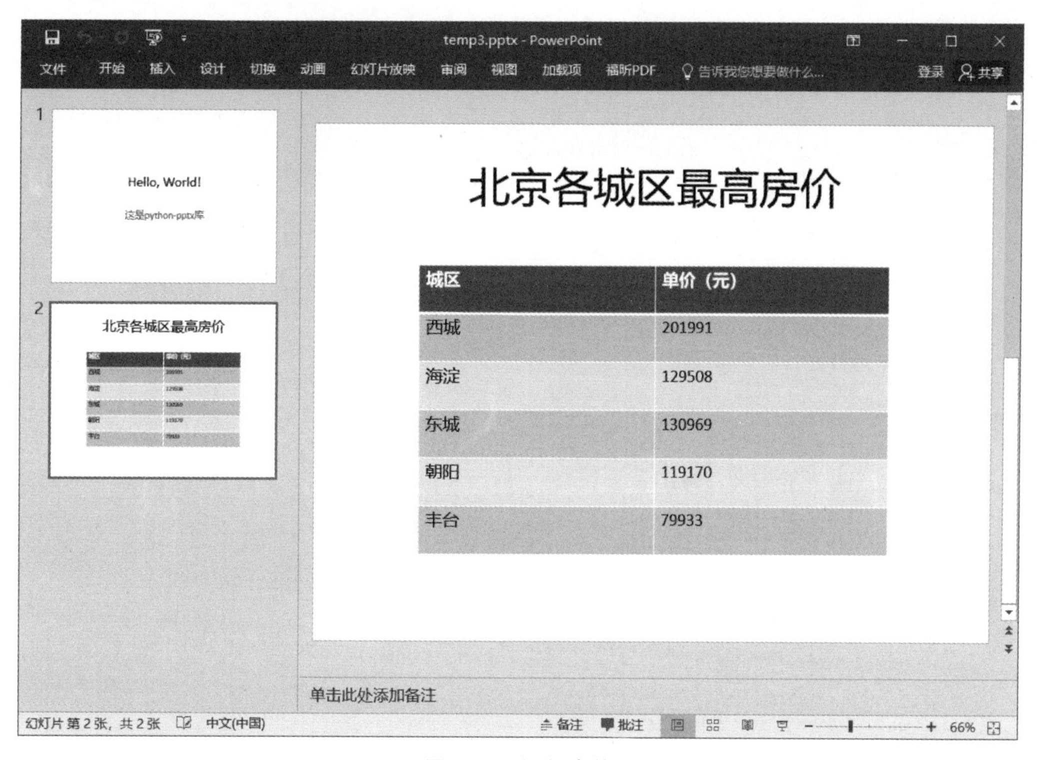

图 10-5　添加表格

```
from docx.shared import Cm
SLD_LAYOUT_TITLE_ONLY = 5                          # 只有标题的版式

from pptx import Presentation

f = r'data/temp.pptx'
# 打开 PPT 文档
ppt = Presentation(f)

# 选择母版中的第六个幻灯片版式,只有标题的版式
title_slide_layout = ppt.slide_layouts[SLD_LAYOUT_TITLE_ONLY]             ①

#  添加一页幻灯片
print('添加一页幻灯片。')
slide = ppt.slides.add_slide(title_slide_layout)                          ②

# 获得幻灯片的标题
title = slide.shapes.title

# 设置标题文本
title.text = '北京各城区最高房价'
#  在幻灯片中添加表格
shape = slide.shapes.add_table(rows = 6,                                  ③
```

```
                        cols = 2,
                        left = Cm(3.89),
                        top = Cm(5.21),
                        width = Cm(17.63),
                        height = Cm(10.66))
table = shape.table                                              ④

records = [                                                      ⑤
    ('西城', 201991),
    ('海淀', 129508),
    ('东城', 130969),
    ('朝阳', 119170),
    ('丰台', 79933),
]

hdr_cells = table.rows[0].cells                                  ⑥
hdr_cells[0].text = '城区'
hdr_cells[1].text = '单价(元)'

for index, value in enumerate(records):                          ⑦
    # 拆解元组中元素
    addr_dist, price = value                                     ⑧
    row_cells = table.rows[index + 1].cells                      ⑨
    row_cells[0].text = addr_dist
    row_cells[1].text = str(price)

# 保存文件
ppt.save(f)

print("Game Over")
```

代码解释如下：

- 代码第①行选择只有标题的版式。
- 代码第②行添加一页幻灯片。
- 代码第③行通过幻灯片形状集合对象(slide.shapes)的add_table函数添加表格，其中rows参数是设置表格行数；cols参数是设置表格列数；参数left、top、width和height分别是表格的左边距、顶边距、宽度和高度，Cm是厘米单位。
- 代码第④行通过shape对象的table属性返回创建的表格对象。
- 代码第⑤行准备表格所需要的数据，它是一个列表对象records，该列表对象中每一个元素是一个元组对象，它对应表格中的一行数据。
- 代码第⑥行获得表格的第一行所有的单元格，其中表达式table.rows[0]是获得表格第一行对象(即标题)，表达式table.rows[0].cells是获得该表格第1行数据所有单元格。
- 代码第⑦行遍历列表records对象，其中enumerate函数可以返回列表的元素值value还可以返回元素索引index。

- 代码第⑧行将列表元素值 value 进行拆解。由于 value 本身是一个元组类型，拆解操作可以将元组中所有元素取出并赋值给不同变量 addr_dist 和 price。
- 代码第⑨行获得当前行所有的单元格，表达式 table.rows[index + 1]获得当前行对象，表达式 index + 1 是当前行的索引。由于第一行是表头，因此，添加数据是从第二行开始的。

10.1.6 示例4：在 PPT 文档中添加图表

本节介绍如何通过程序代码在 PPT 幻灯片中添加图表，示例如图 10-6 所示，在 PPT 文档中追加了只有一个标题的幻灯片，并且在幻灯片中添加了一个图表。

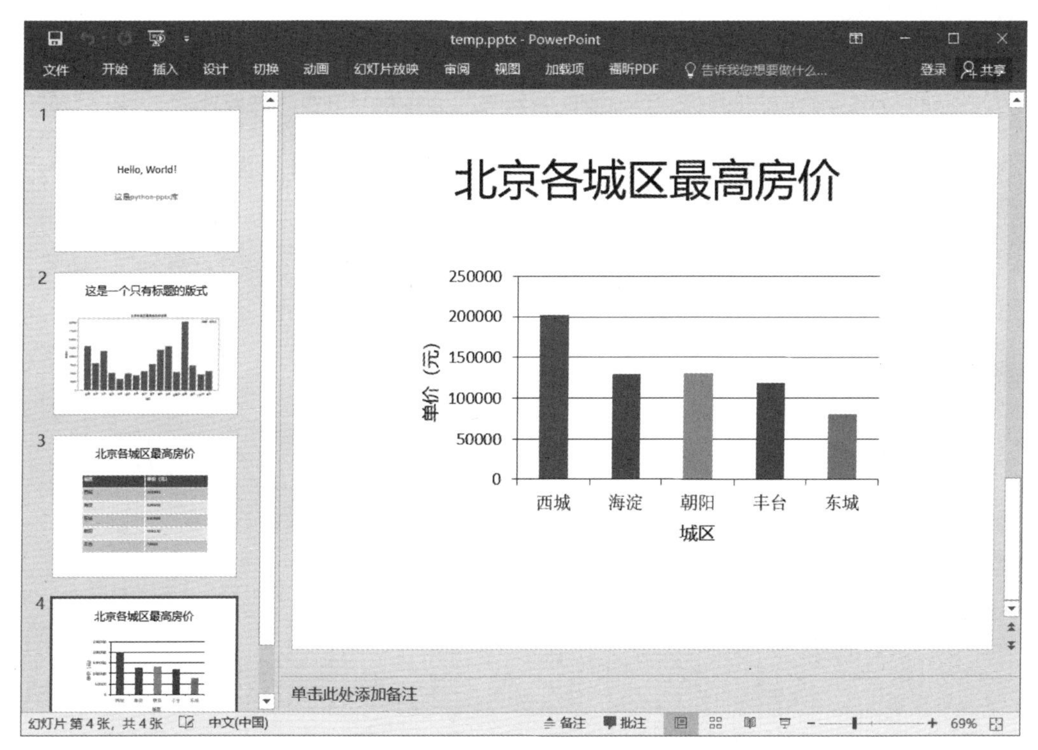

图 10-6 添加图表

示例代码如下：

```
from docx.shared import Cm
from pptx.chart.data import CategoryChartData
from pptx.enum.chart import XL_CHART_TYPE
SLD_LAYOUT_TITLE_ONLY = 5                          # 只有标题的版式
from pptx import Presentation

f = r'data/temp.pptx'
# 打开 PPT 文档
ppt = Presentation(f)
```

```
# 选择母版中的第六个幻灯片版式,只有标题的版式
title_slide_layout = ppt.slide_layouts[SLD_LAYOUT_TITLE_ONLY]
#   添加一页幻灯片
print('添加一页幻灯片。')
slide = ppt.slides.add_slide(title_slide_layout)

# 获得幻灯片的标题
title = slide.shapes.title
# 设置标题文本
title.text = '北京各城区最高房价'
chart_data = CategoryChartData()                                                  ①

# 设置 x 轴数据
chart_data.categories = ['西城', '海淀', '朝阳', '丰台', '东城']                    ②
# 设置 y 轴数据
chart_data.add_series('平均价', (201991, 129508, 130969, 119170, 79933))          ③
# 获得图表对象
shape = slide.shapes.add_chart(chart_type = XL_CHART_TYPE.COLUMN_CLUSTERED,       ④
                              x = Cm(3.89),
                              y = Cm(5.21),
                              cx = Cm(17.63),
                              cy = Cm(10.66),
                              chart_data = chart_data)
agechart = shape.chart                                                            ⑤
# x 轴对象
x_axis = agechart.category_axis                                                   ⑥

# x 轴标题
x_axis_title = x_axis.axis_title                                                  ⑦
# 设置 x 轴标题
x_axis_title.text_frame.text = '城区'                                             ⑧

# y 轴对象
y_axis = agechart.value_axis

# y 轴标题
y_axis_title = y_axis.axis_title
# 设置 y 轴标题
y_axis_title.text_frame.text = '单价(元)'

# 保存文件
ppt.save(f)

print('完成。')
```

代码解释如下：

- 代码第①行通过 CategoryChartData()初始化函数并创建表格数据对象。
- 代码第②行准备 x 轴所需数据。
- 代码第③行准备 y 轴所需数据。

- 代码第④行通过幻灯片形状集合对象(slide.shapes)的 add_chart 函数添加图表,其中参数 chart_type 用于设置图表的类型,chart_type = XL_CHART_TYPE.COLUMN_CLUSTERED 表示设置的图表类型为柱状图;参数 x 和 y 用于设置图表左上角坐标;参数 cx 和 cy 用于设置图表右下角坐标;参数 chart_data 用于设置表格数据。
- 代码第⑤行通过 shape 对象的 chart 属性返回创建的图表对象。
- 代码第⑥行通过 agechart 图表对象的 category_axis 属性获得图表的 x 轴坐标对象。
- 代码第⑦行通过轴坐标对象的 axis_title 属性获得 x 轴标题对象。
- 代码第⑧行设置 x 轴标题。

使用 python-pptx 库在 PPT 文档中添加图表时依赖于 xlsxwriter 库。请使用 pip 指令先安装这个库,安装指令如下:

```
pip install xlsxwriter
```

10.2 使用 pywin32 库处理 PPT 文档

在第 8 章已经使用过 pywin32 库转换 Excel 文档格式,pywin32 库还可以转换 PPT 文档,本节将介绍如何使用 pywin32 库批量处理 PPT 文档的示例。

10.2.1 示例 5:批量转换.ppt 文件为.pptx 文件

在办公中,读者经常会遇到需要将.ppt 文件为.pptx 文件,示例实现代码如下:

```
import os
from win32com import client as wc                                    ①

# 查找 dir 目录下 ext 后缀名的文件列表
# dir 参数是文件所在目录,ext 参数是文件后缀名
def findext(dir, ext):
    allfile = os.listdir(dir)
    # 返回过滤器对象
```

```
    files_filter = filter(lambda x: x.endswith(ext), allfile)
    # 从过滤器对象提取列表
    list2 = list(files_filter)
    return list2                                    # 返回过滤后条件文件名


if __name__ == '__main__':

    #  设置输入目录
    indir = r'C:\Users\tony\OneDrive\书\...\data\in'
    #  设置输出目录
    outdir = r'C:\Users\tony\OneDrive\书\...\out'

    pptapp = wc.Dispatch('PowerPoint.Application') # 创建 PPT 应用程序对象          ②

    # 查找 indir 目录中所有.ppt 文件
    list2 = findext(indir, '.ppt')

    for name in list2:
        infile = os.path.join(indir, name)          # 将目录和文件名连接起来
        name = name.replace('.ppt', '.pptx')
        outfile = os.path.join(outdir, name)
        print(outfile)
        ppt = pptapp.Presentations.Open(infile)     # 打开 PPT 文件                  ③
        ppt.SaveAs(outfile, FileFormat = 24)        # 24 ppSaveAsOpenXMLPresentation ④

        print(outfile, "转换 OK。")
        ppt.Close()                                 # 关闭 PPT 文件                  ⑤

    pptapp.Quit()                                   # 退出 PPT 应用                  ⑥

    print('完成。')
```

代码解释如下：

- 代码第①行是从 pywin32 库导入 win32com 模块。
- 代码第②行是通过 Dispatch 函数创建 PPT 应用程序对象。
- 代码第③行打开 PPT 应用程序，注意打开文件的路径不能使用相对路径。
- 代码第④行通过 SaveAs 函数将文件另存为.pptx 格式文件，其中参数 outfile 是要保存文件名；参数 FileFormat 是设置另存的文件格式，24 表示另存的文件格式是 ppSaveAsOpenXMLPresentation，即.pptx 格式文件。另外，需要注意保存文件的路径不能使用相对路径。
- 代码第⑤行关闭文件。
- 代码第⑥行退出 PPT 应用程序。

在文件另存时，常量 24 表示.pptx 格式。如何知道 24 表示的是.pptx 格式文件，读者可以在如图 10-7 所示的页面找到常量与文件格式的对应关系。

一个缩进级别一般是一个制表符(Tab)或 4 个空格，考虑到不同的编辑器制表符显示的宽度不同，大部分编程语言规范推荐使用 4 个空格作为一个缩进级别。

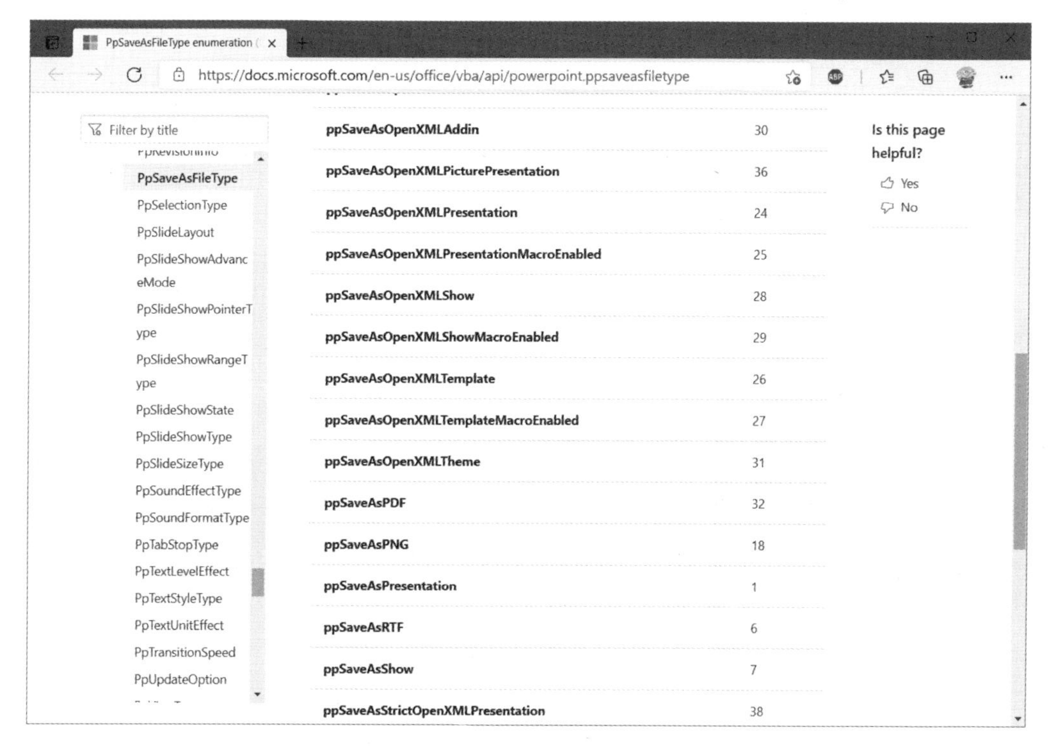

图 10-7 常量与文件格式的对应关系

10.2.2 示例 6：批量转换 PPT 文件为 PDF 文件

假设需要将大量的 PPT 文件(包括.ppt 和.pptx 格式)批量转换为 PDF 文件。你的任务是实现自动化的转换过程，以节省时间和工作量。

为了达到这个目标，可以使用 Python 中的 pywin32 库与 Microsoft PPT 应用程序进行交互，并利用 PPT 应用程序的功能将 PPT 文件保存为 PDF 文件。

示例实现代码如下：

```
import os
from win32com import client as wc
# 查找 dir 目录下 ext 后缀名的文件列表
# dir 参数是文件所在目录,exts 参数是指定文件后缀名列表
def findext(dir, exts):
    allfile = os.listdir(dir)
    # 返回过滤器对象
    files_filter = filter(lambda x: os.path.splitext(x)[1] in exts, allfile)
    # 从过滤器对象提取列表
    list2 = list(files_filter)
    return list2                                    # 返回过滤后条件文件名


if __name__ == '__main__':

    #  设置输入目录
    indir = r'C:\Users\tony\OneDrive...\in'
    #  设置输出目录
    outdir = r'C:\Users\tony\OneDrive\...\out'

    pptapp = wc.Dispatch('PowerPoint.Application') # 创建 PPT 应用程序对象

    # 查找 indir 目录中所有 PPT 文件
    # 通过 findext 函数查找指定目录下的.ppt 和.pptx 文件
    list2 = findext(indir, ['.ppt', '.pptx'])

    for name in list2:
        infile = os.path.join(indir, name)          # 将目录和文件名连接起来
        name = name.replace('.pptx', '.pdf')
        name = name.replace('.ppt', '.pdf')
        outfile = os.path.join(outdir, name)
        print(outfile)
        ppt = pptapp.Presentations.Open(infile)     # 打开 PPT 文件
        ppt.SaveAs(outfile, FileFormat = 32)        # 32 ppSaveAsPDF              ①

        print(outfile, "转换 OK。")
        ppt.Close()                                 # 关闭 PPT 文件

    pptapp.Quit()                                   # 退出 PPT 应用
    print('完成。')
```

代码解释如下：

- 代码第①行通过 SaveAs 函数将 PPT 文件另存为 PDF 文件，其中参数 FileFormat 值是 32(表示另存的文件格式是 ppSaveAsPDF，即.pdf 格式文件)。文件格式与常量的对应关系，可以参考图 10-7。

10.3 ChatGPT 如何辅助 PPT 自动化最佳实践

ChatGPT 可以在 PPT 自动化中发挥辅助作用，提高工作效率和准确性。下面是

ChatGPT 在 PPT 自动化方面的一些应用场景：

（1）生成代码片段：ChatGPT 可以根据需求生成用于操作 PPT 的代码片段，包括创建、打开、保存演示文稿以及插入幻灯片、文本、图片等操作。

（2）提供编程思路：当面临复杂的 PPT 自动化需求时，可以向 ChatGPT 请教，获取实现思路，如批量处理多个幻灯片、添加动画效果等。

（3）解释代码错误：在编写 PPT 自动化代码时出现错误，可以将错误信息提供给 ChatGPT，请其解释错误原因并给出解决思路。

（4）优化代码：完成自动化代码后，可以请 ChatGPT 审核代码，提供代码优化和改进的建议，以提高代码质量和执行效率。

（5）生成注释文档：ChatGPT 可以根据编写的自动化程序生成注释文档，包括函数用途、参数说明和代码逻辑解释，提高代码的可读性和可维护性。

（6）提供最佳实践：学习 PPT 自动化的最佳实践，包括幻灯片布局、样式设置和动画效果等，以提升自动化任务的效率和准确性。

（7）回答 PPT 相关问题：在使用 PPT 和自动化方面遇到问题时，可以直接向 ChatGPT 提问，获得解答和指导。

通过 ChatGPT 的辅助，用户可以利用自然语言与 ChatGPT 进行对话，从生成代码片段到提供编程思路、解释代码错误、优化代码、生成注释文档和获取最佳实践等方面获得全方位的支持，从而实现更高效和便捷的 PPT 自动化。ChatGPT 作为一个智能助手，在 PPT 自动化的开发和应用中发挥着重要的作用。

10.3.1 示例 7：ChatGPT 辅助生成代码片段

下面通过一个具体的示例介绍如何使用 ChatGPT 辅助生成代码片段。

示例背景：

用户是一位演讲者，经常需要创建演示文稿来支持他的演讲。为了提高效率，用户希望能够自动化一些常见的操作，如创建幻灯片、插入文本和添加图片等。用户希望通过 ChatGPT 的辅助来生成相应的代码片段，以便快速实现这些自动化任务。用户已经了解了 ChatGPT 在 PPT 自动化方面的辅助功能，并希望通过对话形式获取具体的示例代码。

示例步骤：

用户向 ChatGPT 发送如下提问：

我需要一个代码片段来创建一个新的演示文稿并插入一些文本内容和图片，请问你可以帮我生成吗？

ChatGPT 回答如下：

当然！请告诉我你要插入的文本内容和图片的路径。

用户向 ChatGPT 发送如下提问：

我要插入的文本是"Welcome to the Presentation!"，图片的路径是"C:\Images\image1.jpg"。

ChatGPT 回答如下：

好的，这是生成的代码片段：

```
from pptx import Presentation
from pptx.util import Inches

# 创建演示文稿
presentation = Presentation()

# 创建第一张幻灯片
slide_layout = presentation.slide_layouts[0]
slide = presentation.slides.add_slide(slide_layout)

# 在幻灯片中插入文本框并设置文本内容
text_box = slide.shapes.add_textbox(Inches(1), Inches(1), Inches(8), Inches(3))
text_frame = text_box.text_frame
text_frame.text = "Welcome to the Presentation!"

# 在幻灯片中插入图片
slide.shapes.add_picture("C:\\Images\\image1.jpg", Inches(2), Inches(4), width = Inches(5),
height = Inches(4))

# 保存演示文稿
presentation.save("presentation.pptx")
```

这个代码片段会创建一个新的演示文稿并在第一张幻灯片中插入指定的文本和图片，并保存为"presentation.pptx"文件。你可以根据需要进行修改和适应。

用户向 ChatGPT 发送如下提问：

非常感谢你生成的代码片段！这对我来说非常有帮助。

10.3.2 示例 8：ChatGPT 辅助提供编程思路

下面通过一个具体的示例介绍如何使用 ChatGPT 辅助提供编程思路。

示例背景：

用户是一位营销人员，经常需要制作演示文稿来展示产品和推广活动。为了提高效率，用户希望能够自动化一些常见的操作，如批量处理多个幻灯片、添加动画效果等。用户希望通过 ChatGPT 的辅助来获取一些编程思路，以便更好地实现这些自动化任务。

示例步骤：

用户向 ChatGPT 发送如下提问：

我想在演示文稿中批量插入产品图片和添加渐入动画效果，你能给我一些编程思路吗？

ChatGPT 回答如下：

当然！以下是一些编程思路的示例：

(1) 批量插入产品图片：

- 可以使用 Python 的文件操作功能，遍历产品图片文件夹中的所有图片文件。
- 使用 PPT 库(如 python-pptx)来创建幻灯片和插入图片。

(2) 添加渐入动画效果：

- 利用 PPT 库提供的动画功能，例如 AnimationSettings 和 AnimationSequence 类，来添加渐入动画效果。
- 可以根据需求选择不同的动画类型和设置动画的延迟时间、持续时间等参数。

下面是一个示例的编程思路：

```
from pptx import Presentation
from pptx.util import Inches

def batch_insert_images(presentation, image_folder):
    slide_layout = presentation.slide_layouts[1]  # 根据需要选择幻灯片布局
    slides = presentation.slides

    for image_file in os.listdir(image_folder):
        slide = slides.add_slide(slide_layout)
        slide.shapes.add_picture(os.path.join(image_folder, image_file), Inches(1), Inches
(1), width=Inches(4), height=Inches(3))

def add_fade_in_animation(slide):
    shapes = slide.shapes
    for shape in shapes:
        animation = shape.animation
        animation.add(fade_in_animation)            # 根据需要选择不同的动画效果

# 创建演示文稿
presentation = Presentation()

# 批量插入产品图片
batch_insert_images(presentation, "product_images_folder")

# 添加渐入动画效果
```

```
for slide in presentation.slides:
    add_fade_in_animation(slide)

# 保存演示文稿
presentation.save("presentation.pptx")
```

这是一些基本的编程思路，具体实现方式可以根据你的图片文件夹结构、动画需求和演示文稿样式进行调整。如果你有特定的问题或需要更详细的指导，请告诉我，我会尽力提供帮助。

用户向 ChatGPT 发送如下提问：

非常感谢你提供的编程思路！这对我来说非常有帮助，我会根据这些思路来尝试实现自动化制作演示文稿的任务。

10.3.3 示例9：ChatGPT 辅助解释代码错误

下面通过一个具体的示例介绍如何使用 ChatGPT 辅助解释代码错误。

示例背景：

用户是一位开发人员，正在进行 PPT 自动化的代码开发。在代码编写过程中，用户遇到了一个错误，并希望 ChatGPT 能够解释错误的原因和提供解决思路。用户已经提供了相关的代码和错误信息，并期待 ChatGPT 的帮助。

示例步骤：

用户向 ChatGPT 发送如下提问：

我在我的 PPT 自动化代码中遇到了一个错误，代码如下：

```
from pptx import Presentation

def add_slide(prs, title, content):
    slide_layout = prs.slide_layouts[1]
    slide = prs.slides.add_slide(slide_layout)
    title_placeholder = slide.shapes.title
    title_placeholder.text = title
    content_placeholder = slide.placeholders[1]
    content_placeholder.text = content

prs = Presentation("presentation.pptx")
add_slide(prs, "Slide Title", "Slide Content")
prs.save("presentation.pptx")
```

但是运行时出现了以下错误：

```
AttributeError: 'SlideLayout' object has no attribute 'placeholders'
```

我不太明白这个错误是什么意思，能否帮我解释一下？

ChatGPT 回答如下：

这个错误是因为 SlideLayout 对象没有名为 placeholders 的属性。根据错误信息，你可以尝试使用 slide. shapes 来访问幻灯片上的形状，并根据需要选择相应的形状进行操作。修改代码如下：

```
from pptx import Presentation

def add_slide(prs, title, content):
    slide_layout = prs.slide_layouts[1]
    slide = prs.slides.add_slide(slide_layout)
    title_placeholder = slide.shapes.title
    title_placeholder.text = title
    content_shape = slide.shapes.add_textbox(left = Inches(2), top = Inches(1), width = Inches
(6), height = Inches(4))
    content_frame = content_shape.text_frame
    content_frame.text = content

prs = Presentation("presentation.pptx")
add_slide(prs, "Slide Title", "Slide Content")
prs.save("presentation.pptx")
```

这样修改后，你的代码应该可以正常运行了。

用户向 ChatGPT 发送如下提问：

非常感谢你的解释！我明白错误的原因了，并且根据你给出的解决思路修改了代码。现在代码可以正常运行了。

10.3.4 示例 10：ChatGPT 辅助优化代码

下面通过一个具体的示例介绍如何使用 ChatGPT 辅助优化代码。

示例背景：

用户是一位演讲者，经常需要创建演示文稿来支持他的演讲。用户已经编写了一段用于 PPT 自动化的代码，但希望通过 ChatGPT 的辅助来优化和改进代码。用户希望 ChatGPT 能够检查代码并提供一些建议，以提高代码的质量和执行效率。用户已经提供了相关的代码，并期待 ChatGPT 的帮助。

示例步骤：

用户向 ChatGPT 发送如下提问：

我编写了以下代码来创建一个新的演示文稿并添加标题和内容：

```
from pptx import Presentation

def add_slide(prs, title, content):
    slide_layout = prs.slide_layouts[1]
    slide = prs.slides.add_slide(slide_layout)
    title_placeholder = slide.shapes.title
    title_placeholder.text = title
    content_placeholder = slide.placeholders[1]
    content_placeholder.text = content

prs = Presentation()
add_slide(prs, "Slide Title", "Slide Content")
prs.save("presentation.pptx")
```

我想知道是否有任何可以优化和改进的地方。

ChatGPT 回答如下：

你的代码看起来已经很不错了！但我有一些建议可以进一步优化：

(1)可以考虑添加异常处理机制，以捕获可能出现的异常情况并提供更友好的错误提示。(2)建议将幻灯片布局和内容的添加封装为一个更通用的函数，以便在需要时重复使用。

以下是修改后的代码：

```
from pptx import Presentation

def add_slide(prs, title, content):
    slide_layout = prs.slide_layouts[1]
    slide = prs.slides.add_slide(slide_layout)
    title_placeholder = slide.shapes.title
    title_placeholder.text = title
    content_placeholder = slide.placeholders[1]
    content_placeholder.text = content

def create_presentation():
    try:
        prs = Presentation()
        add_slide(prs, "Slide Title", "Slide Content")
        prs.save("presentation.pptx")
        print("Presentation created successfully!")
    except Exception as e:
        print("An error occurred:", str(e))

create_presentation()
```

这样修改后，你的代码会更具有鲁棒性，并且可以更灵活地创建演示文稿。

用户向 ChatGPT 发送如下提问：

非常感谢你的优化建议！我会按照你给出的建议进行修改，以提高代码的质量和效率。

10.4 本章总结

本章主要介绍了使用Python实现PPT自动化的方法，以及ChatGPT在PPT自动化中的应用。

首先，通过python-pptx库学习了PPT基本操作，包括创建PPT、添加幻灯片、插入表格和图表等。这为后续PPT自动化打下了基础。

然后，利用pywin32库实现了PPT文档的批量处理，包括文档格式转换和批量生成PDF文件等。这大幅提高了工作效率。

在整个学习过程中，ChatGPT发挥了巨大作用：

（1）可以快速生成PPT自动化代码片段，辅助编程。

（2）可以根据需求提供自动化思路，设计解决方案。

（3）可以解释代码错误原因，帮助调试程序。

（4）可以优化代码，提高程序鲁棒性。

总之，通过学习本章内容，可以掌握Python实现PPT自动化的核心方法，并充分利用ChatGPT这个强大的编程助手，将工作效率和产出质量提升到一个新的高度。

第 11 章 ChatGPT 辅助 PDF 自动化

PDF(Portable Document Format)是一种广泛使用的电子文档格式,用于存储和共享文档,具有跨平台和可靠性的特点。在办公自动化中,PDF 文件处理是一个常见的任务,可以通过编程来实现自动化的 PDF 文件处理流程。下面介绍一些常见的办公自动化中的 PDF 文件处理任务和相应的方法:

(1) PDF 文件合并:将多个 PDF 文件合并成一个文件。可以使用 Python 中的 PyPDF2 库或 pdftk 工具来实现合并功能。通过读取多个 PDF 文件,将每个文件的内容合并到一个新的 PDF 文件中。

(2) PDF 文件拆分:将一个 PDF 文件拆分成多个文件。可以根据需要选择按页数、书签和文本内容等方式进行拆分。使用 PyPDF2 库或 pdftk 工具,读取 PDF 文件并根据拆分规则生成多个新的 PDF 文件。

(3) PDF 文件提取:从 PDF 文件中提取特定的页面、文本、图片或元数据等信息。使用 PyPDF2 库、pdftotext 工具或 pdfplumber 库,读取 PDF 文件并提取所需的内容。

(4) PDF 文件转换:将 PDF 文件转换为其他格式,如文本(txt)、图片(jpg、png)或 HTML 等。使用 PyPDF2 库、pdftotext 工具或 pdfminer 库,将 PDF 文件的内容转换为其他格式。

(5) PDF 文件加密和解密:对 PDF 文件进行加密以保护其内容,或解密已加密的 PDF 文件。可以使用 PyPDF2 库或 pdftk 工具,对 PDF 文件进行加密或解密操作。

(6) PDF 表单处理:处理包含表单字段的 PDF 文件,填写表单字段、提取表单数据或生成表单报告。使用 PyPDF2 库、pdfminer 库或 pdfforms 库,读取和处理 PDF 表单字段。

(7) PDF 文件编辑:对 PDF 文件进行编辑,如添加、删除或修改页面、书签、链接、注释等元素。可以使用 PyPDF2 库、ReportLab 库或其他专业的 PDF 编辑工具来实现 PDF 文件的编辑。

(8) PDF 文件文本识别:从 PDF 文件中提取文本内容,并进行文本处理和分析。使用 PyPDF2 库、pdftotext 工具、pdfminer 库或 OCR(光学字符识别)工具,读取 PDF 文件并提取文本内容。

以上是一些常见的办公自动化中的 PDF 文件处理任务和方法。通过编程实现自动化的PDF文件处理可以提高工作效率、减少重复劳动，并确保一致性和准确性。根据具体的需求和场景，选择合适的PDF处理库、工具或服务，编写相应的脚本来实现PDF文件处理的自动化。

11.1 操作PDF文件

在Python中，有几个流行的库可用于操作和处理PDF文件。以下是一些常用的操作PDF文件的Python库：

（1）PyPDF2：PyPDF2是一个流行的用于操作PDF文件的Python库。它提供了一组功能丰富的方法，用于合并、拆分、旋转、提取文本和图像等操作。

（2）pdftotext：pdftotext是一个基于XPDF工具的Python库，用于将PDF文件转换为纯文本。它可以提取PDF文件中的文本内容，并将其作为字符串返回。

（3）pdfminer：pdfminer是一个用于解析PDF文档的Python库。它提供了许多方法和类，可用于提取文本、元数据和图像等信息。

（4）PyMuPDF：PyMuPDF是一个基于MuPDF库的Python库，用于处理PDF文件。它提供了许多功能，包括文本提取、图像提取、页面合并、拆分和旋转等。

这些库提供了各种操作PDF文件的功能，如提取文本、图像和元数据，合并和拆分PDF文件，旋转页面，创建新的PDF文件等。你可以根据具体的需求选择适合的库，并使用其提供的方法和函数来实现所需的操作。请注意，对于一些特定的PDF操作，可能需要组合使用多个库来实现更复杂的处理需求。

11.2 使用PyPDF2库

本节重点介绍PyPDF2，通过PyPDF2可以很好地读取、写入、拆分和合并PDF文件。

要开始使用PyPDF2库，首先需要安装它。读者可以使用pip包管理器来安装PyPDF2，运行以下命令：

```
pip install PyPDF2
```

11.2.1 PyPDF2库中的那些对象

PyPDF2库比较简单，它有以下4个主要类：

（1）PdfFileReader：PDF文件读取类，它提供了很多属性和函数用来读取PDF文件内容等信息。

（2）PdfFileMerger：合并PDF文件类，它可以将多个PDF文件合并为一个文件。

（3）PageObject：表示PDF文件中的一个页面对象。

（4）PdfFileWriter：PDF文件输出类，它提供输出PDF文件属性和函数。

11.2.2　示例1：读取PDF文件信息

下面通过一个示例介绍如何使用 PyPDF2 库读取 xlwings Make Excel Fly.pdf 文件，该文件内容如图 11-1 所示。

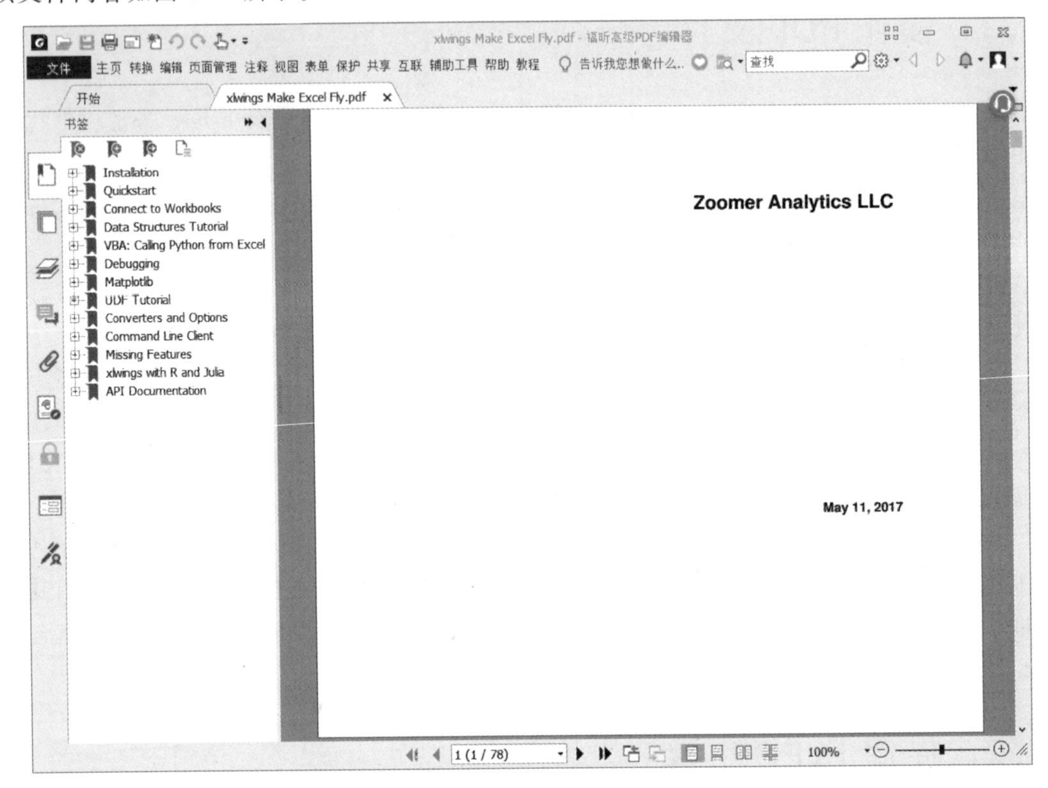

图 11-1　xlwings Make Excel Fly.pdf 文件

示例实现代码如下：

```
from PyPDF2 import PdfReader                                                    ①

f = r'data/xlwings Make Excel Fly.pdf'
pdf_reader = PdfReader(f)                    # 获取一个 PdfReader 对象           ②
pageCount = len(pdf_reader.pages)            # 获取 PDF 的页数                   ③
print('pageCount:', pageCount)

page = pdf_reader.pages[0]                   # 获得 PDF 文件的第一个页对象       ④
text = page.extract_text()                   # 提取第一页的文本                  ⑤
print(text)

outlines = pdf_reader.outline                                                   ⑥
print('完成。')
```

代码解释如下：

- 代码第①行从 PyPDF2 模块导入 PdfFileReader 类。
- 代码第②行创建 PdfFileReader 对象，其构造函数参数是文件路径。
- 代码第③行通过 PdfFileReader 对象的 numPages 属性获得 PDF 文件页数。
- 代码第④行通过 PdfFileReader 对象的 getPage 函数获得第一个页面对象 PageObject，getPage 函数的参数是页面的索引。
- 代码第⑤行通过 getPage 对象的 extractText 函数从页面中提取文本。
- 代码第⑥行通过 pdfReader 对象的 getOutlines 函数获得 PDF 文件大纲。

11.2.3 示例 2：拆分 PDF 文件

下面通过一个示例介绍如何拆分 PDF 文件，如图 11-2 所示，是我们之前生成的 PDF 文件，文件中有 4 页内容，本例可以每一页拆分出一个 PDF 文件。

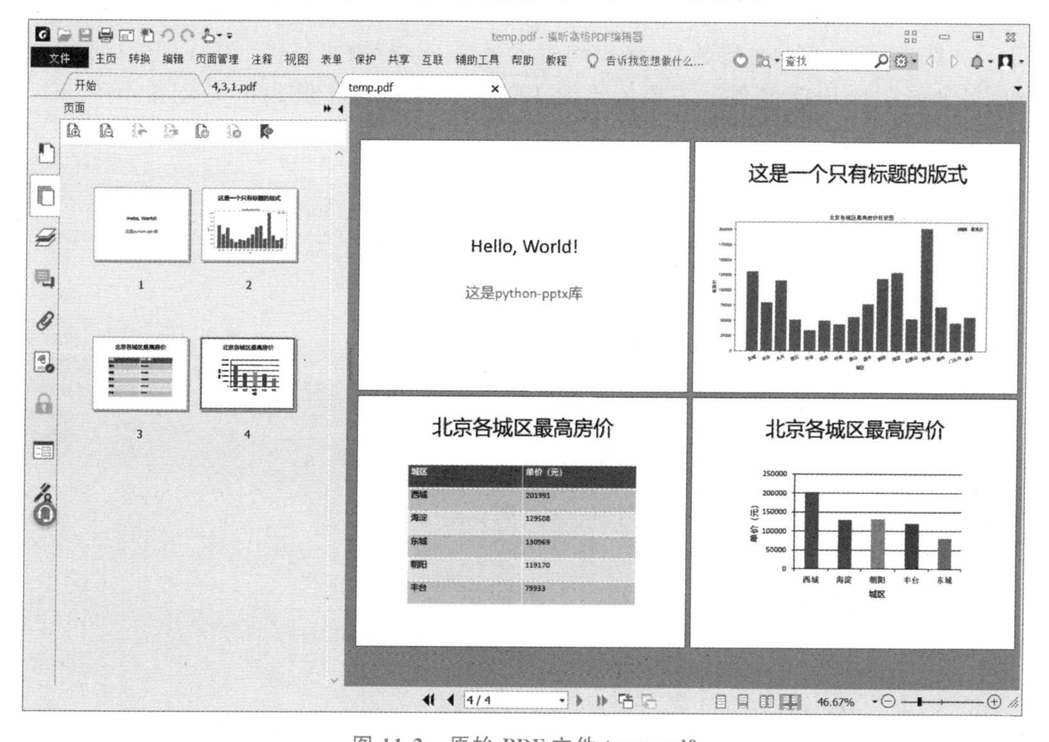

图 11-2 原始 PDF 文件 temp.pdf

示例实现代码如下：

```
import os
from PyPDF2 import PdfReader, PdfWriter                                    ①

# 设置输入目录
indir = r'data\in'
# 设置输出目录
outdir = r'data\out'
```

```
infile = os.path.join(indir, 'temp.pdf')                                    ②

pdfReader = PdfReader(infile)
for page_no in range(len(pdfReader.pages)):                                 ③
    page = pdfReader.pages[page_no]                                         ④
    pdf_writer = PdfWriter()                                                ⑤
    pdf_writer.add_page(page)                                               ⑥
    file = '{0}.pdf'.format(page_no + 1)
    outfile = os.path.join(outdir, file)                                    ⑦

    with open(outfile, 'wb') as output_pdf:                                 ⑧
        pdf_writer.write(output_pdf)                                        ⑨

print('完成。')
```

所以这段代码的作用是：遍历输入 PDF 文件的所有页面，将每一页都保存成一个独立的 PDF 文件，文件名包含页码信息，输出到指定目录。这样就可以将一个 PDF 文件的页面拆分成多个独立的 PDF 文件。主要依赖 PyPDF2 模块来解析原 PDF 并创建新 PDF。os 模块用来处理文件路径。

代码解释如下：

代码第①行导入所需的 PyPDF2 和 os 模块。

代码第②行定义输入和输出目录，以及指定要处理的 PDF 文件。

代码第③行遍历 PDF 文件的每一页。

代码第④行获取当前页面对象。

代码第⑤行创建 PdfWriter 对象来写入新 PDF。

代码第⑥行向新 PDF 添加当前页。

代码第⑦行定义新 PDF 的文件名，包含页码信息。

代码第⑧行打开新 PDF 进行写入。

代码第⑨行使用 PdfWriter 将页面写入新 PDF。

示例运行后会在输出目录生成 4 个 PDF 文件。

11.2.4 示例 3：更多方法拆分 PDF 文件

下面再通过要给示例介绍拆分 PDF 文件，该示例能够从原始 PDF 文件中选择部分页面组成新的 PDF 文件，如图 11-3 所示，PDF 文件只有 3 个页面，它们来自原始文件的第 4、1 和 3 页面。

示例实现代码如下：

```
import os
from PyPDF2 import PdfReader, PdfWriter

# 设置输入目录
```

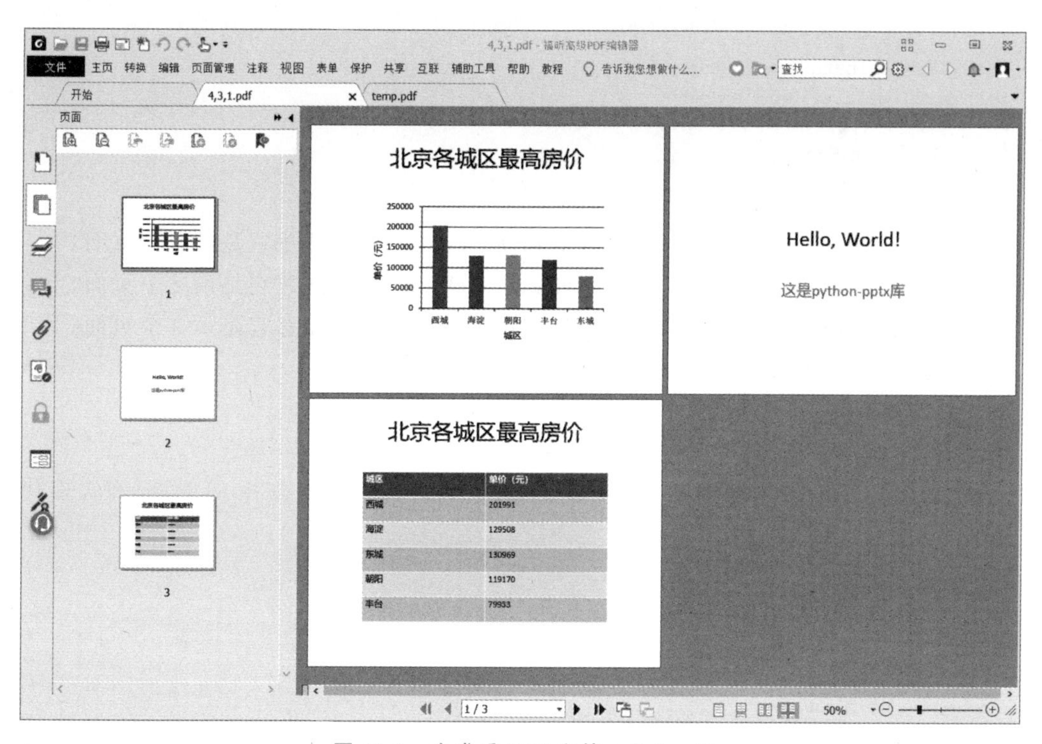

图 11-3 生成后 PDF 文件 4.3.1.pdf

```
indir = r'data\in'
# 设置输出目录
outdir = r'data\out'

infile = os.path.join(indir, 'temp.pdf')

pdfReader = PdfReader(infile)
for page_no in range(len(pdfReader.pages)):
    pdf_writer = PdfWriter()
    page = pdfReader.pages[page_no]
    pdf_writer.add_page(page)                          # 使用 add_page

    file = '{0}.pdf'.format(page_no + 1)
    outfile = os.path.join(outdir, file)
    with open(outfile, 'wb') as output_pdf:
        pdf_writer.write(output_pdf)

print('拆分成!')

pdf_writer = PdfWriter()
pdf_writer.add_page(pdfReader.pages[3])                                    ①
pdf_writer.add_page(pdfReader.pages[0])                                    ②
pdf_writer.add_page(pdfReader.pages[2])                                    ③
```

```
file = '4,3,1.pdf'
outfile = os.path.join(outdir, file)
with open(outfile, 'wb') as output_pdf:
    pdf_writer.write(output_pdf)
    print('再次拆分完成!')
```

代码解释如下：

- 代码第①行将原始 PDF 第 4 页添加到新 PDF 文档中，注意它是第 1 个页面。
- 代码第②行将原始 PDF 第 1 页添加到新 PDF 文档中，注意它是第 2 个页面。
- 代码第③行将原始 PDF 第 3 页添加到新 PDF 文档中，注意它是第 3 个页面。

示例运行后会将输出目录生成一个 PDF 文件 4,3,1.pdf。

11.2.5 示例 4：合并 PDF 文件

示例 2 介绍了拆分 PDF 文件，下面我们通过一个例子介绍合并 PDF，示例实现代码如下：

```
import os
from PyPDF2 import PdfReader, PdfWriter

# 设置输入目录
indir = r'data\in'
# 设置输出目录
outdir = r'data\out'


# 查找 dir 目录下 ext 后缀名的文件列表
def findext(dir, ext):                                                      ①
    allfile = os.listdir(dir)
    files_filter = filter(lambda x: x.endswith(ext), allfile)
    list2 = list(files_filter)
    return list2


# 合并 PDF 函数
def merge_pdfs(namelist, output):                                           ②
    pdf_writer = PdfWriter()                                                ③

    for name in namelist:                                                   ④
        infile = os.path.join(indir, name)                                  ⑤
        pdf_reader = PdfReader(infile)

        for page_no in range(len(pdf_reader.pages)): # 修改变量名           ⑥
            page = pdf_reader.pages[page_no]
            pdf_writer.add_page(page)                                       ⑦

    with open(output, 'wb') as out:
        pdf_writer.write(out)                                               ⑧
```

```
if __name__ == '__main__':
    list2 = findext(indir, '.pdf')
    outfile = os.path.join(outdir, '合并后.pdf')
    merge_pdfs(list2, output = outfile)                    ⑨
    print('合并完成!')
```

代码解释如下：

- 代码第①行定义 findext 函数用来查找 dir 目录下指定后缀名的文件列表。
- 代码第②行定义输出文件合并函数。
- 代码第③行创建 PdfFileWriter 对象 pdf_writer。
- 代码第④行遍历要合并的 PDF 文件列表。
- 代码第⑤行创建 PdfFileReader 对象 pdf_reader，它用来读取输入的 PDF 文件。
- 代码第⑥行遍历输入的 PDF 文件的每一个页面，并获得页面对象。
- 代码第⑦行将输入的 PDF 文档页面添加到一个新的 PDF 文档。
- 代码第⑧行写入文件。
- 代码第⑨行调用自定义函数 merge_pdfs 实现文件合并。

示例运行后会将输出目录中的所有 PDF 文件合并为一个文件。

11.2.6 示例 5：PDF 文件批量添加水印

在办公中有时需要将所有的 PDF 文件都添加水印，本节介绍如何在 PDF 文件批量添加水印。

首先需要制作一个水印的 PDF 文件，图 11-4 所示的是笔者制作的 PDF 水印文件。

示例实现代码如下：

```
import os
from PyPDF2 import PdfReader, PdfWriter

# 设置输入输出目录
indir = r'data\in'
outdir = r'data\out'


# 查找指定后缀的文件
def findext(dir, ext):
    files = os.listdir(dir)
    return list(filter(lambda x: x.endswith(ext), files))


# 添加水印
def add_watermark(filelist):                                ①
    # 水印文件
    watermark = r'data/水印.pdf'
```

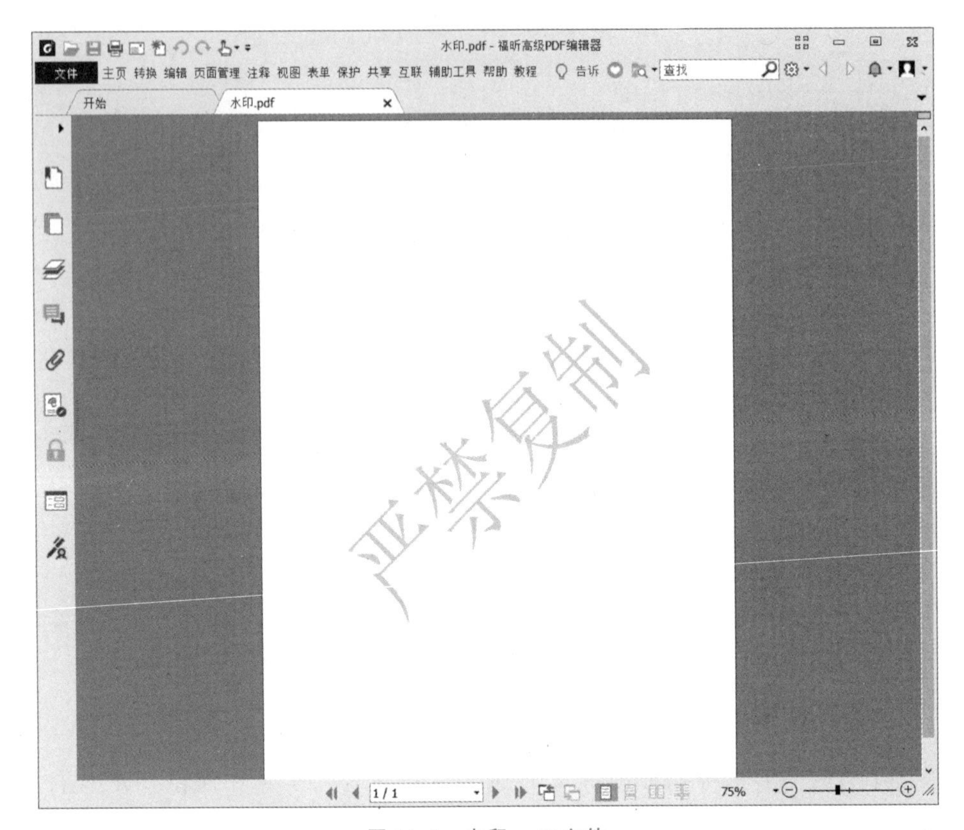

图 11-4　水印.pdf 文件

```
watermark_reader = PdfReader(watermark)                              ②
watermark_page = watermark_reader.pages[0]                           ③

for name in filelist:

    infile = os.path.join(indir, name)
    outfile = os.path.join(outdir, name)

    pdf_reader = PdfReader(infile)
    pdf_writer = PdfWriter()

    for page_no in range(len(pdf_reader.pages)):                     ④
        page = pdf_reader.pages[page_no]

        page.merge_page(watermark_page)                              ⑤

        pdf_writer.add_page(page)

    with open(outfile, 'wb') as out:
        pdf_writer.write(out)
```

```
if __name__ == '__main__':
    files = findext(indir, '.pdf')
    add_watermark(files)

    print('添加水印完成!')
```

代码解释如下:

- 代码第①行定义添加水印函数 add_watermark。
- 代码第②行创建读取水印文件 PdfFileReader 对象。
- 代码第③行读取水印文件第一个页面对象,因此我们在设计水印 PDF 文件时只设计一页即可。
- 代码第④行遍历所有需要添加水印的 PDF 文件。
- 代码第⑤行通过页面对象 page 的 mergePage 函数为当前页面添加水印,这是添加水印的关键。

示例运行成功后会在 PDF 文件中添加水印,如图 11-5 所示。

图 11-5 添加水印后的.pdf 文件

11.2.7 示例 6: 批量加密 PDF 文件

在办公中,有时为了防止未经授权的访问和修改,需要对 PDF 文件加密,本节介绍如何实现批量加密 PDF 文件。

事实上加密过程很简单，只需要对 PdfFileWriter 对象进行加密即可，示例实现代码如下：

```
import os

from PyPDF2 import PdfFileReader, PdfFileWriter

# 设置输入目录
indir = r'data\in'
#   设置输出目录
outdir = r'data\out'


# 查找 dir 目录下 ext 后缀名的文件列表
# dir 参数是文件所在目录,ext 参数是文件后缀名

def findext(dir, ext):
   allfile = os.listdir(dir)
   # 返回过滤器对象
   files_filter = filter(lambda x: x.endswith(ext), allfile)
   # 从过滤器对象提取列表
   list2 = list(files_filter)
   return list2                                      # 返回过滤后条件文件名


# 加密 PDF 函数
# namelist 要加密文件列表
def encrypt_pdf(namelist):
    # 遍历每一个要加密的 PDF 文件
    for name in namelist:
        infile = os.path.join(indir, name)
        outfile = os.path.join(outdir, name)
        pdf_reader = PdfFileReader(infile)

        pdf_writer = PdfFileWriter()                                              ①
        pdf_writer.encrypt(user_password = 'qwerty', use_128bit = True)          ②

        for page_no in range(pdf_reader.getNumPages()):
            # 获得输入的 PDF 文档一个页面对象
            page = pdf_reader.getPage(page_no)
            pdf_writer.addPage(page)

        # 写入文件
        with open(outfile, 'wb') as out:
            pdf_writer.write(out)


if __name__ == '__main__':
    # 查找 indir 目录中所有 PDF 文件
    list2 = findext(indir, '.pdf')
```

```
    encrypt_pdf(list2)
    print('加密完成!')
```

代码解释如下：

- 代码第①行创建 PdfFileWriter 对象。
- 代码第②行通过 PdfFileWriter 对象的 encrypt 函数对 PdfFileReader 对象进行加密。函数的参数 user_password 是设置密码，qwerty 是我们设置的密码；use_128bit 参数是设置加密算法采用 128 位加密。

11.2.8 示例 7：批量解密 PDF 文件

11.2.7 节已经介绍了批量加密，本节将介绍批量解密。解密过程可以通过 PdfFileReader 对象实现，示例实现代码如下：

```
import os
from PyPDF2 import PdfReader, PdfWriter

# 设置目录
indir = r'data\in\加密'
outdir = r'data\out'


# 查找指定后缀文件
def findext(dir, ext):
    files = os.listdir(dir)
    return list(filter(lambda x: x.endswith(ext), files))


# 解密 PDF
def decrypt_pdf(namelist):
    for name in namelist:

        infile = os.path.join(indir, name)
        outfile = os.path.join(outdir, name)

        # 使用 PdfReader 读对象
        pdf_reader = PdfReader(infile)

        if pdf_reader.decrypt('qwerty'):                                ①
            print('解密成功!')

            pdf_writer = PdfWriter()
            # 获取页数
            page_count = len(pdf_reader.pages)

            for page_no in range(page_count):
                # 获取某页
```

```
            page = pdf_reader.pages[page_no]
            pdf_writer.add_page(page)

        with open(outfile, 'wb') as out:
            pdf_writer.write(out)


if __name__ == '__main__':
    files = findext(indir, '.pdf')
    decrypt_pdf(files)
    print('解密完成!')
```

代码解释如下：

- 代码第①行通过 PdfReader 对象的 decrypt 函数对其进行解密，其中参数 qwerty 是 PDF 文件密码。该函数返回值如果是 0 或 False 则表示密码不匹配，如果返回值是 1 或 True 则说明密码匹配。

11.3 ChatGPT 如何辅助 PDF 自动化最佳实践

ChatGPT 可以在 PDF 自动化中发挥辅助作用，提高工作效率和准确性。下面是 ChatGPT 在 PDF 自动化方面的一些应用场景：

(1) 生成代码片段：ChatGPT 可以根据需求生成用于操作 PDF 的代码片段，包括打开、保存、合并、拆分文件和提取文本等操作。

(2) 提供编程思路：当面临复杂的 PDF 自动化需求时，可以向 ChatGPT 请教，获取实现思路，如批量处理多个 PDF 文件、搜索替换文本等。

(3) 解释代码错误：在编写 PDF 自动化代码时出现错误，可以将错误信息提供给 ChatGPT，请其解释错误原因并给出解决思路。

(4) 优化代码：完成自动化代码后，可以请 ChatGPT 审核代码，提供代码优化和改进的建议，以提高代码质量和执行效率。

(5) 生成注释文档：ChatGPT 可以根据编写的自动化程序生成注释文档，包括函数用途、参数说明和代码逻辑解释，提高代码的可读性和可维护性。

(6) 提供最佳实践：学习 PDF 自动化的最佳实践，包括文本提取、合并拆分文件和添加水印等，以提升自动化任务的效率和准确性。

(7) 回答 PDF 相关问题：在使用 PDF 和自动化方面遇到问题时，可以直接向 ChatGPT 提问，获得解答和指导。

通过 ChatGPT 的辅助，用户可以利用自然语言与 ChatGPT 进行对话，从生成代码片段到提供编程思路、解释代码错误、优化代码、生成注释文档和获取最佳实践等方面获得全方位的支持，从而实现更高效和便捷的 PDF 自动化。ChatGPT 作为一个智能助手，在 PDF 自动化的开发和应用中发挥着重要的作用。

11.3.1　示例8：ChatGPT辅助生成代码片段

下面通过一个具体的示例介绍如何使用ChatGPT辅助生成代码片段。

示例背景：

用户需要从一个PDF文件中提取文本内容，并将提取的文本内容保存到一个文本文件中。用户希望ChatGPT能够辅助生成用于提取文本的代码片段。

示例步骤：

用户向ChatGPT发送如下提问：

我有一个名为"document.pdf"的PDF文件，里面包含了一些文本内容，我想将这些文本内容提取出来，并保存到一个文本文件中。能否帮我生成一个代码片段，实现这个功能？

ChatGPT回答如下：

当然，我可以帮助你生成代码片段。以下是一个示例代码片段，可以帮助你实现文本提取的功能：

```
import PyPDF2

def extract_text_from_pdf(pdf_path, output_file):
    pdf_file = open(pdf_path, 'rb')
    pdf_reader = PyPDF2.PdfFileReader(pdf_file)

    text = ""
    for page_num in range(pdf_reader.numPages):
        page = pdf_reader.getPage(page_num)
        text += page.extract_text()

    with open(output_file, 'w', encoding = 'utf - 8') as output:
        output.write(text)

    pdf_file.close()

pdf_path = "document.pdf"
output_file = "extracted_text.txt"

extract_text_from_pdf(pdf_path, output_file)
```

你可以根据需要修改代码中的参数，如PDF文件路径和输出文件路径，以满足你的具体需求。希望这段代码能够帮助到你。

用户向 ChatGPT 发送如下提问：

非常感谢你提供的代码片段！我会根据需要进行修改和调整。如果有其他问题，我会再向你咨询。

11.3.2 示例 9：ChatGPT 辅助提供编程思路

下面通过一个具体的示例介绍如何使用 ChatGPT 辅助提供编程思路。

示例背景：

用户需要对一个 PDF 文件进行拆分，将其中的每一页保存为单独的 PDF 文件，并以页码作为文件名。用户希望 ChatGPT 能够提供编程思路，帮助其实现这个自动化的功能。

示例步骤：

用户向 ChatGPT 发送如下提问：

我有一个名为"document.pdf"的 PDF 文件，里面有多页内容。我想将每一页都保存为单独的 PDF 文件，并以页码作为文件名。例如，第一页保存为"page1.pdf"，第二页保存为"page2.pdf"，以此类推。能否给我一些编程思路，帮助我实现这个自动化的功能？

ChatGPT 回答如下：

当然，我可以为你提供一些编程思路。你可以考虑以下步骤来实现 PDF 拆分的功能：

(1) 使用 PDF 处理库(如 PyPDF2)打开原始 PDF 文件。

(2) 获取原始 PDF 文件的总页数。

(3) 遍历每一页，将每一页保存为单独的 PDF 文件，并以页码作为文件名。

(4) 使用 PDF 处理库将当前页保存为新的 PDF 文件。

(5) 重复步骤(4)，直到遍历完所有页。

这个思路可以作为你实现 PDF 拆分功能的起点。你可以在这个基础上进一步编写代码，并根据实际需求进行调整和优化。

用户向 ChatGPT 发送如下提问：

非常感谢你提供的编程思路！我明白了。我会根据这个思路来编写代码，并尝试实现 PDF 拆分的功能。如果有需要进一步的指导，我会再向你请教。

11.3.3 示例 10：ChatGPT 辅助解释代码错误

下面通过一个具体的示例介绍如何使用 ChatGPT 辅助解释代码错误。

示例背景：

用户在编写PDF自动化的代码时遇到了一个错误，但不清楚错误的原因和如何解决。用户希望ChatGPT能够解释错误并给出解决思路。

示例步骤：

用户向ChatGPT发送如下提问：

我在编写一个自动化的代码用于提取PDF文件的文本内容，但在运行时遇到了一个错误，错误提示为"AttributeError: 'NoneType' object has no attribute 'extract_text'"。我不太清楚这个错误是什么意思，也不知道如何解决。能否帮我解释一下这个错误，并提供一些解决思路？

ChatGPT回答如下：

当然，我可以帮你解释这个错误。错误提示"AttributeError: 'NoneType' object has no attribute 'extract_text'"意味着在你的代码中尝试对一个None对象调用'extract_text'属性，但该对象没有这个属性。

可能的原因是你在提取PDF文件的文本之前，没有成功打开PDF文件或者没有正确获取PDF页面。这导致你获取的对象为None，而对None对象调用'extract_text'属性就会引发这个错误。

解决这个问题的思路是：

(1) 确保你的PDF文件路径正确，且文件存在。

(2) 使用适当的PDF处理库(如PyPDF2)打开PDF文件，并确保成功打开。

(3) 使用正确的方法从PDF文件中获取页面，并确保获取到有效的页面对象。

(4) 在提取文本之前，先检查获取到的页面对象是否为None，避免对None对象调用'extract_text'属性。

你可以仔细检查你的代码，确保在调用'extract_text'之前正确处理PDF文件和页面对象。如果问题仍然存在，可以提供你的代码片段给我，我可以进一步帮助你分析和解决问题。

用户向ChatGPT发送如下提问：

非常感谢你的解释和解决思路！我会按照你提供的思路检查我的代码，并尝试解决这个错误。如果还有问题，我会再向你请教。

ChatGPT回答如下：

非常高兴能够帮到你！如果你需要进一步的解释或有其他问题，请随时向我请教。我会尽力提供支持。祝你顺利解决错误！

11.3.4 示例11：ChatGPT辅助优化代码

下面通过一个具体的示例介绍如何使用ChatGPT辅助优化代码。

示例背景：

用户已经编写了一个用于将多个PDF文件合并成单个PDF文件的自动化代码。然而，用户希望优化代码以提高执行效率和可读性。用户希望ChatGPT能够提供一些建议和改进意见。

示例步骤：

用户向ChatGPT发送如下提问：

我编写了一个自动化的代码用于将多个PDF文件合并成单个PDF文件。代码运行正常，但我觉得它可能存在一些可以优化的地方。能否给我一些建议和改进意见，以提高代码的执行效率和可读性？

ChatGPT回答如下：

当然，我可以提供一些建议和改进意见。以下是几个可能的优化方面，供你参考：

(1) 使用批量操作：如果你需要合并多个PDF文件，可以考虑使用批量操作，而不是逐个合并。这样可以减少文件的打开和保存操作次数，提高效率。

(2) 使用更高效的数据结构：在存储和管理PDF文件路径时，可以使用更高效的数据结构，如列表或集合。这样可以快速查找、添加和删除文件路径，提高代码的执行效率。

(3) 使用生成器：如果合并的PDF文件较大，可以考虑使用生成器来逐页读取和合并页面，而不是一次性读取和合并全部页面。这样可以减少内存占用，提高代码的执行效率。

(4) 添加错误处理：在合并PDF文件的过程中，可能会出现一些异常情况，如文件不存在或无法打开。为了提高代码的鲁棒性，建议添加适当的错误处理机制，以处理这些异常情况。

(5) 增加注释和文档：为了提高代码的可读性和可维护性，建议添加适当的注释和文档，解释代码的逻辑和功能，以便其他人能够理解和维护代码。

这些只是一些优化的建议，具体的改进方式还需要根据你的代码结构和需求进行细化。希望这些建议能够对你有所帮助。

11.4 本章总结

本章主要介绍了使用Python操作PDF文件的方法，以及ChatGPT在PDF处理自动化方面的应用。

首先，通过 PyPDF2 库学习了 PDF 文件基本操作，包括读取 PDF 信息、拆分和合并 PDF 文件等。这为构建 PDF 处理自动化奠定了基础。

然后，给出了 PDF 文件批量添加水印、加密解密的方法。这极大地提高了 PDF 处理的效率。

在整个学习过程中，ChatGPT 发挥了重要作用：

(1) 可以快速生成 PDF 处理代码片段，辅助编程。

(2) 可以根据需求提供自动化思路，设计方案。

(3) 可以解释代码错误原因，帮助调试。

(4) 可以对代码进行优化，提高程序性能。

总之，通过学习本章内容，可以掌握使用 Python 实现 PDF 文件处理自动化的核心方法，并可以充分利用 ChatGPT 这个编程助手，将 PDF 处理的效率和质量提升到一个新水平。

第12章

ChatGPT辅助图片自动化

在办公自动化中，图片处理是一个非常有用的功能。它可以帮助用户处理和优化图像，使其适合用于文档、报告和演示文稿等场合。下面是一些在办公自动化中常见的图片处理任务和相关的Python库和工具。

（1）调整图片大小和比例。

当需要将图片适用于特定的文档或展示格式时，可以使用Pillow库来调整图片的大小和比例。这样可以确保图片不会过大或过小，并保持其正确的比例。

（2）图片格式转换。

不同的应用程序和设备支持不同的图片格式。当需要在不同的平台或应用程序中使用图片时，可能需要将图片转换为适当的格式。Pillow库可以帮助实现这一点。

（3）图片裁剪和旋转。

办公人员有时候可能需要裁剪图片的一部分或将其旋转到特定的角度，可以使用Pillow库，它可以轻松地实现这些操作，以获得所需的图像。

（4）添加水印或标记。

在办公文档或报告中，可能需要为图片添加水印、标记或注释。Pillow库提供了一系列功能，可以实现在图片上添加文本、图标或形状。

（5）图片滤镜和增强效果。

如果想要改善图片的外观或添加一些特殊效果，可以使用Pillow库中的滤镜和增强功能。例如，使用模糊、锐化、对比度调整等效果来改善图片质量。

12.1 图像处理库——Pillow

Pillow是一个功能强大且流行的Python图像处理库，用于加载、处理和保存各种图像文件格式，它提供了更加用户友好的接口和更广泛的功能。

要使用Pillow库首先需要安装Pillow，可以通过如下pip指令进行安装：

```
pip install pillow
```

12.1.1　示例1：读取图片文件信息

下面通过示例介绍 Pillow 库如何读取文件信息，该示例是使用 Pillow 库读取“北京各城区最高房价柱状图.png”（见图 12-1）和“GP28060.jpg”文件（见图 12-2）。

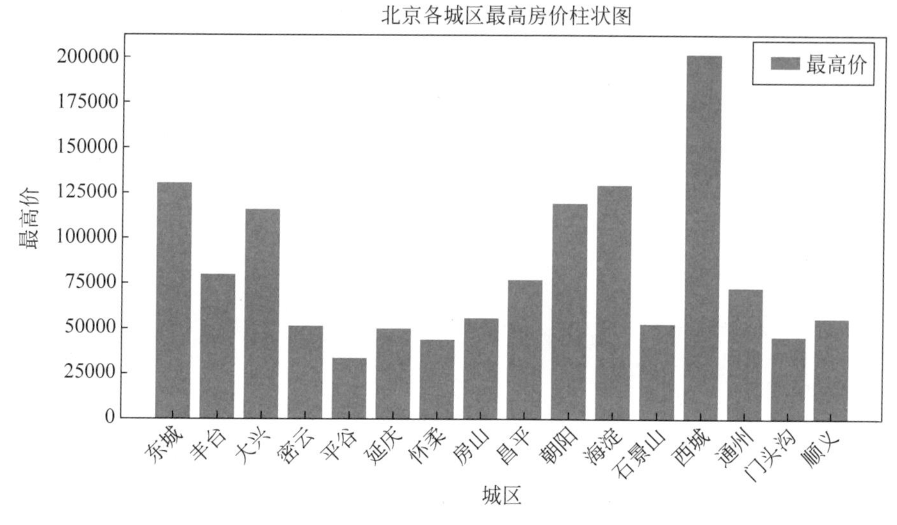

图 12-1　北京各城区最高房价柱状图.png 文件

图 12-2　GP28060.jpg 文件

示例实现代码如下：

```
from PIL import Image                                        ①

f1 = r'images/GP28060.jpg'
f2 = r'images/北京各城区最高房价柱状图.png'


# 打印图片信息函数
def print_image_info(im):                                    ②
    message = '''                                            ③
```

```
    图片格式: {0}
    图片尺寸: {1}
    图片模式: {2}'''
    # 打印图片信息
    print(message.format(im.format, im.size, im.mode))                    ④


if __name__ == '__main__':

    try:
        # 打开 GP28060.jpg 文件
        im = Image.open(f1)                                                ⑤
        print_image_info(im)
        # 显示图片
        im.show()                                                          ⑥

        print_image_info(im)
        # 显示图片
        im.show()

        # 打开北京各城区最高房价柱状图.png 文件
        im = Image.open(f2)
        print_image_info(im)
        # 显示图片
        im.show()

    except IOError as e:
        print('打开文件失败!')
```

示例代码运行后，在控制台输出结果如下：

```
图片格式: JPEG
图片尺寸: (800, 800)
图片模式: RGB

图片格式: JPEG
图片尺寸: (800, 800)
图片模式: RGB

图片格式: PNG
图片尺寸: (2000, 1000)
图片模式: RGBA

图片格式: PNG
图片尺寸: (2000, 1000)
图片模式: RGBA
```

代码解释如下：

- 代码第①行从 Pillow 库导入 Image 模块。
- 代码第②行定义 print_image_info 函数，用来打印图片信息。

- 代码第③行为信息字符串模板，注意该字符串采用三重单引号将字符串包裹起来，该字符串可以包含换行和回车等排版字符。
- 代码第④行打印图片信息。其中图片对象 im 的 format 属性是源文件格式，但是从运行结果可见经过转换后的 format 属性是 None；im. size 属性返回源文件尺寸，它是一个元组类型；im. mode 属性是返回源文件模式，从运行结果可见，默认打开 GP28060. jpg 文件模式是 RGBA，默认打开北京各城区最高房价柱状图. png 文件模式是 RGB。RGB 表示图片是采用三通道真彩色显示，没有 A 通道，即没有 Alpha 通道，不支持透明显示。
- 代码第⑤行通过 Image 模块的 open 函数打开 GP28060. jpg 文件返回值是 Image 对象，但是此时并不显示图像。
- 代码第⑥行通过 im. show() 函数显示图像，该函数通过系统默认图片工具打开图片。

12.1.2 示例 2：批量转换图片格式

在办公环境中经常需要批量转换图片格式，本例实现批量将多种格式图片文件转换为 png 格式。

要批量将多种格式的图片文件转换为 PNG 格式，可以使用 Pillow 库来实现，示例实现代码如下：

```
import os

from PIL import Image

# 设置输入目录
indir = r'images\in'
#  设置输出目录
outdir = r'images\out'

if __name__ == '__main__':

    # 查找 indir 目录中的所有文件
    allfile = os.listdir(indir)                                   ①

    for name in allfile:                                          ②
        infile = os.path.join(indir, name)

        # 去掉文件后缀名，提取文件名
        filename = os.path.splitext(name)[0]                      ③
        # 添加文件后缀名
        filename = filename + '.png'                              ④
        outfile = os.path.join(outdir, filename)                  ⑤
        try:
            # 打开图片文件
```

```
            im = Image.open(infile)                                    ⑥
            # 保存文件,指定文件格式为 PNG,执行文件格式转换
            im.save(outfile, 'png')                                    ⑦
            print('保存{0}文件成功.'.format(name))

        except IOError as e:
            print(e)
            print('打开{0}文件失败!'.format(name))
            # 继续转换下一个文件
            continue

    print('转换完成!')
```

代码解释如下：

- 代码第①行 os.listdir(indir)表达式查找 indir 目录中的所有文件，其中包括各种格式文件。
- 代码第②行遍历列表 allfile。
- 代码第③行去掉文件后缀名，提取文件名。其中 os.path.splitext 函数是分割文件名，返回值是列表，列表第一个元素是不包括后缀名的文件名，列表第二个元素是文件后缀名。
- 代码第④行为文件添加文件后缀名。
- 代码第⑤行把文件名和文件输出目录连接起来，获得完整的输出文件名。
- 代码第⑥行打开图片文件。
- 代码第⑦行保存通过 save 函数保存文件，其中第一个参数是文件名，第二个参数是要转换后的文件格式。

12.1.3 示例 3：批量设置文件图片大小

在办公环境中经常需要批量将多种不同规格的图片缩放为统一规格，本例将所有图片都调整为 500×500 像素。

示例实现代码如下：

```
import os

from PIL import Image

# 设置输入目录
indir = r'images\in'
#  设置输出目录
outdir = r'images\out'

if __name__ == '__main__':

    # 查找 indir 目录中的所有文件
    allfile = os.listdir(indir)
```

```
    for name in allfile:
        infile = os.path.join(indir, name)
        outfile = os.path.join(outdir, name)

        try:
            # 打开图片文件
            im = Image.open(infile)
            #  重新设置图片大小
            w = 500                                                  ①
            h = 500                                                  ②
            factor = 0.5                          # 缩放因子          ③

            # w = round(im.size[0] * factor)                         ④
            # h = round(im.size[1] * factor)                         ⑤

            resized_im = im.resize((w, h))                           ⑥
            # 保存图片
            resized_im.save(outfile)

        except IOError as e:
            print(e)
            # 继续转换下一个文件
            continue

    print('转换完成!')
```

代码解释如下：

- 代码第①行和第②行声明两个变量，分别用来存储设置后图片的宽度和高度。
- 代码第③行是设置一个缩放因子，本例并不需要这个缩放因子。如果读者需要通过按比例缩放图片，则可以使用缩放因子。
- 代码第④行和第⑤行根据缩放因子重新计算图片的宽度和高度。
- 代码第⑥行通过 Image 模块的 resize 函数设置图片大小，其参数是一个二元组，二元组第一个元素 w 表示设置的图片宽度，二元组第二个元素 h 表示设置的图片高度。

示例运行输出 500×500 像素的图像如图 12-3 所示。可见，有些图片的高宽比已经失真了。另外，如果读者想按比例缩放图片，则需要一个缩放因子，代码第③行是设置一个缩放因子，本例并不需要这个缩放因子。如果读者需要通过按比例缩放图片，则可以使用缩放因子。代码第④行计算缩放后的宽度，其中 round 是四舍五入函数。代码第⑤行计算缩放后的高度。

1_QYOB_HwZQxHGmBWA5WJt3Q.png

bird3.png

bird4.png

bird5.png

bird6.png

cat.png

face.png

GP15005.jpg

GP28060.jpg

GP40039.jpg

J0101864.png

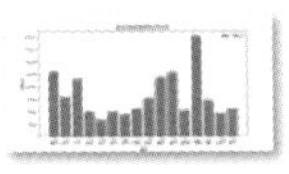
北京各城区最高房价柱状图.png

图 12-3　500×500 像素尺寸的输出图片

12.1.4　示例 4：旋转图片

在办公环境中经常需要批量将图片进行旋转，这个功能可以通过 Pillow 库实现，Pillow 库不仅可以旋转图片，还可以翻转图片。图 12-4 是 GP28060.jpg 图片，其中，图(a)是原始图片，图(b)是水平翻转的图片，图(c)是旋转 90°的图片。

(a) 原始图片

(b) 水平翻转

(c) 旋转90°

图 12-4　GP28060.jpg 图片

示例实现代码如下：

```
from PIL import Image

# 原始图片
f = 'images/GP28060.jpg'

if __name__ == '__main__':
    try:
```

```
        # 打开图片文件
        im = Image.open(f)
        # 显示图片
        im.show()                                              ①
        im2 = im.transpose(Image.FLIP_LEFT_RIGHT)              ②
        # 显示翻转后的图片
        im2.show()
        im3 = im.transpose(Image.ROTATE_90)                    ③
        # 显示旋转后的图片
        im3.show()

    except IOError as e:
        print(e)

print('转换完成!')
```

代码解释如下：

- 代码第①行显示原始图片。
- 代码第②行通过 Image 模块的 transpose 其中参数是常量 FLIP_LEFT_RIGHT 表示水平翻转，类似的常量还有 FLIP_TOP_BOTTOM（垂直翻转）、ROTATE_90、ROTATE_180 和 ROTATE_270 等常量。
- 代码第③行是翻转 90°。

12.1.5　示例 5：添加水印

使用 Pillow 库还可以为图片添加水印。本例通过一个示例介绍如何使用 Pillow 库为图片添加水印，如图 12-5 所示。

图 12-5　添加水印

示例实现代码如下：

```
from PIL import Image                                          ①
from PIL import ImageDraw                                      ②
```

```
from PIL import ImageFont                                              ③

f = 'images/GP28060.jpg'                 # 原始图片
text = "小小程序员"                       # 水印的文本
# 水印文本字体
ft = ImageFont.truetype(r'C:\WINDOWS\Fonts\msyh.ttc', 50)              ④
if __name__ == '__main__':
    im = Image.open(f)                   # 打开图片文件
    draw = ImageDraw.Draw(im)            # ImageDraw 对象               ⑤
    width, height = im.size              # 获得原始图片的宽和高

    # 使用 textbbox 方法获取文本的边界框
    textbbox = draw.textbbox((0, 0), text, font=ft)                    ⑥
    # 获得文本的宽度和高度
    textwidth = textbbox[2] - textbbox[0]
    textheight = textbbox[3] - textbbox[1]
    margin = 50                          # 设置空白,距离底边框和右边框 50 像素  ⑦
    x = width - textwidth - margin       # 获得 x 轴坐标                 ⑧
    y = height - textheight - margin     # 获得 y 轴坐标                 ⑨
    # 绘制水印
    draw.text((x, y), text,
            fill=(255, 0, 0),
            font=ft)                                                   ⑩
    im.show()                            # 显示图片
```

代码解释如下：

- 代码第①行导入了 Image 类,用于图像的打开和创建。
- 代码第②、③行导入了 ImageDraw 和 ImageFont 类,用于绘制文本和选择字体。
- 代码第④行指定了水印文本的字体(msyh.ttc)和文本大小(50)。
- 代码第⑤行创建了 ImageDraw 对象,用于绘制图像和文本。
- 代码第⑥行使用 textbbox()方法获取水印文本的边界框。
- 代码第⑦行设置了水印文本与底边框和右边框的间距为 50 像素。
- 代码第⑧行计算了水印文本绘制的 x 轴坐标。
- 代码第⑨行计算了水印文本绘制的 y 轴坐标。
- 代码第⑩行绘制了水印文本,并指定了填充颜色(红色)和字体。

请确保代码中的图片路径和字体路径正确,并根据需要进行相应的调整。运行代码后,它将在原始图片上添加水印文本,并显示结果图片。

12.2 ChatGPT 如何辅助图片自动化最佳实践

ChatGPT 可以在图片自动化中发挥辅助作用,提高工作效率和准确性。下面是 ChatGPT 在图片自动化方面的一些应用场景。

(1) 图片处理功能：ChatGPT 可以辅助实现图片自动化处理,包括图像识别、图像处理

和图像合成等操作，提高工作效率和准确性。

（2）图片格式转换：ChatGPT 可以提供代码示例和建议，帮助用户实现不同图片格式之间的相互转换，如 JPEG 到 PNG、GIF 到 JPEG 等。

（3）图片压缩和优化：ChatGPT 可以辅助生成代码片段，帮助用户实现图片压缩和优化，以减小文件大小并提高加载速度。

（4）批量处理图片：ChatGPT 可以提供编程思路，帮助用户批量处理多个图片，如批量重命名、批量调整大小和批量添加水印等。

（5）图像识别与标注：ChatGPT 可以辅助用户实现图像识别和标注，帮助自动化识别图像中的对象、场景或特征，并进行相应的标注。

（6）图片生成与合成：ChatGPT 可以提供代码示例和建议，帮助用户生成特定样式或特效的图片，以及将多张图片合成为一张图片。

（7）回答图片相关问题：用户在图片处理和自动化方面遇到问题时，可以直接向 ChatGPT 提问，获得解答和指导。

通过 ChatGPT 的辅助，用户可以利用自然语言与 ChatGPT 进行对话，从图片处理功能到格式转换、压缩优化、批量处理、图像识别标注和图片生成合成等方面获得全方位的支持，实现高效、准确的图片自动化处理。ChatGPT 作为一个智能助手，在图片自动化的开发和应用中发挥着重要的作用。

12.2.1 示例 6：ChatGPT 辅助生成代码片段

下面通过一个具体的示例介绍如何使用 ChatGPT 辅助生成代码片段。

示例背景：

用户需要向一张图片中添加水印，希望 ChatGPT 能够辅助生成添加水印的代码片段。

示例步骤：

用户向 ChatGPT 发送如下提问：

我有一张文件名为"image.jpg"的图片，我想在图片的右下角添加一个水印文字，水印文字为"Confidential"，颜色为红色，字体大小为 14。我希望 ChatGPT 能够帮助我生成实现这个功能的代码片段。

ChatGPT 回答如下：

当然，我可以帮助你生成代码片段。以下是一个示例代码片段，可以帮助你实现为图片添加水印的功能：

```
from PIL import Image, ImageDraw, ImageFont

def add_watermark(image_path, watermark_text, position, color, font_size):
    image = Image.open(image_path)
    width, height = image.size
    watermark_font = ImageFont.truetype("arial.ttf", font_size)
    watermark_image = Image.new("RGBA", image.size, (0, 0, 0, 0))
    draw = ImageDraw.Draw(watermark_image)
    text_width, text_height = draw.textsize(watermark_text, font=watermark_font)
    watermark_position = (width - text_width - position[0], height - text_height -
position[1])
    draw.text(watermark_position, watermark_text, font=watermark_font, fill=color)
    watermarked_image = Image.alpha_composite(image.convert("RGBA"), watermark_image)
    watermarked_image.save("watermarked_image.jpg")

image_path = "image.jpg"
watermark_text = "Confidential"
position = (10, 10)              # Distance from the bottom-right corner
color = (255, 0, 0)              # Red color
font_size = 14

add_watermark(image_path, watermark_text, position, color, font_size)
```

你可以根据需要修改代码中的参数，如水印文字、位置、颜色、字体及大小，以满足你的具体要求。希望这段代码能够帮助到你。

12.2.2 示例7：ChatGPT辅助提供编程思路

下面通过一个具体的示例介绍如何使用ChatGPT辅助提供编程思路。

示例背景：

假设你正在开发一个图片自动化处理程序，需要实现批量调整图片的大小和质量。你希望向ChatGPT请教一些编程思路，以便更好地实现这个功能。

示例步骤：

用户向ChatGPT发送如下提问：

我正在开发一个图片自动化处理程序，需要批量调整图片的大小和质量。你能给我一些建议，提供编程思路吗？

ChatGPT回答如下：

当然！以下是一些可能的编程思路，供你参考：

(1) 使用适当的图像处理库：选择一个适合你的编程语言的图像处理库，如 PIL (Python Imaging Library)或 OpenCV。这些库提供了丰富的图像处理功能，包括调整图片大小和质量的方法。

(2) 确定调整的参数：确定你希望调整的图片大小和质量的目标值。例如，你可以指定一个固定的宽度和高度，或者设置一个百分比来调整图片的大小。对于质量，你可以选择一个固定的值或者在指定范围内进行调整。

(3) 编写循环处理：遍历待处理的图片列表，依次加载每张图片，并使用图像处理库中的方法进行大小和质量的调整。保存处理后的图片到目标文件夹。

(4) 添加异常处理：在处理图片的过程中，可能会遇到一些异常情况，如无法读取图片文件、处理错误等。为了代码的鲁棒性，建议添加适当的异常处理机制，以处理这些异常情况并提供相应的错误提示。

(5) 测试和调试：在完成代码编写后，对代码进行测试和调试。确保代码能够正确地调整图片的大小和质量，并处理各种异常情况。

这些是一些编程思路，具体的实现方式还取决于你使用的编程语言和图像处理库。希望这些建议能对你有所帮助。

ChatGPT 回答如下：

非常感谢你提供的思路和建议！我会根据你的建议进行代码的编写和测试。如果有其他问题，我会再向你请教。

12.2.3 示例 8：ChatGPT 辅助解释代码错误

下面通过一个具体的示例介绍如何使用 ChatGPT 辅助解释代码错误。

示例背景：

假设你正在开发一个图片自动化处理程序，但在运行过程中遇到了一个错误，无法正确地加载和处理图片。你希望向 ChatGPT 提供错误信息，并请其帮助解释错误的原因和可能的解决方案。

示例步骤：

用户向 ChatGPT 发送如下提问：

我正在开发一个图片自动化处理程序，但在运行过程中遇到了一个错误。错误提示是"FileNotFoundError：No such file or directory：'image.jpg'"，我不太明白这个错误是什么原因导致的。你能帮我解释一下吗？

ChatGPT 回答如下：

当出现"FileNotFoundError：No such file or directory：'image.jpg'"这个错误时，通常意味着程序无法找到指定的图片文件。可能的原因包括以下几点：

文件路径错误：请确保提供的图片路径是正确的，包括文件名和文件的存储位置。检查一下图片文件是否存在于指定的路径中。

(1) 文件名拼写错误：检查一下图片文件名的拼写是否正确，包括大小写和文件扩展名。确保文件名与实际的文件名完全匹配。

(2) 文件权限问题：如果你正在尝试读取一个受保护的文件或目录，可能会导致文件访问权限不足的错误。请确保你有足够的权限来读取该文件。

(3) 文件缺失：如果该文件确实不存在于指定的路径中，可能是由于文件被移动、删除或命名发生变化。请检查一下文件是否存在，并确保它位于正确的路径下。

解决方案：

(1) 检查文件路径和文件名的正确性，确保它们与实际的文件位置和文件名一致。

(2) 确认你有足够的权限来读取该文件，或者尝试使用管理员权限运行程序。

(3) 如果文件确实不存在，检查文件是否被移动、删除或改名，并相应地更新文件路径。

希望以上解释和解决方案能帮助你解决这个错误。如果还有其他问题，请随时向我请教。

12.2.4 示例 9：ChatGPT 辅助优化代码

下面通过一个具体的示例介绍如何使用 ChatGPT 辅助优化代码。

示例背景：

假设你已经完成了一个图片自动化处理程序，用于批量调整图片的大小和质量。现在你希望通过 ChatGPT 的帮助来优化你的代码，提高代码的效率和可读性。

示例步骤：

用户向 ChatGPT 发送如下提问：

我已经完成了一个图片自动化处理程序，用于批量调整图片的大小和质量。但我想通过 ChatGPT 的帮助来优化我的代码，提高它的效率和可读性。你能给我一些建议吗？

ChatGPT 回答如下：

当然！以下是一些建议，供你优化代码：

(1) 避免重复的代码：检查你的代码，看是否有重复的操作或代码块。如果有，考虑将其提取为函数或方法，以避免重复编写相同的代码。

（2）使用合适的数据结构：如果你需要存储大量的图片数据，考虑使用合适的数据结构（如列表或字典）来管理和操作这些数据。这样可以提高代码的效率和可读性。

（3）减少不必要的循环：检查你的循环结构，确保它们只执行必要的操作。如果可能，可尽量减少循环次数，以提高代码的执行效率。

（4）添加适当的错误处理：在代码中添加适当的错误处理机制，以应对可能出现的异常情况。这样可以增加代码的鲁棒性，并提供更好的用户体验。

（5）代码注释和文档：对于复杂的代码块或关键函数，添加适当的注释和文档，以解释其用途、参数说明和返回值。这样可以提高代码的可读性和可维护性。

（6）测试和性能优化：对你的代码进行测试，确保它能正确地处理各种情况。如果发现性能瓶颈，可以考虑使用更高效的算法或优化技巧来改进代码的执行速度。

希望以上建议能帮助你优化代码，提高程序的效率和可读性。如果还有其他问题或需要进一步的帮助，请随时向我请教。

12.3　本章总结

本章主要介绍了使用 Python 的 Pillow 库进行图片处理自动化，以及 ChatGPT 在图片处理自动化中的应用。

首先，介绍了 Pillow 库的图像处理功能，包括调整大小、转换格式和添加水印等，并给出了一些操作图片的代码示例。这为后续打造图片处理自动化奠定了基础。

随后，通过多个示例展示了 ChatGPT 在图片处理自动化中的作用：

（1）可以快速生成图片处理代码片段，辅助编程。

（2）可以根据需求提供处理方案和思路。

（3）可以解释图片处理代码错误，帮助调试。

（4）可以对代码进行优化，提高图片处理效率。

总之，通过学习本章内容，可以掌握 Python 实现图片处理自动化的核心知识，并可以充分利用 ChatGPT 这个超强编程助手，构建智能高效的图片处理自动化系统。